科技论文写作基础

姚养无 编著

国防工业出版社

·北京·

内 容 简 介

本书共分为 8 章,阐述了科技论文的概念、分类、特点等,详细介绍了学位论文、学术论文、科技报告的编写格式,重点论述了科技论文写作技巧、科技论文写作规范、开题报告写作方法、文献信息检索技巧等,并辅以大量的应用实例,旨在使读者系统掌握科技论文写作的各方面知识和技法,以提高科技论文的写作质量。

本书可作为高等学校本科生、硕士生和博士生的教材或指导书,也可供广大科技人员参考使用。

图书在版编目(CIP)数据

科技论文写作基础/姚养无编著. —北京:国防工业出版社,2017.4
ISBN 978-7-118-11295-5

Ⅰ.①科… Ⅱ.①姚… Ⅲ.①科学技术-论文-写作 Ⅳ.①H152.2

中国版本图书馆 CIP 数据核字(2017)第 076618 号

※

国防工业出版社出版发行
(北京市海淀区紫竹院南路 23 号 邮政编码 100048)
腾飞印务有限公司印刷
新华书店经售

*

开本 787×1092 1/16 印张 14½ 字数 335 千字
2017 年 4 月第 1 版第 1 次印刷 印数 1—4000 册 定价 37.00 元

(本书如有印装错误,我社负责调换)

国防书店:(010)88540777 发行邮购:(010)88540776
发行传真:(010)88540755 发行业务:(010)88540717

前　言

科技论文是科学技术研究工作生态链上的重要环节，是人类认识世界、改造世界的发现与发明知识成果化、国际化、社会化的重要标志，是保存科研信息、传播科研成就、传承科技文明的重要载体。同时，科技论文也是客观评价一个国家、一个机构、一名科技人员科技实力、学术水平和学术地位的重要尺度，也是本科生、研究生获取相应学位的重要依据。因此，在国内、国际各学科专业领域出版的学术刊物上或组织的学术会议上发表科技论文具有十分重要的意义，而科技论文的写作又是科技论文发表的重要基础和前提条件。

到2014年，我国科技工作者撰写的科技论文数量占世界科技论文出版总量的18%左右，比例大致与我国人口数量占世界人口数量的比例相当，超过了我国GDP占世界GDP的份额。但到2015年，我国论文领域加权影响因子IF值在0.7~0.8之间，未达到世界论文IF值的平均水平(1.0)。在我国，每年毕业的大学生、研究生达数百万，由于很多学校没有开设科技论文写作方面的课程，致使许多大学生、研究生的毕业论文或学位论文写作质量不高，存在诸多这样或那样的问题。据主管部门抽查审核发现，许多研究生的论文并不是水平不够，而是写作技巧有很大问题，不符合有关格式和规范要求。究其原因，在一定程度上是由于我们的高等学校对大学生、研究生科技论文写作能力的培养与训练缺位或缺失造成的。

科技写作是研究以科学和技术为主要内容的写作理论与方法，探索科技事物的表述规律与技巧的学科。科技论文写作贯穿于科学技术研究工作的全过程，是从事科学技术研究工作的专业技术人员必备的一项基本功，也是必备的基本能力。对于广大科技人员、大学生、研究生，了解科技论文写作的基本内容，掌握科技论文写作的基本方法，熟悉科技论文写作的基本规范，从而能够得心应手、事半功倍地将自己的研究成果写作成符合科技写作要求的科技论文，尤其是写作出高质量的科技论文都是一件非常迫切和十分必要的事情。

中国科学院前院长卢嘉锡曾指出："培养科学工作者的老师们，要教会年轻人学会表达。表达是很重要的，一个只会创造不会表达的人，不能算是一个合格的科学工作者。"著名科学家钱学森也说过："作为一个科学工作者，应该有这样的本事，能用普通的语言向人民讲解你的专业知识。"作者作为一名从事高等教育三十多年的教师，指导过多届众多本科生、硕士研究生和博士研究生，也为省部级、国家级学术期刊评审过很多科技论文，针对科技工作者和学生们写作科技论文、学位论文和毕业设计所出现的种种问题，自己深感有责任、有义务、有必要写一本有关科技论文写作方面的教材，也希望各个高校能够逐步开设科技论文写作方面的课程，在我们教授大学生、研究生不同领域专业知识的同时，也教授他们科技论文写作的基础知识，并给予他们基本的训练和指导，期望能够提高他们的科技写作能力与写作水平，期望他们在今后的科研工作中能够成长为合格的科技工作者，也期望对提高我国科技论文质量有所贡献。

本书共分8章。第一章阐述了科技论文的概念、分类、特点以及写作要求和意义。第二章介绍了学位论文的结构组成，重点论述了前置部分、正文部分和结尾部分各个组成要素的编写内容和格式要求,并给出了编写格式示例。第三章介绍了学术论文的结构组成,重点论述了前置部分和正文部分各个组成要素的编写内容和格式规定,并给出了实例和编写格式示例。第四章介绍了科技报告的结构组成,着重论述了前置部分、正文部分和结尾部分各个组成要素的编写内容和格式规定,并给出了编写格式示例。第五章主要对科技论文中的中文题名、英文题名、作者署名、作者单位、中文摘要、英文摘要、关键词、引言、主体部分、结论、致谢、参考文献等的概念、作用、写作内容、写作要求、写作注意事项等进行了详细论述,并给出了大量的实例及评述。第六章详细介绍了量和单位、外文字母、数字、标点符号、插图、表格、公式、参考文献的编写规范,给出了大量实例,还简要介绍了常用的插图制作软件、公式编辑器的主要功能、特点与网址。第七章重点阐述了开题报告的结构组成及立论依据、文献综述、研究内容和研究方案的写作方法与技巧。第八章主要介绍了文献、文献信息检索、检索系统、检索语言、检索途径及检索方法等,另外还分类提供了检索系统的网址。

在编著本书的过程中,曾参阅了多种文献,在此特别向其作者和编者表示衷心的感谢。由于作者水平有限,书中疏漏之处在所难免,恳请读者批评指正。

姚养无

2016 年 8 月

目　录

第1章　概述 ·· 1
　1.1　科技论文的概念 ··· 1
　1.2　科技论文的分类 ··· 1
　　　1.2.1　按科技论文的目的和用途分类 ·· 1
　　　1.2.2　按科技论文的性质分类 ··· 3
　　　1.2.3　按科技论文的体裁分类 ··· 4
　1.3　科技论文的特点 ··· 5
　1.4　科技论文写作的要求 ··· 7
　1.5　科技论文写作的意义 ··· 8

第2章　学位论文编写格式 ·· 10
　2.1　学位论文的结构组成 ··· 10
　　　2.1.1　前置部分的结构组成 ·· 10
　　　2.1.2　正文部分的结构组成 ·· 10
　　　2.1.3　结尾部分的结构组成 ·· 11
　2.2　学位论文的编写格式 ··· 11
　　　2.2.1　版面 ··· 11
　　　2.2.2　前置部分 ··· 13
　　　2.2.3　正文部分 ··· 22
　　　2.2.4　结尾部分 ··· 37

第3章　学术论文编写格式 ·· 47
　3.1　学术论文的结构组成 ··· 47
　　　3.1.1　前置部分的结构组成 ·· 47
　　　3.1.2　正文部分的结构组成 ·· 47
　3.2　学术论文的编写格式 ··· 48
　　　3.2.1　版面 ··· 48
　　　3.2.2　前置部分 ··· 48
　　　3.2.3　正文部分 ··· 52

第4章　科技报告编写格式 ·· 60
　4.1　科技报告的结构组成 ··· 60
　　　4.1.1　前置部分的结构组成 ·· 60
　　　4.1.2　正文部分的结构组成 ·· 60
　　　4.1.3　结尾部分的结构组成 ·· 61

4.2 科技报告的编写格式 ··· 61
    4.2.1 版面 ··· 61
    4.2.2 前置部分 ··· 62
    4.2.3 正文部分 ··· 69
    4.2.4 结尾部分 ··· 69

第 5 章 科技论文写作指南 ·· 70
5.1 题名 ··· 70
    5.1.1 题名的概念 ··· 70
    5.1.2 题名的作用 ··· 70
    5.1.3 题名拟定的原则 ··· 71
    5.1.4 题名拟定的注意事项 ·· 72
5.2 英文题名 ··· 75
    5.2.1 题名英译的基本要求 ·· 75
    5.2.2 单中心词结构题名的英译 ·· 76
    5.2.3 多中心词结构题名的英译 ·· 78
    5.2.4 动宾结构题名的英译 ·· 79
    5.2.5 介词短语结构题名的英译 ·· 80
    5.2.6 句子型题名的英译 ··· 81
    5.2.7 题名中的介词 ·· 81
    5.2.8 题名英译的注意事项 ·· 82
    5.2.9 英文题名的书写规范 ·· 82
5.3 作者署名 ··· 83
    5.3.1 作者署名的作用 ··· 83
    5.3.2 作者资格的界定 ··· 84
    5.3.3 作者署名的位次 ··· 84
    5.3.4 作者姓名英译规范 ··· 84
5.4 作者单位 ··· 85
    5.4.1 作者单位的编写要求 ·· 85
    5.4.2 作者单位英译规范 ··· 86
5.5 摘要 ··· 86
    5.5.1 摘要的定义 ··· 86
    5.5.2 摘要的作用 ··· 87
    5.5.3 摘要的类型 ··· 87
    5.5.4 摘要的篇幅 ··· 88
    5.5.5 撰写摘要的注意事项 ·· 88
    5.5.6 摘要撰写实例分析 ··· 88
5.6 英文摘要 ··· 91
    5.6.1 时态 ·· 91
    5.6.2 语态 ·· 92
    5.6.3 人称 ·· 92

5.6.4　撰写英文摘要的注意事项 ……………………………………… 93
　　5.6.5　英文摘要撰写实例 ………………………………………………… 94
5.7　关键词 ……………………………………………………………………… 96
　　5.7.1　关键词的概念 ……………………………………………………… 96
　　5.7.2　关键词的作用 ……………………………………………………… 96
　　5.7.3　关键词的特征 ……………………………………………………… 96
　　5.7.4　关键词的选取原则 ………………………………………………… 97
　　5.7.5　关键词的标引程序 ………………………………………………… 98
　　5.7.6　选取关键词的常见错误 …………………………………………… 98
5.8　引言 ………………………………………………………………………… 98
　　5.8.1　引言的内容 ………………………………………………………… 99
　　5.8.2　引言的撰写要求 …………………………………………………… 100
　　5.8.3　引言撰写实例分析 ………………………………………………… 100
5.9　主体部分 …………………………………………………………………… 102
　　5.9.1　层次的安排 ………………………………………………………… 102
　　5.9.2　层次标题 …………………………………………………………… 103
　　5.9.3　主体内容的撰写要求 ……………………………………………… 106
5.10　结论 ……………………………………………………………………… 108
　　5.10.1　结论的内容 ……………………………………………………… 108
　　5.10.2　结论的撰写要求 ………………………………………………… 109
　　5.10.3　结论撰写实例 …………………………………………………… 109
5.11　致谢 ……………………………………………………………………… 110
　　5.11.1　致谢对象 ………………………………………………………… 110
　　5.11.2　致谢的撰写要求 ………………………………………………… 111
　　5.11.3　致谢撰写实例 …………………………………………………… 111
5.12　参考文献 ………………………………………………………………… 112
　　5.12.1　参考文献的概念 ………………………………………………… 113
　　5.12.2　参考文献的作用 ………………………………………………… 113
　　5.12.3　参考文献的引用原则 …………………………………………… 113
5.13　附录 ……………………………………………………………………… 114

第6章　科技论文写作规范

6.1　文献标志码 ……………………………………………………………… 115
　　6.1.1　中图分类号 ……………………………………………………… 115
　　6.1.2　UDC分类号 ……………………………………………………… 116
　　6.1.3　文献标识码 ……………………………………………………… 117
　　6.1.4　文章编号 ………………………………………………………… 118
　　6.1.5　数字对象唯一标识符 …………………………………………… 118
　　6.1.6　密级 ……………………………………………………………… 119
6.2　量和单位 ………………………………………………………………… 119
　　6.2.1　量、单位和数值的概念 ………………………………………… 119

- 6.2.2 量 ………………………………………………………………… 120
- 6.2.3 单位 ……………………………………………………………… 123

6.3 外文字母 …………………………………………………………………… 128
- 6.3.1 字母类别 …………………………………………………………… 128
- 6.3.2 大写外文字母 ……………………………………………………… 128
- 6.3.3 小写外文字母 ……………………………………………………… 129
- 6.3.4 正体外文字母 ……………………………………………………… 130
- 6.3.5 斜体外文字母 ……………………………………………………… 130
- 6.3.6 字体类别 …………………………………………………………… 131

6.4 数字 ………………………………………………………………………… 131
- 6.4.1 阿拉伯数字的使用场合 …………………………………………… 131
- 6.4.2 汉字数字的使用场合 ……………………………………………… 132
- 6.4.3 汉字数字与阿拉伯数字均可使用的场合 ………………………… 133
- 6.4.4 阿拉伯数字的使用规范 …………………………………………… 134
- 6.4.5 数值表述的有关问题 ……………………………………………… 136

6.5 标点符号 …………………………………………………………………… 136
- 6.5.1 标点符号的分类 …………………………………………………… 137
- 6.5.2 点号的用法 ………………………………………………………… 137
- 6.5.3 标号的用法 ………………………………………………………… 144

6.6 插图 ………………………………………………………………………… 151
- 6.6.1 插图的特点 ………………………………………………………… 151
- 6.6.2 插图的分类 ………………………………………………………… 152
- 6.6.3 插图的设计要求 …………………………………………………… 152
- 6.6.4 函数曲线图的设计规范 …………………………………………… 153
- 6.6.5 机械结构示意图的设计规范 ……………………………………… 157
- 6.6.6 柱形图的设计规范 ………………………………………………… 159
- 6.6.7 饼图的设计规范 …………………………………………………… 159
- 6.6.8 科技绘图软件简介 ………………………………………………… 160

6.7 表格 ………………………………………………………………………… 164
- 6.7.1 表格的分类 ………………………………………………………… 164
- 6.7.2 表格的设计要求 …………………………………………………… 164
- 6.7.3 三线表的设计规范 ………………………………………………… 165
- 6.7.4 无线表的设计规范 ………………………………………………… 168
- 6.7.5 系统表的设计规范 ………………………………………………… 168

6.8 公式 ………………………………………………………………………… 168
- 6.8.1 公式的构成 ………………………………………………………… 168
- 6.8.2 数学公式的编排规范 ……………………………………………… 169
- 6.8.3 公式编辑器软件简介 ……………………………………………… 172

6.9 参考文献 …………………………………………………………………… 173
- 6.9.1 参考文献的类型 …………………………………………………… 173
- 6.9.2 参考文献的载体 …………………………………………………… 173

  6.9.3 参考文献的著录方法 …… 174
  6.9.4 参考文献的著录项目和著录格式 …… 174
  6.9.5 参考文献的著录细则 …… 180

第7章 开题报告写作指南 …… 184
7.1 开题报告的含义 …… 184
7.2 开题报告的意义 …… 184
7.3 开题报告的结构组成 …… 185
7.4 开题报告的写作 …… 185
  7.4.1 课题题名 …… 185
  7.4.2 立论依据 …… 186
  7.4.3 文献综述 …… 187
  7.4.4 研究内容 …… 193
  7.4.5 研究方案 …… 195
  7.4.6 参考文献 …… 196

第8章 文献信息检索导航 …… 197
8.1 文献概述 …… 197
  8.1.1 文献的含义 …… 197
  8.1.2 文献的属性 …… 197
  8.1.3 文献的类型 …… 197
8.2 文献信息检索概述 …… 200
  8.2.1 文献信息检索的概念 …… 200
  8.2.2 文献信息检索的原理 …… 201
  8.2.3 文献信息检索的分类 …… 201
  8.2.4 文献信息检索的意义 …… 202
8.3 文献信息检索系统 …… 202
  8.3.1 文献信息检索系统概念 …… 202
  8.3.2 文献信息检索系统分类 …… 202
  8.3.3 著名文献信息检索系统简介 …… 203
  8.3.4 常用文献信息检索系统简介 …… 206
  8.3.5 文献信息检索系统网站推荐 …… 209
8.4 检索语言 …… 212
  8.4.1 检索语言的含义 …… 212
  8.4.2 检索语言的基本要素 …… 212
  8.4.3 检索语言的类型 …… 213
  8.4.4 部分检索语言简介 …… 214
8.5 文献信息检索的途径 …… 217
  8.5.1 内容特征途径 …… 217
  8.5.2 外部特征途径 …… 218
8.6 文献信息检索的方法和步骤 …… 219
  8.6.1 文献信息检索的方法 …… 219
  8.6.2 选择文献信息检索方法的原则 …… 220
  8.6.3 文献信息检索的步骤 …… 220

参考文献 …… 222

第1章 概　　述

科技论文是科技工作者的劳动成果,是推动科学发展、经济繁荣和社会进步的信息源,而科技论文写作则是科技工作者从事科学技术研究必不可少的一部分。为此,对一名科技工作者而言,了解科技论文的基础知识,掌握科技论文写作的要求和方法是非常重要的。

1.1　科技论文的概念

论文是指用抽象思维的方法,通过说理辨析,阐明客观事物本质、规律和内在联系的文章。按照学科领域来说,论文一般可以分为哲学论文、社会科学论文和自然科学论文三大类。自然科学论文就是我们日常所说的科技论文。

科技论文是以自然科学、专业技术为内容的论文。科技论文是科技工作者通过实验研究、理论探讨、观测评述等所获得的科研成果或创新见解的科学记录和总结,也是科研成果的结晶。它在对某一学科领域中研究的问题或实验成果做比较系统、全面的探讨,或对某些问题进行专门的研究后,表述其成果和研究的理论价值及社会效益。科技论文以文字符号为表述手段,以书面语言为物质载体,直接反映科学技术研究中的新进展、新见解、新思想、新成果,对科技交流以及科研成果转化为生产力有极大的推动作用。

美国国家科学院院士,哈佛大学的 G. Whitesides 教授指出:"科技论文是作者对所从事的研究进行集假设、数据和结论为一体的概括性论述。"

科技论文属于论文,但又不同于一般的论文,它与其他文体的文章主要区别是:科技论文研究的主题相对来说更为鲜明、更为专业,无论是与实践密切相关的应用科学,还是抽象思维特性突出的基础科学,均可兼论。科技论文不局限于运用已有的观点和原则对客观事物作专门的论述和评价层面上,而要求科学地描述和揭示客观事物的本质和规律,得出具有创造性的结论。

科技论文既可以在学术会议上宣读、交流讨论,也可以在学术刊物上发表。它既是充实、丰富和完善科技工作者知识的手段,又是考核科技工作者综合素质、研究能力和学术水平的主要标准,同时还是人类认识世界、改造世界知识的积累,是对人类文明进步的贡献。

1.2　科技论文的分类

严格且科学地对科技论文进行分类,不是一件容易的事,因为从不同的角度出发,就会有不同的分类结果。在此,根据科技论文的目的、性质和体裁的不同进行分类。

1.2.1　按科技论文的目的和用途分类

就科技论文的目的和用途来说,科技论文包括学位论文、学术论文和科技报告三大类。

1. 学位论文

学位论文是表明作者从事科学研究取得创造性的结果或有了新的见解，并以此为内容撰写而成、作为提出申请授予相应的学位时评审用的学术论文。按级别学位论文依次分为学士、硕士、博士论文三种。

学位论文不同于一般的学术论文。学位论文为说明作者的知识程度和研究能力，一般都较详细地介绍自己论题的研究历史和现状、研究方法和过程等。而一般的学术论文则大多开门见山，直切主题，把论题的背景等以注解或参考文献的形式列出。学位论文中一些具体的计算或实验等过程都较详细，而学术论文只需给出计算或实验的主要过程和结果即可。学位论文比较强调文章的系统性，而学术论文是为了公布研究成果，强调文章的学术性和应用价值。

1）学士学位论文

学士学位论文是本科生按照要求撰写的毕业论文，其目的在于检查学生在大学学习期间基础知识和专业知识掌握的程度，以及运用这些知识解决实际问题的能力。学士论文应能表明作者确已较好地掌握了本门学科的基础理论、专门知识和基本技能，并具有从事科学研究工作或担负专门技术工作的初步能力，应能体现作者具有提出问题、分析问题和解决问题的能力。学士论文的篇幅一般为 0.6~2 万字。学士学位论文是对选定的论题所涉及的全部资料进行整理、分析、取舍、提高，进而形成自己的论点，做到中心论点明确，论据充实，论证严密。学士学位论文写作时还可以借鉴前人的研究思路、研究方法，以至重复前人的研究工作，但应具有自己的结论或见解。

2）硕士学位论文

硕士学位论文是攻读硕士学位的研究生毕业时撰写的论文。国务院学位委员会明确要求，硕士学位论文应在导师指导下，研究生本人独立完成，对所研究的课题有新的认识和新的见解，并具有一定的理论和实际价值，要有一定的工作量。可见，硕士学位论文要求在某方面有改进、革新，即有新见解。硕士论文应能表明作者确已在本门学科上掌握了坚实的基础理论和系统的专业知识，并对所研究课题有新的见解，有从事科学研究工作或独立担负专业技术工作的能力。硕士学位论文的篇幅一般不受限制。

3）博士学位论文

博士学位论文是攻读博士学位的研究生毕业时撰写的论文。它是最高一级的学位论文，因此，它要求在某一领域提出富有创造性的见解或观点，能反映作者的渊博知识、深厚功底和从事科研工作的能力。博士学位论文应能表明作者确已在本门学科上掌握了坚实宽广的基础理论和系统深入的专业知识，并具有独立从事科学研究工作的能力，在科学或专业技术上做出了创造性的成果。博士学位论文应具有系统性和创造性。博士学位论文应是一本独立的著作，自成体系。有本课题研究历史与现状、预备知识、实验设计与装备、理论分析与计算、经济效益与实例、遗留问题与前景、参考文献与附录等，形成一个完整体系。

2. 学术论文

学术论文是某一学术课题在实验性、理论性或观测性上具有新的科学研究成果或创新见解和知识的科学记录；或是某种已知原理应用于实际中取得新进展的科学总结，用以提供学术会议上宣读、交流和讨论，或在学术刊物上发表，或作其他用途的书面文件。这种论文要求探求各领域中的新课题，寻求研究的新方向，提出自己研究的新认识、新见解，对学科的深入研究、国内外学术交流和科学事业的繁荣和发展有很大的推动作用。

3. 科技报告

科学技术报告是进行科研活动的组织或个人描述其从事的研究、设计、工程、试验和鉴定等活动的进展或结果，或描述一个科学技术问题的现状和发展的文献。科技报告按类型可分为报告(report)、札记(note)、论文(paper)、备忘录(memo)和通报(bulletin)等5种，按内容可分为可行性报告、开题报告、进展报告、考察报告和实验报告等。科技报告中包含丰富的信息，可以包括正反两方面的结果和经验，用于解释、应用或重复科研活动的结果和方法。科技报告的主要目的在于积累、交流、传播科学技术研究与实践的结果，并提出有关的行动建议。

科技报告是以记录、说明、论述为主要表达方式，反映科技领域中某些现象的特征、本质及其规律性的科技应用文体；是人们为实现科学技术信息的生产、储存、交流、传播而写作的，是为了将科学技术知识和科学研究成果记录在一定的物质载体上，使之长久保存和广泛流传。它是以记录科研过程与结果为重点的文书，是科研过程的实录，是实验、试验结果的记载，是调研、考察的小结，是陈述看法、建议的方式。

与学术论文相比，科技报告是实验、考察、调查结果的如实记录，侧重于报告科技工作的过程、方法和说明有关情况。不论结果如何，无论是经验还是教训都可以写入报告中。而学术论文则要求有见解或理论升华。科技报告一般是向有关部门报告科研工作进展的一种文件。科技报告作为内部的科研记录，内容具体，一般不公开发表，保密性强于学术论文。

1.2.2 按科技论文的性质分类

按科技论文的性质不同，可以分为发现问题型、提出假设型和解决问题型三大类。

1. 发现问题型

发现问题型科技论文是指针对理论与实践、理论与理论之间的差异、矛盾，或针对各学科之间的空白区域提出尚待解决或尚未认同和尚未认知的问题，为解决问题提供前提，确立目标。如波兰天文学家哥白尼在《天体运行论》一书中提出了"日心说"，但是他并未对此进行充分的科学理论验证。德国天文学家开普勒在分析观测资料后，提出了行星运动三定律，为"日心说"提供了科学的理论依据，使它建立在稳固的科学理论基础上。由此可知，发现问题型科技论文属于"抛砖引玉"，是由科技研究者根据自己的研究发现提出问题，然后由其他科技研究者依据其提出的思路，进行科学研究和深入探讨，最后得到证实。这类科技论文对促进科学研究的发展具有重要意义。

2. 提出假设型

提出假设型科技论文是指从事实出发，运用已经被证实的科学理论和原理，去探索未知的客观规律。假设提出后，还需要经过实践的证实，才能成为科学理论。因此，它具有推测性、假定性和预见性。英国化学家马丁在成功地发明了液液分离色谱法后，凭其对分离原理的惊人理解力，提出了两种假设：一是利用气体作为流动相的新色谱法，二是通过利用极小的粒子填充玻璃柱，并利用高压泵加压，以非重力推动液体通过玻璃柱，可以极大地提高液相色谱法的速度和效率。他在1941年发表的一篇论文中论述了这两种假设。后来，这两种假设分别由詹姆斯和洛夫洛克的实践成果得到证实。

3. 解决问题型

解决问题型的科技论文是指对科技研究中存在的问题或现象，进行研究、分析，提出自己的观点、见解、理论和方法。这类科技论文对解决实际问题、指导科研实践具有指导意义。如晶体结构的测定，原采用帕特森提出的原子间的向量函数法，它可对含原子序数较大的重原子晶体进行测定,但对大量的有机化合物、天然矿物质等不含重原子晶体无法直接测定。后来,美国的豪普特曼和卡尔通过晶体中原子位置与衍射强度之间的数学关系,建立了求解晶体结构的数学模式,运用这个模式成功地直接测定了一些晶体结构。他们创立的测定晶体结构的直接法已经成为目前测定有机分子晶体结构的重要方法之一。

1.2.3 按科技论文的体裁分类

通常在学术刊物上发表的科技论文按其体裁或表现形式可以分为研究型、综述型、发现发明型、专题论述型四大类。

1. 研究型

研究型论文的主要内容是对某课题在实验性、理论性或观测性上具有新的科学研究成果或创新见解和知识的科学记录、分析和讨论,或是某种已知原理和方法应用于实际中取得应用性研究成果的科学阐述和总结。根据研究对象、内容和方法的不同,研究型论文主要包括设计计算型、理论推导型、理论分析型、实(试)验研究型等。

1) 设计计算型

设计计算型科技论文一般是指为解决某些工程问题、技术问题和管理问题而进行的某些产品(包括整机、部件或零件)或物质(材料、原料等)的设计;某些系统、工程方案、机构、产品的计算机辅助设计与优化设计,以及某些过程的计算机模拟,计算机程序设计等。其要求是相对要新,数学模型的建立和参数的选择要合理,编制的程序要能正常运行,计算结果要合理准确,设计的产品要经实验考核或使用考核。

2) 理论推导型

理论推导型论文主要是对提出的新的假说通过数学推导和逻辑推理,如对数学、物理学、化学、天文学、地学、生物学等基础学科及其他众多的应用基础性学科的公理、定理、原理或假定的建立和证明,以及对适用范围和条件的讨论,从而得到新的理论,包括定理、定律和法则。其写作要求是数学推导要科学、准确,逻辑推理要严密,并准确地使用定义和概念,力求得到无懈可击的结论。

3) 理论分析型

理论分析型论文主要是对新的设想、原理、模型、机构、材料、工艺、样品等进行理论分析,对过去的理论分析加以完善、补充或修正。其论证分析要严谨,数学运算要正确,资料数据要可靠,一般还需经过实验验证。

4) 实(试)验研究型

实(试)验型论文主要是针对科技领域的一个学科或专题,有目的地进行实(试)验和分析,调查与考察,或进行相应的模拟研究,得到系统的实(试)验数据或效果、观测现象等较为重要的原始资料和分析结论,准确与齐备的原始资料通常会成为进一步深入研究的依据与基础。实(试)验型论文不同于一般的实验报告,其写作重点应放在研究上,需要的是可靠的理论依据、先进的实验方案、适用的测试手段、准确的数据处理及严密的分析论证。

2. 综述型

综述型科技论文是一类比较特殊的科技论文,它不要求在具体研究内容方面一定有新的创造,但应当包含前人未曾发表过的新的思想和新的资料。综述型科技论文是作者在广泛占有大量相关文献资料的基础上,综合介绍、阐述、分析、归纳、评价某一专业或学科领域国内外一个时期以来的研究成果、发展水平和存在的问题,表明作者的观点和见解,对未来发展做出预测,并提出一些新的研究课题和有关研究工作的设想或建议,指出发展趋势和方向,具有综合性强、信息量大的特点。

综述型科技论文一般题目比较笼统,篇幅也可能长些,文后参考文献应有一定的数量。权威专家学者撰写的综合型论文,往往对学科发展提出重要的创见或建设性意见,对确定科研发展方向,调整研究思路,制订科研规划以及科研立项都具有重要的参考价值。

对这类论文的基本要求是资料全而新,作者站得高看得远,问题综合恰当,分析在理,意见和建议中肯。

3. 发现发明型

发现发明型科技论文一般是记述被发现事物或事件的背景、现象、本质、特征及运动规律,推论应用这种发现的前景,阐述被发明装置、系统、材料、配方、工艺或方法的原理、性能、特点、功效及使用条件,并论证本发明与之前同类发明的不同之处。

4. 专题论述型

专题论述型科技论文是指对某些事业(产业)、某一领域、某一学科、某项工作发表议论(包括立论和驳论),通过分析论证,对它们的发展战略决策、发展方向和发展道路以及方针政策等提出新的独到的见解。

1.3 科技论文的特点

尽管科技论文属于论文的范畴,但与其他论文相比,它具有鲜明的自然科学属性。科技论文当以科学性、首创性、实践性、学术性、逻辑性、有效性、可读性、保密性等为特点,其中科学性和首创性尤为重要。没有科学性和首创性的文字资料,不能称其为科技论文。

1. 科学性

科技论文的科学性是指以科学的世界观和方法论为指导思想,以严肃认真、实事求是的科学态度为出发点,运用辩证唯物主义和历史唯物主义的方法,对研究对象进行科学论证,以追求真理为目的,探求事物的客观规律。作者从提出问题到解决问题,不仅要从一定的理论高度进行分析、总结,并形成一定的科学见解,而且要用事实和理论进行严密的、符合逻辑规律的论述和说明。科学性是科技论文的生命和灵魂。

科学性是科技论文在方法论上的特征,使它与文学的、美学的、神学的文章有所区别。科技论文描述的不仅涉及科学和技术领域的命题,而更重要的是论述的内容具有客观性,绝不允许凭主观臆断或个人好恶随意地取舍素材或给出结论,不能带有个人偏见,不能感情用事,更不能凭空捏造、弄虚作假,必须根据足够的和可靠的实验数据或观察现象作为立论依据。所谓"可靠"就是尊重事实、数据真实、材料翔实,并且整个实验过程是可以重复、核实和验证的;所谓"科学"就是要正确地说明研究对象具有的特殊矛盾,论据充分、论证严密、推理符合逻辑、数据处理合理、计算正确、结论客观。没有科学性,科技论文便失去了价值和意义。

2. 首创性

科技论文的首创性是指论文提出的观点、理论、方法等与前人或他人相比要有新发现、新创造。也就是说,它是在前人或他人没有涉足或已涉及的科学领域里进行新探索、新发掘,创造新知识,发现新规律,提出新理论,用以丰富科学知识的新体系。首创性是科技论文的精髓,是区别于其他文献的关键所在。

科技论文的首创性要求论文中所揭示的事物和现象的属性、特点及运动规律,或者这些规律的运用是前所未有的,即论文中所报道的主要成果是前人所没有的。没有新的观点、见解和结论,就不能称其为科技论文。就一篇科技论文而言,其创造性总是有限的,有的大一些,有的小一些。尽管论文的创新程度有大小之分,但总要有一些独特的见解或独到之处,也就是说,科技论文应提供新的科技信息,其内容应有所发现、有所发明、有所创造、有所前进,而不是对前人的或他人的工作成果或现有科技文献的重复、模仿或抄袭。

首创性是衡量一篇科技论文价值的根本标准,创造性大则其价值就高,创造性小则其价值就低。没有创造性的科技论文对科技发展自然不会起到什么作用,也就谈不上什么价值。

3. 实践性

实践性是科技论文存在的基础。科技论文是科学实验成果和经验的汇总,是科技工作者从事发明创造的直接体验的概括和升华。科学理论和科学成果都是实践的结晶,实践是检验真理的唯一标准。恩格斯说:"社会上一旦有技术上的需要,则这种需要比十所大学更能把科学向前推进。"脱离社会、生产实践的需要,脱离人民群众的社会实践,撰写的科技论文只能是无本之木、无源之水,它的生命力是不强的。只有那些在实践中得到广泛应用的理论和知识,才能焕发青春和活力。

科技论文的实践性主要表现在三个方面:一是针对具体问题,既要目的明确地对客观事物的外部直观形态进行论述,又要对事物进行抽象而概括的论述和论证,还要对事物发展的内在本质和发展变化规律进行论述;二是必须具有可操作性和重复实践验证,按文章报告的方法和条件,使可重复得到文中所述的结果。这一特点体现出科技论文的价值。三是所述内容必须有广泛的应用前景。文中报告的新发现、新成果、新方法、新技术可以拓展至各种相关领域中得到应用,充分反映论文的珍贵价值。

4. 学术性

学术性是科技论文区别于其他文章的重要标志。科技论文的学术性就是专业理论性。专业理论性是科技论文的主体,它是对某一学科领域、某一专门性的知识积累起来进行全面的、系统的探讨、研究,由此便形成了各个学科不同的专业特点。恩格斯说:"一个民族要想站在科学的最高峰,就一刻也不能没有理论思维。"科技论文是进行专门系统研究的创造性劳动的结晶,作者可以在文中大量引用事实和道理,用来论证自己的新观点、新认识、新看法,因此它具有浓厚的理论色彩和一定的理论高度。专业性强、理论水平高的科技论文,才具有广泛的应用价值,才能为学科做出贡献。

5. 逻辑性

科技论文的逻辑性是指论文的结构特点。要求科技论文思路清晰、结构严谨、演算正确、推论合理、编排规范、文字通顺、自成体系。不论科技论文所涉及的专题大或者小,都应有自己的立论或假说、论证材料和推断结论。要通过推理、分析提高到理论的高度,不应出现无中生有的结论或堆砌无序的数据。

6. 有效性

有效性是指科技论文的发表形式。经过专家的评审,并在具有一定规格的学术评审会上通过答辩或评议,存档或在正式刊物上发表的科技论文,才被认可为完备的、有效的科技论文。不论采用何种文字发表,它表明科技论文所揭示的事实及其真谛已能方便地为他人所承认和利用。严格地讲,被科技出版物接受的科技论文,就必定是首次披露,并提供足够的资料使同行能做到:评定论文中资料的价值;重复论文的实验结果;评价整个研究过程的学术水平;易于被同行接受和利用。即一篇科技论文,必须正式发表并得到同行的认可,才算有效地完成

7. 可读性

科技论文的可读性是指科技论文的文字、语句必须严谨、简练、通顺,切忌难懂、语句过长。因为科技论文所讨论的问题是复杂的、抽象的真理,使用的是专门的术语,只有深入浅出地表达才容易为人们所理解,才能达到描述科研成果的目的。

8. 保密性

对于国防领域来讲,科学技术研究内容涉及到兵器科学技术及其武器装备,也就是说,这些都是一个国家的国防实力和军事实力的体现,它的研究计划、研究合同、研究进展、武器试验、生产制造、订货装备等都属于国家秘密事项,因此,在这类科技论文的写作与发表方面,必须严格遵守国家保密法的要求和有关保密规定程序,一是要对涉及的内容、数据、图表等进行技术处理,二是要经有关部门进行逐级保密审查,确保不会泄露国家秘密。

1.4 科技论文写作的要求

科技论文的写作过程是在科学研究工作的基础上进行"再创造"的过程。尽管不同类型的科技论文的写作方法有较大差别,但撰写科技论文的基本要求却是相同的。

1. 主题明确

主题是全文的灵魂,不但要明确,而且要突出。对科技论文来说,主题也就是论点,偏离了主题,便丧失了意义。

2. 重点突出

以研究内容的科技创新点为核心,简明扼要地分析关键技术,给出明确的研究结论,体现科技论文的首创性。

3. 概念准确

科技论文中所涉及的每一个概念都要求十分准确,不允许有任何歧义发生。若概念模糊甚至概念不清,论文得到的结论就站不住脚。

4. 结构严谨

结构是文章的骨骼、架构,没有了它就不可能让人再去推敲和相信论点,严谨而分明的结构和层次,能将主题阐述得深入细致。

5. 逻辑严密

逻辑是知识的"格局",它保证的是思路的清晰,文章的贯通。文章的每个组成部分必须相互协调、相互制约,组成一个严密的整体。如果科技论文的各个构成部分相互之间关联度不高,甚至毫不相关,只是一些资料的堆砌,事实的罗列,那么科技论文不仅凌乱不堪,而且没有任何说服力。

6. 论证有力

科技论文的特性就是论证,科技论文的功能就是证明。科技论文的论点是富有创新性、开拓性的观点,或者是补充被前人或他人忽视的事实,再或者是纠正被前人或他人曲解的事实。因此,必须是有理有据,能够确凿而有力地证明自己的论点。

7. 语言简洁

科技论文的主要目的就是要阐述与证明自己所提出的论点,而且具有很强的专业性、技术性、客观性,所以就不能像文学作品那样用大量的修饰性、形容性等语句来装饰论文,以提高其艺术性和感染力。科技论文要做到的就是说理论道,说理就要有根有据、简单明了,因而在语言上就要求不加修饰，简洁明快。

8. 遵循标准

以科技论文的编写标准为准则，正确运用规范的文字、公式、符号、图像、表格等，为论文的公开发表或存档奠定基础。

1.5　科技论文写作的意义

无论是科学研究，还是技术创新，在完成项目的阶段研究任务及全面研究任务之后，都需要对检索收集的资料、理论研究的进展、实验研究的结果等进行综合分析、判断推理、提出论点、提供论据、给出结论，通过科技论文的形式加以提炼和总结，固化成果，发现不足，明确下一步的研究方向，甚至开拓新的研究领域。因此，对一个科技工作者来说，撰写科技论文具有十分重要的意义。

1. 科学技术研究的重要组成部分

世界著名的物理学家、化学家法拉第曾说过，科学研究有三个阶段：首先是开始，其次是完成，第三是发表。三者互相关联，相辅相成。在当今的科学研究中，通常也分为三个阶段：第一阶段是准备，包括选题、文献检索、课题申请报告、课题评审批准等；第二阶段是进行研究，包括理论分析、设计计算、样机试制、实验研究等；第三阶段是技术总结，包括撰写技术文档、科学技术报告、科技论文撰写与发表等。由此可见，科技论文的写作和发表是科研工作的一个重要组成部分，是科研工作的继续与深化，是科技成果的重要表现形式。因此，如果不将科学研究成果以科技论文的形式发表，那么一切学术见解与观点，一切创造与发明，只不过是科技工作者头脑里的一些思维，他人无法了解并采纳，也无法将科学技术转化为生产力。

2. 学术交流的重要手段

学术交流是指针对规定的领域或专题，由相关专业的研究者、学习者参加，为了交流知识、经验、成果，共同分析讨论解决问题的办法而进行的探讨、论证、研究活动。开展学术交流有很多种方式方法，如学术讲座、专业学术会议、学术论坛、各种学术刊物，等等。但不论何种形式的学术交流，都离不开科技论文。也就是说，科技论文是学术交流的重要媒介和手段，是传播研究成果的重要形式。对于科技工作者来讲，只有将自己的研究成果以科技论文的形式呈现出来，才能与同行进行研讨和交流，达到互相激励、互相启迪，从而实现共同提高、共同推动科学技术进步的目的。

3. 实现知识的社会化和国际化的标志

科技论文是科研成果的记录，是通过文字形式保存的科学技术积累。科技论文一经正式发表，公诸于世，就得到了社会的公认，就变成为科技成果。对于社会来讲，就增加了一份科技文献。对于作者来讲，就拥有了著作权。这样以来，就可以使作者的研究成果成为国家乃至世界科技文献宝库的一个组成部分，被大家承认、参考、引用和利用，为促进科学技术的发展和人类社会的进步做出贡献。

目前，世界各国都设立有专门的文献情报中心，专门收录国内外已发表的科技论文的摘要、关键词、作者等，同时制作有主题索引、作者索引等供科技工作者查阅，从而使科技工作者所发表的科技论文实现了知识的社会化和国际化。一篇科技论文被引用的频次可以作为评价该科技论文水平的依据之一。

常用的外文数据库检索工具有 IEEE、Elsevier Science、Springer Link、WorldSciNet、Ei

Village、SCI、ISTP 等,常用的中文检索工具有中国期刊网络数据库 CNKI、维普期刊全文数据库、万方数据、超星电子图书数据库等。

4. 科技工作者创造性劳动被公认的客观指标

科技论文的发表也是确认科技工作者在科技领域中学术地位的最公正的标准。许多科技工作者相互之间可能并不认识,但他们在阅读对方科技论文时认识了"对方"。根据科技工作者发表科技论文的数量和质量,可以确立他在某专业学术领域的地位,如被邀请去参加专业学术会议,授予某专业学会的某种学术头衔或荣誉称号等。

5. 确认科技人员对某项发明优先权的基本依据

在 17 世纪现代科学产生的初期,当时的科学家对自己的学术成果,既需要获得他人的认同,又要保守秘密,因为他们担心其他人宣称拥有这一发明的优先权,而且这种担心常常成为现实,引起纠纷。针对这一矛盾,当时伦敦皇家学会秘书亨利·奥登伯格设计了一套解决方法,就是将科学发现和发明的论文通过在学会的《哲学汇刊》发表的办法来确认作者的优先权,一旦优先权遇到问题可以得到官方的支持,进而保证了科研成果的公开交流。从此就产生了一个惯例,即一项科学的发现或发明,由谁署名,谁就是第一个发表观点或发明的人,这就是发表优先的原则。例如,孟德尔分离规律是由孟德尔等人于 1930 年首先报道。后人为纪念他们,将该规律称为孟德尔分离规律,以确认他们对此遗传规律发现的优先权。如此实例,不胜枚举。

6. 研究生学位授予的要求

从目前大多数高等学校或研究院所授予学生学位要求来看,无论是硕士研究生还是博士研究生,要在毕业时获得相应的硕士学位或博士学位,在申请学位论文答辩时,除了要提交学位论文外,同时还要提交与所提交学位论文研究内容相一致的公开发表的数篇学术论文,且要达到一定的学术水平(如核心期刊、EI 收录、SCI 收录等),才能进行学位论文答辩。只有学术论文符合规定要求,且学位论文通过答辩者才能授予相应的硕士学位或博士学位。

7. 业务考核和职务评聘的需要

科技论文反映了作者的分析能力、创造能力、综合能力和表达能力以及所掌握的知识的广度和深度,是衡量科技工作者学术水平的重要尺度。因此,在每个单位每年对专业技术系列人员进行考核时,都要根据专业技术人员的职务不同,把每年以第一作者发表的科技论文数量、发表刊物级别等作为考核评分的标准之一。对于申请晋升专业技术职务的专业技术人员来说,除了学历、任职年限、外语、计算机模块符合有关要求外,在科研业务评聘条件中,还规定晋升不同职务应以第一作者发表的科技论文数量、发表刊物级别,甚至包括一定数量的科技论文须被著名数据库检索工具收录。另外,在研究生导师评聘、个人荣誉评审、专业委员会任职等都对科技论文的发表数量与水平有一定的要求。

综上所述,对于科技工作者来说,撰写与发表科技论文具有十分重要的意义。它既是完成科学研究课题所必需的,又是开展学术交流、确定科技工作者学术地位和创造性劳动成果被公认的客观标准,同时还是上级主管部门和人力资源管理部门考核科技工作者的重要标准之一。因此,对于科技工作者来说,必须把科技论文的写作与发表放在非常重要的位置上。

第2章 学位论文编写格式

学位论文的结构具有一定的规律性,并形成了一套自己独特的结构,并非是人为的、能随意更改的。格式就是一定的规格式样,学位论文的编写格式是指学位论文的撰写和编排应遵循有关标准规定的规格和式样。在学位论文的编写规则方面,1987年,我国发布了《科学技术报告、学位论文和学术论文的编写格式(GB/T 7713—1987)》国家标准;2006年,经修订又发布了《学位论文编写规则(GB/T 7713.1—2006)》国家标准,对学位论文的编写格式进行了规定,使得学位论文的编写向着规范化、标准化的方向迈进了一大步。同时,学位论文编写规范化也是学位论文利用、管理、检索和获取的需要。

2.1 学位论文的结构组成

学位论文的结构组成一般包括前置部分、正文部分和结尾部分。

2.1.1 前置部分的结构组成

前置部分的结构组成主要包括:
a) 封面;
b) 书脊(书脊厚度等于大于5mm时);
c) 题名页(可选);
d) 英文题名页(可选);
e) 声明页;
f) 摘要页;
g) 英文摘要页;
h) 目次页;
i) 插图和附表清单(可选,当图表较多时);
j) 符号和缩略词说明(可选,当符号等较多时)。

2.1.2 正文部分的结构组成

正文部分的结构组成主要包括:
a) 引言或绪论;
b) 主体部分;
主体部分是学位论文的核心部分,占主要篇幅。其结构组成主要包括:
　　(a) 章节编号及标题;
　　(b) 条款项段编号及标题;
　　(c) 列项编号及内容;

(d) 主体内容；
　　(e) 图序、图题；
　　(f) 表序、表题；
　　(g) 公式、公式号；
　　(h) 引文标注；
　　(i) 注释标注(如有)；
　　(j) 注释(如有)。
c) 结论部分；
d) 建议部分(可选)；
e) 致谢；
f) 参考文献。

2.1.3　结尾部分的结构组成

结尾部分的结构组成主要包括：
a) 附录(有则必备)；
b) 索引(可选)；
c) 作者简历(可选)；
d) 学位论文数据集(可选)。

2.2　学位论文的编写格式

2.2.1　版面

1. 纸张

学位论文宜用 A4 标准大小的白纸，其尺寸为 210mm×297mm。

2. 页面边距

《学位论文编写规则(GB/T 7713.1—2006)》规定，学位论文的页面四周应留足空白边缘，上方(天头)和左侧(订口)应分别留页边距 25mm 以上，下方(地脚)和右侧(切口)应分别留页边距 20mm 以上。一般而言，上方和左侧的页边距可设为 30mm，下方和右侧的页边距可设为 25mm。

3. 版式

学位论文的纸张方向应采用纵向布局，版式应采用单栏横向排版。一般而言，博士、硕士学位论文宜双面打印或印刷，学士学位论文(毕业论文或毕业设计说明书)宜单面打印或印刷。

4. 页眉页脚

页眉顶端距离可以设为 20mm，页脚底端距离可以设为 15mm。

博士学位论文的页眉文字为"××××博士学位论文"；硕士学位论文的页眉文字为"××××硕士学位论文"；学士学位论文的页眉文字为"××××〇〇〇〇届毕业论文"或"××××〇〇〇〇届毕业设计说明书"。其中，"××××"为学位授予单位名称，如中北大学信息商务学院；"〇〇〇〇"为毕业生届次，如 2016。页眉从摘要页开始编排。

5. 页码

学位论文的页码分两部分进行编排页码。前置部分的页码从摘要页开始用罗马数字连续编码,正文部分和结尾部分的页码从正文部分首页开始用阿拉伯数字连续编码,一直编到结尾部分的结束页。对于单面打印或印刷,页码编排于页面底端右对齐。对于双面打印或印刷,奇数页码编排于页面底端右对齐,偶数页码编排于页面底端左对齐。

6. 字距和行距

学位论文的字符间距建议设置为标准,行距建议设置为 1.5 倍,1 级(章)编号及标题段前段后间距设置为 1 行,2 级(节)和 3 级(节)编号及标题段前段后间距设置为 0.5 行。

7. 字号和字体

推荐的学位论文各部分字号和字体见表 2-1。

表 2-1 学位论文的字号和字体

部分	页别	文字内容	字号和字体
前置部分	封面、题名页	学位授予单位名称	二号黑体
		"博士学位论文""硕士学位论文""毕业论文/毕业设计说明书"字样	小初黑体
		学位论文题名	一号黑体
		其他内容	四号宋体/Time New Roman
	书脊	题名、作者姓名、学位授予单位名称	黑体(字号根据书脊厚度确定)
	英文题名页	学位授予单位名称	小二 Time New Roman
		"Ph. D Dissertation"字样	一号 Time New Roman
		学位论文题名	小一 Time New Roman
		其他内容	四号 Time New Roman
	声明页	"原创性声明""使用授权声明"字样	小三黑体
		其他内容	小四宋体/Time New Roman
	摘要页	页眉、页脚	五号宋体/Time New Roman
		学位论文题名	小三黑体
		"摘要""关键词"字样	小四黑体
		其他内容	小四宋体/Time New Roman
	英文摘要页	学位论文题名	小三 Time New Roman
		"Abstract""Keywords"字样	小四 Times New Roman
		其他内容	小四 Times New Roman
	目次页	"目录"字样	小三黑体
		章节编号、页码	小四 Times New Roman
		其他内容	小四宋体
	插图和附表清单	"插图和附表清单"字样	小三黑体
		其他内容	小四宋体
	符号和缩略词说明	"符号和缩略词说明"字样	小三黑体
		其他内容	小四宋体

(续)

部分	页别	文字内容	字号和字体
正文部分	引言或绪论、主体部分、结论部分、建议部分	1级(章)编号	小三 Times New Roman、加粗
		1级(章)标题	小三黑体
		2、3、4级(节)编号	小四 Times New Roman、加粗
		2、3、4级(节)标题	小四黑体
		5级(条)编号	小四 Times New Roman、加粗
		5级(条)标题	小四黑体
		6、7、8级(款、项、段)编号	小四 Times New Roman
		6、7、8级(款、项、段)标题	小四宋体
		正文内容	小四宋体/Time New Roman
		图序、表序	小四 Times New Roman、加粗
		图题、表题	小四黑体
		图注、表注、表内容	五号宋体/Times New Roman
		引文标注	小四 Times New Roman
		脚注内容	五号宋体/Time New Roman
结尾部分	致谢	"致谢"字样	小三黑体
		其他内容	小四宋体/Time New Roman
	参考文献	"参考文献"字样	小三黑体
		序号、英文字符	小四 Times New Roman
		其他内容	小四宋体
	附录	附录编号	小三 Times New Roman、加粗
		附录题名	小三黑体
		章节条款项段编号及标题	同正文部分的对应部分
		图序图题、表序表题等	同正文部分的对应部分
		其他内容	小四宋体/Times New Roman
	索引	"索引"字样	小三黑体
		索引内容	小四宋体/Times New Roman
	作者简历	"作者简历"字样	小三黑体
		各标题	小四黑体/Times New Roman
		其他内容	小四宋体/Times New Roman
	学位论文数据集	"学位论文数据集"字样	小三黑体
		其他内容	五号宋体/Time New Roman

2.2.2 前置部分

1. 封面

封面是学位论文的外表面,对论文起装潢和保护作用,并提供题名页中的主要结构要素。封面的结构要素一般应包括:

a) 中图分类号;

b) UDC;

c) 单位代码;

d) 密级;

e) 学位授予单位;

f) 学位论文级别;

g) 学位论文题名;

h) 学生姓名;

i) 学科专业;

j) 培养单位;

k)指导教师姓名、职称;
l)日期。

封面包含的结构要素多少可由学位授予单位自行确定。博士学位论文、硕士学位论文、毕业论文、毕业设计说明书封面格式示例分别如图2-1、图2-2、图2-3、图2-4所示。

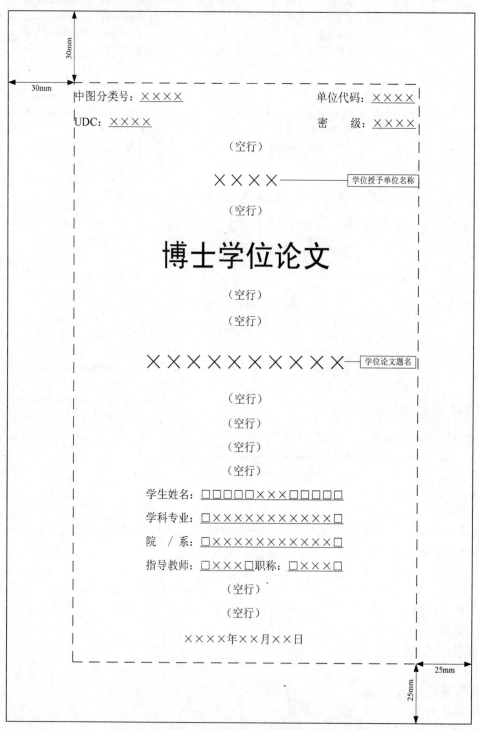

图2-1 博士学位论文封面编排格式示例

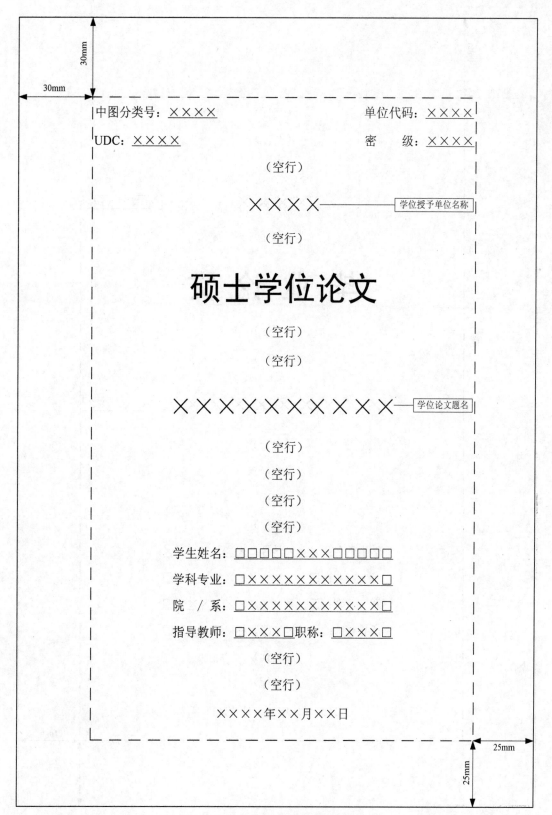

图 2-2 硕士学位论文封面编排格式示例

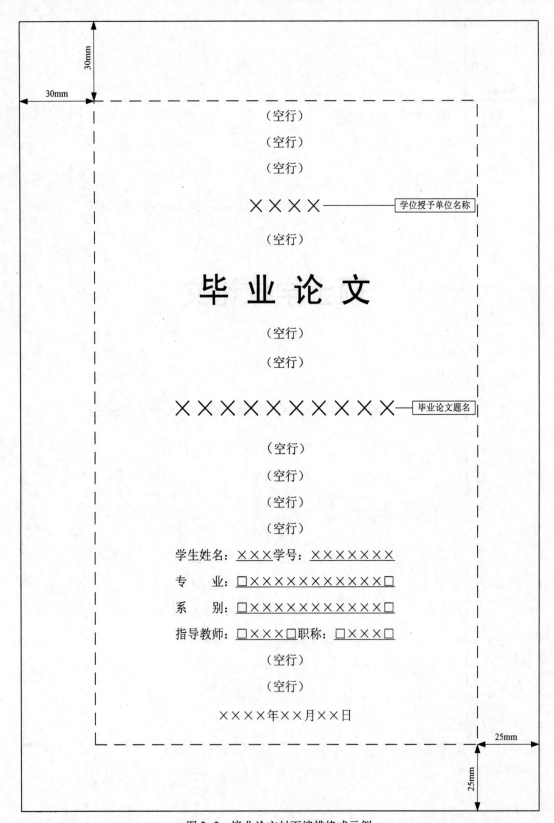

图 2-3 毕业论文封面编排格式示例

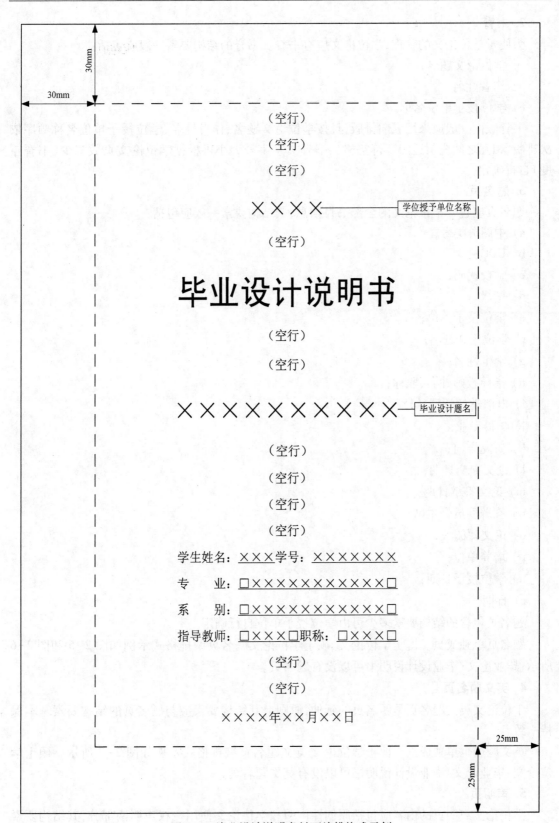

图 2-4 毕业设计说明书封面编排格式示例

2. 书脊

为便于学位论文的管理，学位论文应有书脊。书脊的结构要素一般应包括：

a) 学位论文题名；

b) 作者姓名；

c) 学位授予单位名称。

书脊版面一般应采用纵向排版，且按学位论文题名、作者姓名、学位授予单位名称顺序依次排版，相互之间应留适当字符空格。书脊文字字号大小可根据学位论文页数多少（书脊厚度）自行确定。

3. 题名页

题名页应包含学位论文的全部书目信息，其结构要素一般应包括：

a) 中图分类号；

b) UDC；

c) 学校代码；

d) 密级；

e) 学位授予单位；

f) 学位论文题名；

g) 学生姓名；

h) 指导教师姓名、职称；

i) 申请学位类别、级别；

j) 学科专业；

k) 研究方向；

l) 论文提交日期；

m) 论文答辩日期；

n) 答辩委员会主席；

o) 论文评阅人；

p) 培养单位；

q) 学位授予日期；

r) 日期。

题名页包含的结构要素多少可由学位授予单位自行确定。

题名页单独成页。博士学位论文、硕士学位论文题名页编排格式示例如图 2-5 和图 2-6 所示，毕业论文/毕业设计说明书可以没有题名页。

4. 英文题名页

学位论文英文题名页是题名页的延伸，原则上其结构要素应与题名页的结构要素基本保持一致。

英文题名页单独成页。博士学位论文英文题名页编排格式示例如图 2-7 所示。硕士学位论文、毕业论文/毕业设计说明书可以没有英文题名页。

5. 声明页

学位论文声明页的内容应包括原创性声明和学位论文使用授权声明两部分，其结构要素一般应包括：

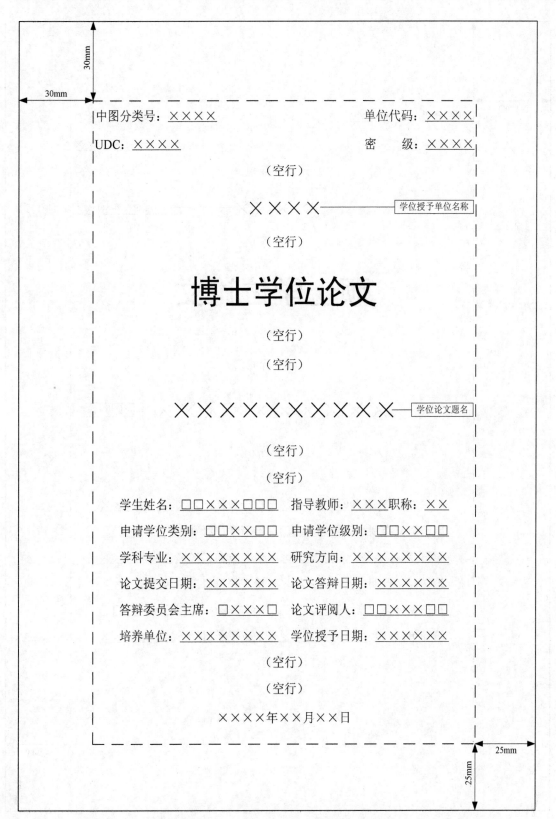

图 2-5　博士学位论文题名页编排格式示例

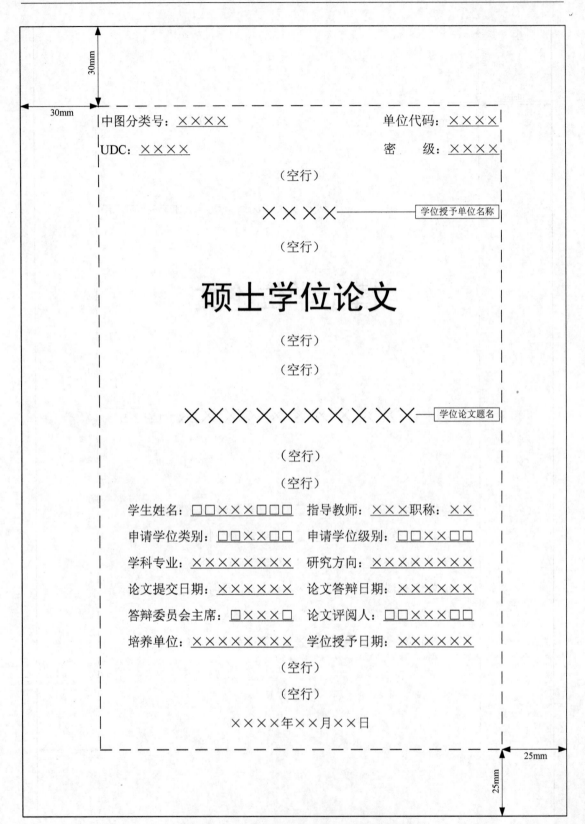

图 2-6 硕士学位论文题名页编排格式示例

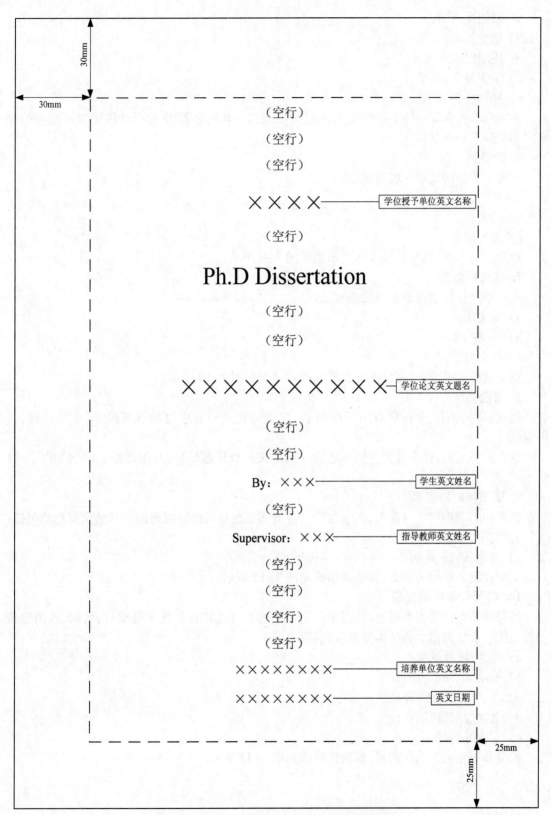

图 2-7　博士学位论文英文题名页编排格式示例

a）原创性声明；
b）学生签名、日期；
c）使用授权声明；
d）学生签名、日期；
e）导师签名、日期。

声明页单独成页。博士学位论文、硕士学位论文、毕业论文/毕业设计说明书声明页编排格式示例如图2-8所示。

6. 摘要页

摘要页的结构要素一般应包括：
a）题名；
b）摘要；
c）关键词。

摘要页另起页，摘要页编排格式示例如图2-9所示。

7. 英文摘要页

英文摘要页的结构要素一般应包括：
a）英文题名；
b）英文摘要；
c）英文关键词。

英文摘要页另起页，英文摘要页编排格式示例如图2-10所示。

8. 目次页

目次页是学位论文各章节的顺序列表，其结构要素一般应包括章节编号、章节标题、页码等。

目次页另起页，排在英文摘要页之后。目次按三级标题编排，其编排格式示例如图2-11所示。

9. 插图和附表清单

插图和附表清单为可选项，当学位论文中的图表数量较多时应列出。其结构要素应包括：
a）图序、图题、页码；
b）表序、表题、页码。

插图和附表清单另起页，其编排格式如图2-12所示。

10. 符号和缩略词说明

符号和缩略词说明为可选项，当学位论文中的符号、缩略词、首字母缩写、名词、术语等较多时应统一汇集列出。其结构要素应包括：
a）符号、注释说明；
b）缩略词、注释说明；
c）首字母缩写、注释说明；
d）名词、注释说明；
e）术语、注释说明。

符号和缩略词说明另起页，其编排格式如图2-13所示。

2.2.3 正文部分

1. 章节

学位论文的正文部分应划分为不同数量的章节，其结构要素应包括：

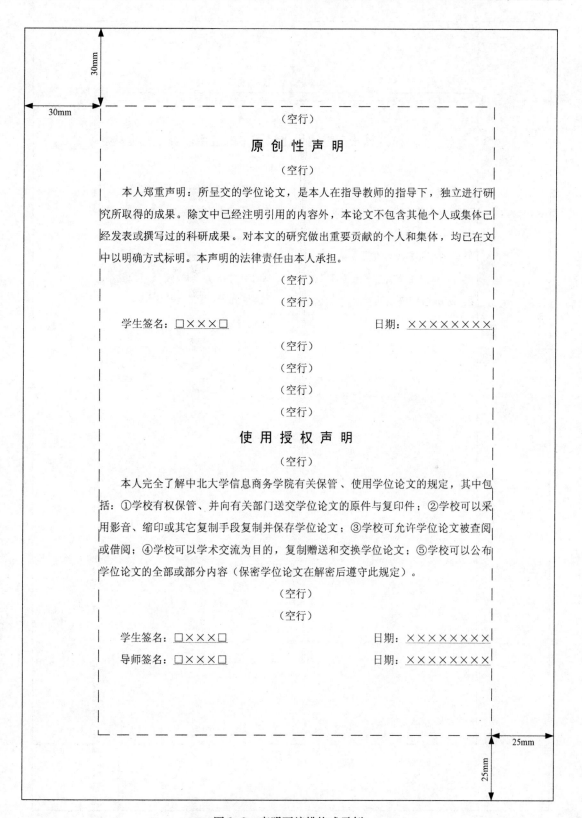

图 2-8 声明页编排格式示例

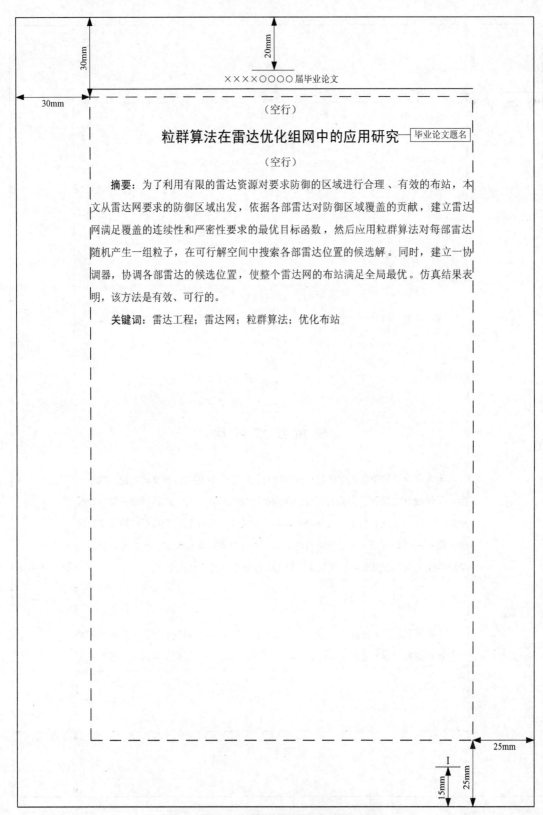

图 2-9 摘要页编排格式示例

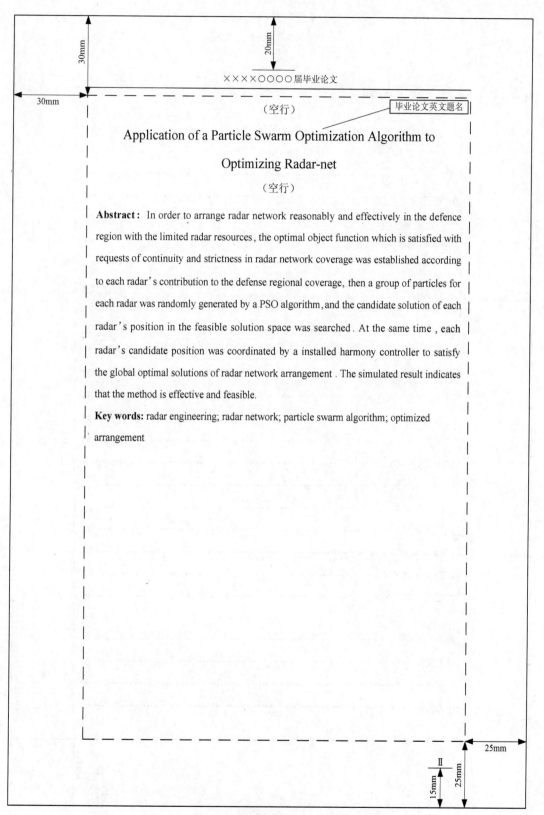

图 2-10 英文摘要页编排格式示例

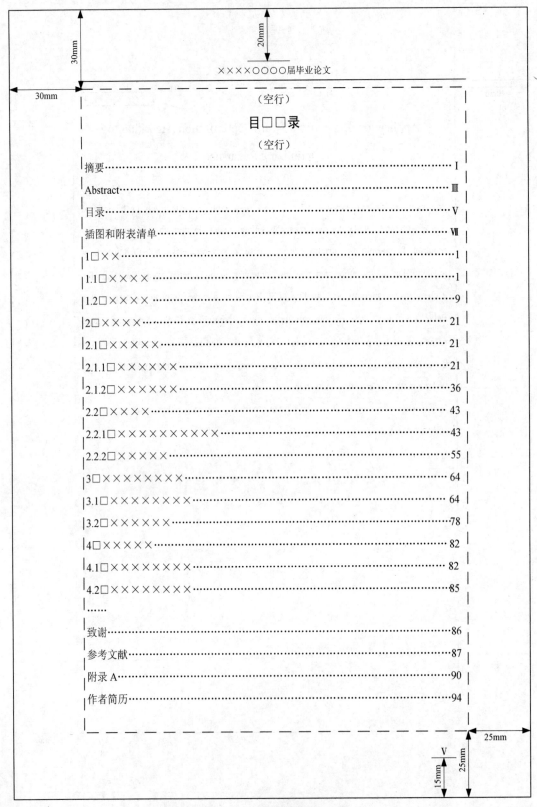

图 2-11 目次页编排格式示例

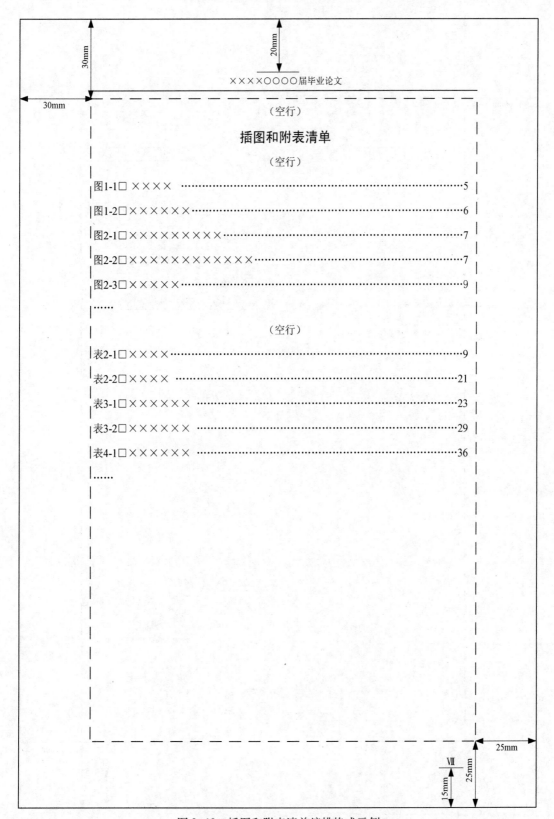

图 2-12　插图和附表清单编排格式示例

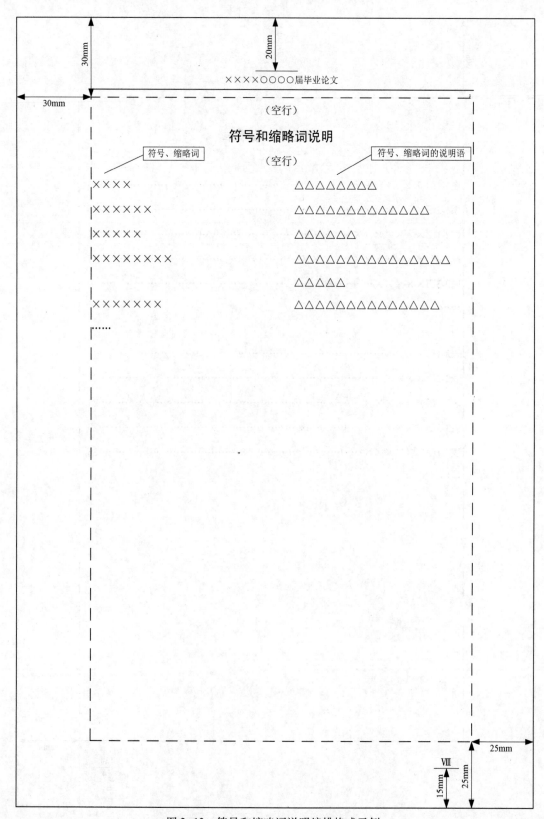

图 2-13 符号和缩略词说明编排格式示例

a) 章编号、章标题;
b) 节编号、节标题。

章节的级数一般不超过 4 级。第 1 级标题称为章,第 2、3、4 级标题均称为节。章的编号应按顺序用阿拉伯数字从 1 开始连续编号,某一层次节的编号用其所属的章编号或章节编号加上本层次节的编号组成,本层次节的编号应按顺序用阿拉伯数字从 1 开始连续编号。书写章节编号时,在表明不同层次章节的每两个层次编号数字之间加西文句号".",但终止层次编号数字后不加西文句号。前言或绪论可以编为 0,也可以不编号。从主体部分一直到建议部分按顺序用阿拉伯数字从 1 开始连续编章节号。致谢和参考文献表不编章节号。章节编号示例见表 2-2。

表 2-2　章节编号表

第 1 级(章)	第 2 级(节)	第 3 级(节)	第 4 级(节)
1	1.1	1.1.1	1.1.1.1
			1.1.1.2
			…
		1.1.2	1.1.2.1
			1.1.2.2
		…	…
	1.2	1.2.1	1.2.1.1
			1.2.1.2
			…
		1.2.2	1.2.2.1
			1.2.2.2
		…	…
2	2.1	2.1.1	2.1.1.1
			2.1.1.2
			…
		2.1.2	2.1.2.1
			2.1.2.2
		…	…
	2.2	2.2.1	2.2.1.1
			2.2.1.2
			…
		2.2.2	2.2.2.1
			2.2.2.2
…	…	…	…

章节应有标题,章节标题与其编号之间空 1 个汉字的间隙。章节编号及其标题单独成行。章编号及其标题可以另起页左对齐顶格编排,也可以另起页居中编排,但全文应统一。节编号及其标题全部左对齐顶格编排。章节编号编排格式示例如图 2-14 所示。

在正文中,若需引用章或节的编号时,章的编号书写成"第×章",节的编号书写成"×.×.×节"。例如,"……按第 1 章……"、"……参见 1.1.1 节……"。

2. 条款项段

若章节的层次较多时,可以在章节的基础上向下扩充层次。

向下扩充层次的级数一般也不超过 4 级。从第 5 级到第 8 级依层级分别称为条、款、项、

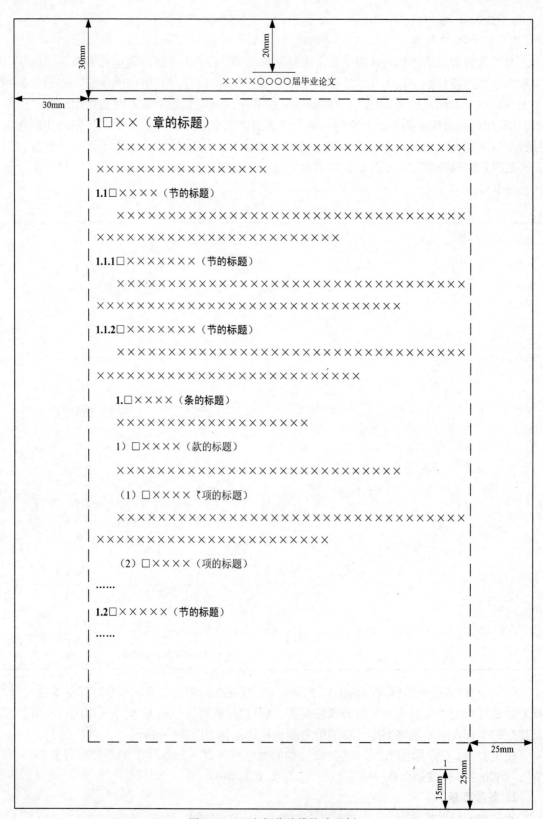

图 2-14 正文部分编排格式示例

段。条款项段的编号在所属的层级内按顺序用阿拉伯数字加符号的方式连续编号,第5级条用阿拉伯数字加西文句号".",第6级款用阿拉伯数字加右半圆括号")",第7级项用带圆括号"( )"的阿拉伯数字,第8级用带圆圈"○"的阿拉伯数字。条款项段编号示例见表2-3。

条款项段应有标题,条款项段标题与其编号之间空1个汉字的间隙。条款项段编号及其标题空2个汉字空格开始编排。条款项段编号及其标题可以单独成行,正文内容另起行编排;条款项段编号及其标题也可以不单独成行,标题后空1个汉字的间隙直接接排正文内容,但全文应统一。条款项段编号编排格式示例如图2-14所示。

在正文中,若需引用条、款、项、段的编号时,书写成"×.×.×节×条×款×项×段"。例如,"……在1.1节1条1款1项1段……"。

表2-3 条款项段编号表

第5级(条)	第6级(款)	第7级(项)	第8级(段)
1.	1)	(1)	①
			②
			…
		(2)	①
			②
			…
	2)	(1)	①
			②
			…
		(2)	①
			②
			…
	…	…	…
2.	1)	(1)	①
			②
			…
		(2)	①
			②
			…
	2)	(1)	①
			②
			…
		(2)	①
			②
			…
…	…	…	…

3. 列项

列项不属于章节及其扩展层次的范畴。学位论文的章、节、条、款、项、段之中均可列项。当学位论文的内容需要列项说明时,列项说明由引出句加冒号":"引出,然后另起行逐一编排各个列项。列项编号有两种方式,一是采用列项编号,1级列项编号可以用英文小写字母按顺序从a开始连续编号,书写1级列项编号时,英文小写字母后加右半圆括号")"。如1级列项下还有2级列项,可以用带双圆括号"(())"的英文小写字母按顺序从a开始连续编号。二是采用列项符号,无论是1级列项还是2级列项,都用特殊符号(如,▲、——、●、■等)编排列项。

列项编号示例见表2-4。

表 2-4 列项编号表

列项编号		列项符号	
1级	2级	1级	2级
a)	(a)	▲	●
	(b)	▲	●
	…	…	…
b)	(a)	▲	●
	(b)	▲	●
…	…	…	…

1级列项编号或列项符号从第3个汉字位置起排,列项内容从第5个汉字位置起排,若转行,列项内容也始于第5个汉字位置。列项内容中不用句号,列项内容尾部用分号,最后一个列项尾部用句号。2级列项编号或列项符号从第5个汉字位置起排,列项内容从第7个汉字位置起排,若转行,列项内容也始于第7个汉字位置。

【例2-1】

下列各类仪器的任何一种都不需要开关:

a) 正常操作状态下,功耗不超过10W的仪器;

b) 在任何故障状态下使用后,2min内测得功耗不超过50W的仪器;

c) 用于连续操作的仪器。

【例2-2】

仪器的振动可能产生于:

——转动部件的不平衡;

——仪器座的轻微变形;

——滚动轴承;

——气动负荷。

4. 插图

插图包括曲线图、构造图、示意图、框图、流程图、记录图、地图、照片等。

插图应有编号,即图序。一般而言,可以分章按插图出现的先后顺序用阿拉伯数字进行编号。图序由汉字"图"加章编号再加从1开始的阿拉伯数字构成,在章编号与阿拉伯数字之间用符号短划线"-"或圆点"."隔开。只有一幅插图时也应有图序。插图分章编号见表2-5。

表 2-5 插图分章编号表

第1章		第2章		…
图1-1	图1.1	图2-1	图2.1	
图1-2	图1.2	图2-2	图2.2	…
…		…		

插图应有简短确切的图题,图题就是图的标题。图题与图序之间空1个汉字的间隙,图序及其图题置于图的下方,且居中。插图编排格式示例如图2-15所示。

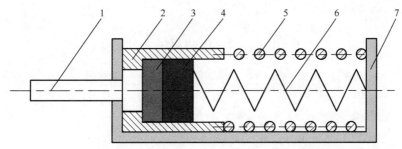

图 3-5　身管长后坐式武器工作原理

1—身管；2—节套；3—机头；4—机体；5—身管复进簧；6—机头机体复进簧；7—机匣。

图 2-15　插图编排格式示例

5. 表格

表格应有编号，即表序。一般而言，可以分章按表格出现的先后顺序用阿拉伯数字进行编号。表序由汉字"表"加章编号再加从 1 开始的阿拉伯数字构成，在章编号与阿拉伯数字之间用符号短划线"-"或圆点"."隔开。只有一张表格时也应有表序。表格分章编号见表 2-6。

表 2-6　表格分章编号表

	第 1 章		第 2 章	
	表 1-1	表 1.1	表 2-1	表 2.1
	表 1-2	表 1.2	表 2-2	表 2.2
	…	…	…	…

表格应有表题，表题就是表格的标题。表题与表序之间空 1 个汉字的间隙，表序及其表题置于表格的上方，且居中。表格编排格式示例见表 2-7。

如某个附表需要转页接排时，在随后接排的表的上方应重复该表序。书写时，表序后加带圆括号的汉字"(续)"。例如，表 2-4(续)、表 5-3(续)。续表的表序右顶格对齐，续表应重复表头。

表 2-7　表格编排格式示例

t_i/ms	x_i/cm	v_i/m·s^{-1}	v_{1i}/m·s^{-1}
4.8	3.00	6.80	0
6.8	4.15	5.97	11.60
9.8	5.90	5.77	15.89
11.8	7.05	5.68	17.54
13.5	7.97	5.43	21.19

6. 公式

在需要时，公式应有编号。一般而言，可以分章按公式出现的先后顺序用阿拉伯数字连续编号。公式的编号由章编号加从 1 开始的阿拉伯数字构成，在章编号与阿拉伯数字之间用符号短划线"-"或圆点"."隔开，并将编号置于圆括号"()"内。公式不必全部编号，为便于相互参照或引用时才进行编号。公式分章编号见表 2-8，公式编排格式示例见例 2-3。

表 2-8　公式分章编号表

	第 1 章		第 2 章	
	(1-1)	(1.1)	(2-1)	(2.1)
	(1-2)	(1.2)	(2-2)	(2.2)
	(1-3)	(1.3)	(2-3)	(2.3)	…
	…	…	…	…

【例 2-3】

$$X = 1 - \exp\left[-0.693\left(\frac{t}{t_{0.5}}\right)^n\right] \qquad (2-3)$$

式中：X ——再结晶分数；

t ——时间；

n ——Avrami 常数；

$t_{0.5}$ ——再结晶率达到 50% 所需的时间。

7. 引文标注

正文中引用文献的标注方法可采用顺序编码制，也可采用著者出版年制。

1）顺序编码制

顺序编码制是按正文中引用的文献出现的先后顺序用阿拉伯数字连续编码，并将序号置于方括号"[　]"中，以上标形式置于引用处。

在同一处引用多篇文献时，只需将各篇文献的序号在方括号内全部列出，各序号间用逗号"，"隔开。如遇连续序号，可标注起止序号，起止序号之间用短划线"-"隔开。

在多次引用同一作者的同一篇文献时，在正文中标注首次引用的文献序号，并在序号的方括号"[　]"后标注引文页码。

【例 2-4】

德国学者 N. 克罗斯研究了瑞士巴塞尔市附近侏罗山中老第三纪断裂对第三系褶皱的控制[235]；之后，他又描述了西里西亚第 3 条大型的近南北向构造带，提出地槽是在不均一的块体的基底上发展的思想[236]。

【例 2-5】

裴伟[83,570] 提出……。

【例 2-6】

莫拉德对稳定区的节理格式的研究[255-256] 表明……。

【例 2-7】

主编靠编辑思想指挥全局已是编辑界的共识[1]，然而对编辑思想至今没有一个明确的界定，故不妨提出一个构架……参与讨论。由于"思想"的内涵是"客观存在反映在人的意识中经过思维活动而产生的结果"[2]1194，所以"编辑思想"的内涵就是编辑实践反映在编辑工作者的意识中，"经过思维活动而产生的结果"。……《中国青年》杂志创办人追求的高格调——理性的成熟与热点的凝聚[3]，表明其读者群的文化的品位的高层次……"方针"指"引导事业前进的方向和目标"[2]354。……对编辑方针，1981 年中国科协副主席裴丽生曾有过科学的论断——"自然科学学术期刊必须坚持以马列主义、毛泽东思想为指导，贯彻为国民经济发展服务，理论与实践相结合，普及与提高相结合，'百花齐放，百家争鸣'的方针。"[4]它完整地回答了为谁服务，怎样服务，如何服务得更好的问题。

2）著者出版年制

著者出版年制的引文标注内容是由引用文献的著者姓氏与出版年构成。著者姓氏与出版年之间用逗号"，"隔开，并置于"（　）"内，放在引用处。若只标注著者姓氏而无法识别该人名时，可标注著者姓名，例如中国人著者、朝鲜人著者、日本人用汉字姓名的著者等。集体著者著述的文献可标注机关团体名称。若正文中已提及著者姓名，则在其后的"（　）"内只须标注著录出版年。

在正文中引用多作者的文献时，对欧美作者只需标注第一个作者的姓，其后附加"et al"；

对中国作者应标注第一作者的姓名,其后附加"等"字,姓氏与"等"之间留适当空格。

多次引用同一作者的同一篇文献,在正文中标注著者与出版年,并在"( )"外以上标的形式著录引文页码。

【例 2-8】

The notion of an invisible college has been explored in the sciences(Crane,1972). Its absence among historians is notes by Stieg(1981)⋯⋯

【例 2-9】

主编靠编辑思想指挥全局已是编辑界的共识(张忠智,1997),然而对编辑思想至今没有一个明确的界定,故不妨提出一个构架⋯⋯参与讨论。由于"思想"的内涵是"客观存在反映在人的意识中经过思维活动而产生的结果"(中国社会科学院语言研究所词典编辑室,1996)[1194],所以"编辑思想"的内涵就是编辑实践反映在编辑工作者的意识中,"经过思维活动而产生的结果"。⋯⋯《中国青年》杂志创办人追求的高格调——理性的成熟与热点的凝聚(刘彻东,1998),表明其读者群的文化的品位的高层次⋯⋯"方针"指"引导事业前进的方向和目标"(中国社会科学院语言研究所词典编辑室,1996)[354]。⋯⋯对编辑方针,1981年中国科协副主席裴丽生曾有过科学的论断——"自然科学学术期刊必须坚持以马列主义、毛泽东思想为指导,贯彻为国民经济发展服务,理论与实践相结合,普及与提高相结合,'百花齐放,百家争鸣'的方针。"(裴丽生,1981)它完整地回答了为谁服务,怎样服务,如何服务得更好的问题。

8. 注释标注与注释

当学位论文中的字、词或短语,需要进一步加以说明,而又没有具体的文献来源时,用注释。注释一般在社会科学论文中使用较多。由于论文篇幅较长,建议采用文中编号加脚注的方式,最好不要采用文中编号加"尾注"的方式。

在正文中,注释的标注可以按出现的先后顺序用阿拉伯数字连续编号,并将序号置于圆圈"〇"内,以上标形式置于要注释的字、词或短语之后。

注释应与注释标注编排在同一页,置于页面的最下方,与正文之间用一细长线分开,细长线左顶格起排。注释按注释编号加注释内容进行编排。注释内容与注释编号之间留1个汉字的间隙。

【例 2-10】

⋯⋯

这是包含公民隐私权的最重要的国际人权法渊源。我国是该宣言的主要起草国之一,也是最早批准该宣言的国家[③],当然庄严地承诺了这条规定所包含的义务和责任。

⋯⋯

[③] 中国为人权委员会的创始国。中国代表张彭春(P. C. Chang)出任第一届人权委员会主席,领导并参加了《世界人权宣言》的起草。

【例 2-11】

⋯⋯

这包括如下事实:"未经本人同意,监听、录制或转播私人性质的谈话或秘密谈话;未经本人同意,拍摄、录制或转播个人在私人场所的形象。"[④]

⋯⋯

[④] 根据同条规定,上述行为可被处以1年监禁,并科以30万法郎罚金。

9. 致谢

致谢另起页,其编排格式示例如图 2-16 所示。

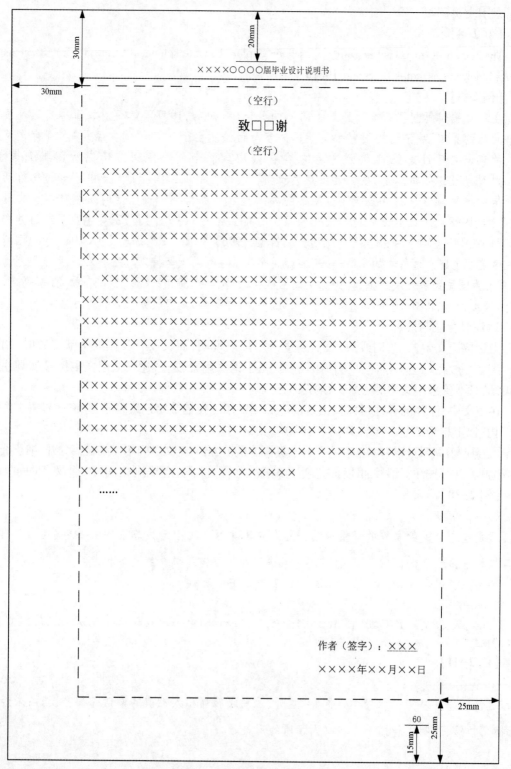

图 2-16 致谢页编排格式示例

10. 参考文献表

参考文献可以按顺序编码制组织,也可以按著者出版年制组织,但应与引文标注相一致。

1) 顺序编码制

顺序编码制的参考文献表结构要素一般应包括:

a) 序号;

b) 主要责任者;

c) 题名项;

d) 出版项或出处项;

e) 页码。

参考文献表采用顺序编码制组织时,各篇参考文献要按其在正文中引文标注的顺序号依次列出。每篇参考文献的著录内容由带方括号"[ ]"的引文标注序号加各自著录项构成。序号左顶格,著录内容从第 3 个汉字位置起排,若需转行,也从第 3 个汉字位置起排。

2) 著者出版年制

著者出版年制的参考文献表结构要素一般应包括:

a) 主要责任者;

b) 出版年;

c) 题名项;

d) 其他出版项;

e) 引文页码。

参考文献表采用著者出版年制组织时,各篇参考文献首先按文种集中,然后按著者字顺和出版年排列。文种顺序按中文、日文、英文、俄文、德文、法文、其他文种排列。中文、日文文献可以按汉语拼音字顺排列,也可按汉字笔画、笔顺排列,英文、俄文、德文、法文、其他文种按各语种字母顺序排列。

每篇参考文献的著录内容另起行顶格编排。若需转行,著录内容从第 3 个汉字位置起排。

在参考文献表中著录同一著者在同一年出版的多篇文献时,出版年后应用小写字母 a、b、c、…区别。

参考文献表另起页。学位论文的参考文献表编排格式示例如图 2-17、图 2-18 所示。

2.2.4 结尾部分

1. 附录

附录的结构要素一般应包括:

a) 附录编号、附录题名;

b) 章节编号、章节题名;

c) 图序、图题;

d) 表序、表题;

e) 公式、公式号。

1) 附录编号

附录应有编号。附录编号依序用正体大写英文字母进行编号。书写时用汉字"附录"加英文字母,如附录 A、附录 B、附录 C、…。只有一个附录时也应编号,为附录 A。每个附录都应有题名。

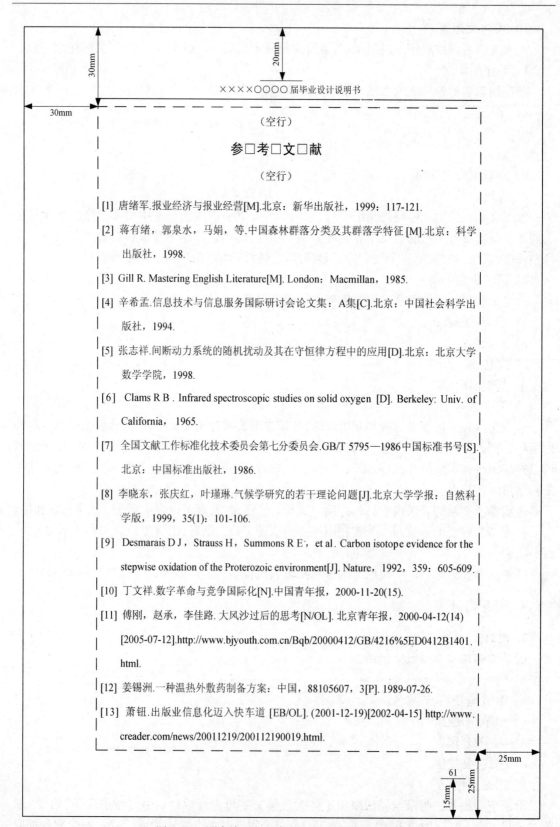

图 2-17 顺序编码制的参考文献表编排格式示例

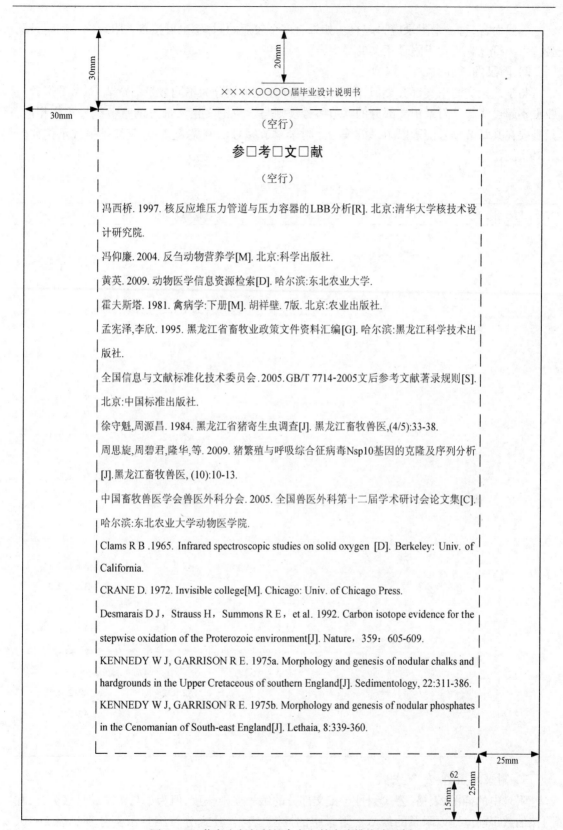

图 2-18 著者出版年制的参考文献表编排格式示例

一般而言,每一个附录应另起页。如果有多个较短的附录,也可接排。附录编号和附录题名各占一行,居中,置于附录正文的最上方。

2) 附录的章节

与学位论文的正文部分类似,附录的正文部分也可划分为不同数量的章节,章节的级数一般也不超过4级。附录正文部分的章节编号规则与学位论文正文部分的章节编号规则相同,只是要在其章节编号前冠以附录的编号。附录章节编号示例见表2-9,其编排格式示例如图2-19所示。

表2-9　附录章节编号表

附录编号	第1级(章)	第2级(节)	第3级(节)	第4级(节)
A	A1	A1.1	A1.1.1	A1.1.1.1
				A1.1.1.2
				...
			A1.1.2	A1.1.2.1
				A1.1.2.2
			...	...
		A1.2	A1.2.1	A1.2.1.1
				A1.2.1.2
				...
			A1.2.2	A1.2.2.1
				A1.2.2.2
			...	...
	A2	A2.1	A2.1.1	A2.1.1.1
				A2.1.1.2
			A2.1.2	A2.1.2.1
				A2.1.2.2
			...	...
		A2.2	A2.2.1	A2.2.1.1
				A2.2.1.2
			A2.2.2	A2.2.2.1
				A2.2.2.2
			...	...

3) 附录的插图、表格、公式

附录中的插图、表格、公式编号与正文部分的编号规则一致,但为了与正文编号区分开,在阿拉伯数字前应冠以附录的编号。附录中的插图、表格、公式分章编号示例分别见表2-10、表2-11和表2-12,其编排格式同正文部分中的插图、表格、公式的编排格式一致。

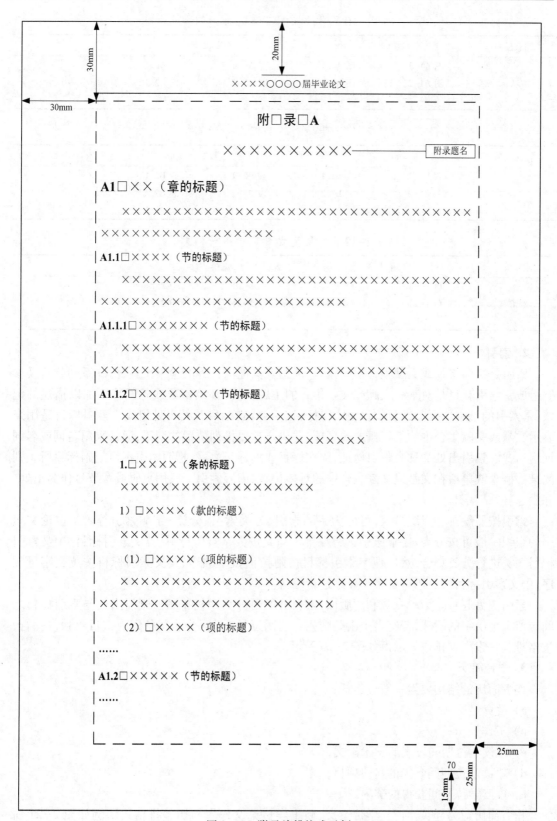

图 2-19　附录编排格式示例

表2-10 附录插图分章编号示例表

附录编号	第1章		第2章		…
A	图A1-1	图A1.1	图A2-1	图A2.1	
	图A1-2	图A1.2	图A2-2	图A2.2	…
	…	…	…	…	

表2-11 附录表格分章编号示例表

附录编号	第1章		第2章		…
B	表B1-1	表B1.1	表B2-1	表B2.1	
	表B1-2	表B1.2	表B2-2	表B2.2	…
	…	…	…	…	

表2-12 附录公式分章编号示例表

附录编号	第1章		第2章		…
C	(C1-1)	(C1.1)	(C2-1)	(C2.1)	
	(C1-2)	(C1.2)	(C2-2)	(C2.2)	…
	…	…	…	…	

2. 索引

索引是指向文献或文献集合中的概念、词语及其他项目等的检索工具,由一系列款目及参照组成。索引款目是对某一文献或文献集合的主题内容、涉及事项或外部特征加以描述的记录,是索引的基本单元。索引款目由索引标目、注释、副标目及其出处组成。索引标目是用来表示文献或文献集合中的某一概念或事项,并决定款目排列位置的词语,通常采用名词或名词词组形式。索引出处又称为索引地址,跟在标目或副标目之后,指明索引标目或副标目所识别的某一概念或事项在文献或文献集合中的具体位置,内容索引一般用页码或章节号作为出处,并用逗号","隔开。

索引按照编排和组织方式,可分为字顺索引、分类索引、分类-字顺索引等。学位论文索引的组织一般可按分类-字顺索引进行编排。即先按数字索引标目、英文索引标目、中文索引标目3类进行分类集合,然后数字索引标目按阿拉伯数字顺序、英文索引标目按英文字母顺序、中文索引标目按汉语拼音字母顺序进行编排。

索引应另起页。为了有效利用版面,索引一般可分为两栏排版。索引出处与索引标目之间应留1个汉字的间隙,若有多个出处则相互间用逗号","区分。每条索引款目单独占一行,顶格排起。索引编排格式示例如图2-20所示。

3. 作者简历

作者简历的结构要素一般应包括:

a) 教育经历;

b) 工作经历;

c) 攻读学位期间发表的学术论文;

d) 攻读学位期间参加的科研项目;

e) 攻读学位期间获得的奖项。

作者简历应另起页。博士学位论文、硕士学位论文作者简历编排格式示例如图2-21所示,毕业论文、毕业设计说明书可以没有作者简历。

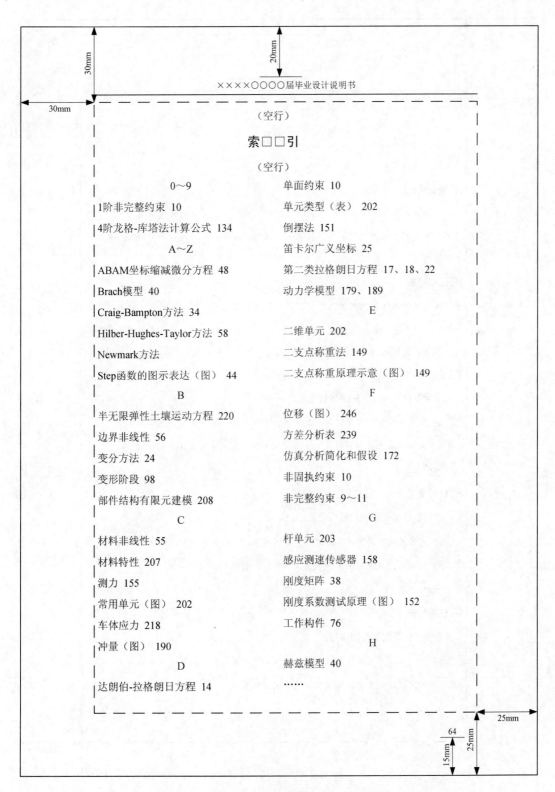

图 2-20 索引编排格式示例

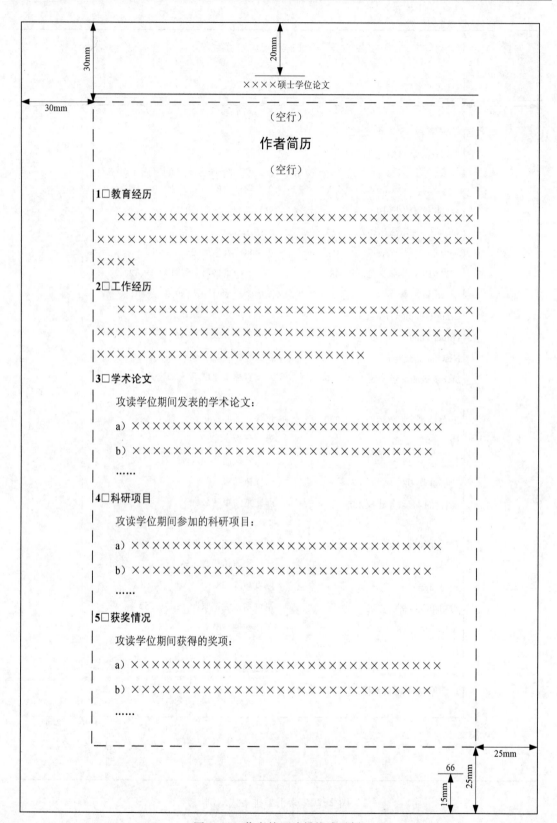

图 2-21 作者简历编排格式示例

4. 学位论文数据集

学位论文数据集由反映学位论文主要特征的数据组成,其结构要素包括(有星号*者为必选项):

a) A1 关键词*,A2 密级*,A3 中图分类号*,A4 UDC,A5 论文资助;
b) B1 学位授予单位名称*,B2 学位授予单位代码*,B3 学位类别*,B4 学位级别*;
c) C1 论文题名*,C2 并列题名,C3 论文语种;
d) D1 作者姓名*,D2 学号*;
e) E1 培养单位名称*,E2 培养单位代码*,E3 培养单位地址,E4 邮编;
f) F1 学科专业*,F2 研究方向*,F3 学制*,F4 学位授予年*,F5 论文提交日期*;
g) G1 导师姓名*,G2 职称*;
h) H1 评阅人,H2 答辩委员会主席*,H3 答辩委员会成员;
i) I1 电子版论文提交格式,I2 电子版论文出版(发布)者,I3 电子版论文出版(发布)地,I4 权限声明;
j) J1 论文总页数*。

一般学位论文数据集以表格的形式书写,其编排格式示例如图 2-22 所示。

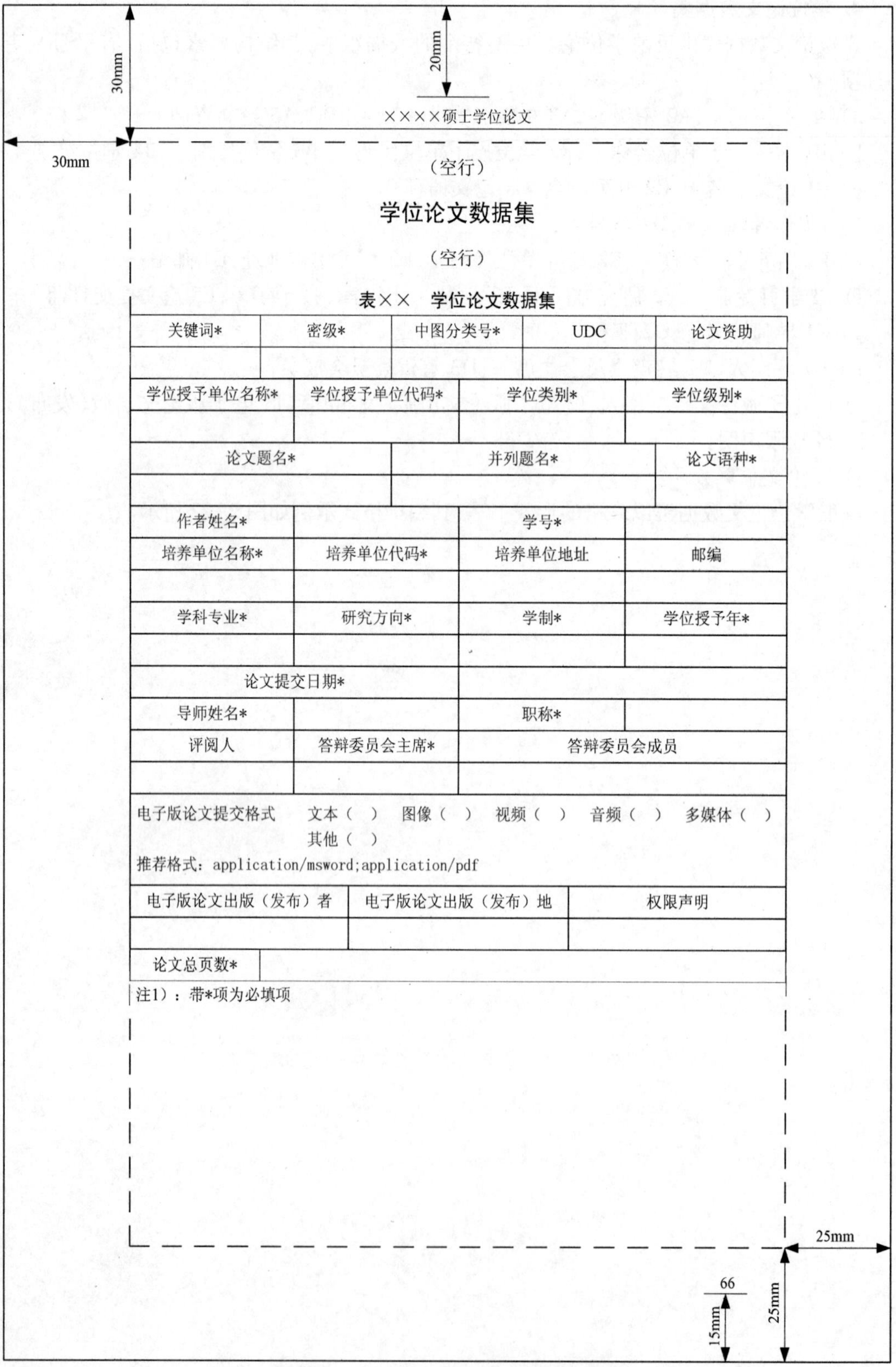

图 2-22　学位论文数据集编排格式示例

第 3 章　学术论文编写格式

学术论文编写格式是指学术论文的撰写和编排应遵循有关标准规定的规格和式样。1987年,我国发布了《科学技术报告、学位论文和学术论文的编写格式(GB/T 7713—1987)》国家标准,2009年又发布了《期刊编排格式(GB/T 3179—2009)》等,对学术论文的编写格式做出了有关规定。在写作时,必须把握学术论文的写作规律,并遵从其规格式样。

3.1　学术论文的结构组成

学术论文的结构组成一般包括前置部分和正文部分。

3.1.1　前置部分的结构组成

前置部分的结构要素主要包括:
a) 题名;
b) 作者署名;
c) 作者单位;
d) 摘要;
e) 关键词;
f) 文献标志码;
g) 英文题名;
h) 英文作者署名;
i) 英文作者单位;
j) 英文摘要;
k) 英文关键词。

3.1.2　正文部分的结构组成

正文部分的结构要素主要包括:
a) 引言;
b) 主体部分;
正文内容是学术论文的核心部分,占主要篇幅。其结构要素主要包括:
(a) 章节编号及标题;
(b) 列项编号及内容;
(c) 主体内容;
(d) 插图、图序、图题;
(e) 附表、表序、表题;

(f) 公式、公式号；

(g) 引文标注；

(h) 注释标注(如有)；

(i) 注释(如有)。

c) 结论部分；

d) 建议部分(可选)；

e) 致谢(如有)；

f) 参考文献。

3.2 学术论文的编写格式

3.2.1 版面

学术论文一般是在学术期刊或学术会议上发表，具体的纸张大小、版式规格、页面边距、页眉页脚、字距行距、字体字号等应遵从所发表的学术期刊或学术会议对版面规格的要求。

3.2.2 前置部分

1. 题名

题名单独占一行，居中编排。

2. 作者署名

学术论文均应有作者署名。作者署名置于题名下方，单独占一行，居中编排。

有多位作者署名时，所有作者依次并列书写。在书写时，不同作者署名之间可以用逗号","分隔，也可以用1个汉字空格分隔。对于两字姓名的作者，应在其姓与名之间留1个汉字的间隙。

如果第一作者不是通讯作者，作者应按期刊的相关规定表达，并提前告诉编辑。学术期刊多用星号"＊"以上标形式标注通讯作者，并在该论文首页脚注给出联系方式。

3. 作者单位

学术论文均应有作者单位。作者单位信息一般应包括单位全称、部门全称、所在省、城市名及邮政编码等。

根据具体情况的不同，作者的工作单位有以下几种书写方式。

1) 多位作者一个单位

对于多位作者，若其工作单位相同，则只需书写一个工作单位信息。按照单位全称、部门全称、省市名、城市名、邮政编码的顺序编排，整体再用圆括号"( )"括起，置于作者署名下方，居中编排。其中，单位全称与部门全称之间可以用1个汉字空格分隔，也可以不用空格分隔而连续书写；部门全称与省市名之间用逗号","分隔，省市名、城市名、邮政编码相互之间用1个汉字空格分隔。

【例3-1】

速射火炮身管冲击载荷下内膛塑性变形分析

李　强，李鹏辉，胡　明，武云飞，茹占勇

(中北大学　机电工程学院，山西　太原　030051)

【例3-2】
九管催泪弹发射器的外弹道仿真分析

张洪彪，战仁军，商保利，谭　冉

(武警工程大学装备工程学院，陕西 西安　710086)

2) 多位作者多个单位

对于多位作者，若其工作单位不同，则应书写多个工作单位信息。一是应在作者姓名之后以上标的形式用阿拉伯数字按顺序连续编号，二是按编号顺序编排各个工作单位信息。

书写每个工作单位信息时，按照编号加西文句号"."、单位全称、部门全称、省市名、城市名、邮政编码的顺序编排。其中，编号加西文句点与单位全称之间用1个英文字符空格分隔；单位全称与部门全称之间可以用1个汉字空格分隔，也可以不用空格分隔而连续书写；部门全称与省市名之间用逗号","分隔，省市名、城市名、邮政编码相互之间用1个汉字空格分隔。

若多个工作单位信息连续书写，则应在不同的工作单位信息之间用分号";"分隔，整体再用圆括号"()"括起，置于作者署名下方，居中编排。若多个工作单位信息分别书写，则每个工作单位信息分别用圆括号"()"括起，各占1行，依次置于作者署名下方，居中编排。

【例3-3】
经验模态分解和小波变换的连续血压测量

刘彦伟[1]，朱健铭[2]，梁永波[3]，陈真诚[3]

(1. 桂林电子科技大学　电子工程与自动化学院，广西 桂林　541004; 2. 广西自动检测技术与仪器重点实验室，

广西 桂林　541004; 3. 桂林电子科技大学　生命与环境科学学院，广西 桂林　541004)

【例3-4】
遮帘式板桩码头结构土压力特性模型试验研究

张　昊[1]，邓永锋[2]，刘夫江[3]，刘　晨[3]

(1. 河海大学岩土工程科学研究所，江苏 南京　210098)

(2. 东南大学岩土工程研究所，江苏 南京　210096)

(3. 山东临沂水利工程总公司，山东 临沂　276000)

3) 一位作者多个单位

对于某个作者同时为其他单位的兼职或客座研究人员、研究生或博士后，应在该作者姓名之后以上标形式用阿拉伯数字加注多个编号，且编号之间用逗号","分隔。工作单位信息书写格式与多位作者多个单位相同。

【例3-5】
基于案例推理的自行火炮故障诊断专家系统

胡良明[1,2]，徐　诚[1]，李万平[3]

(1. 南京理工大学　机械工程学院，江苏 南京　210094; 2. 南京炮兵学院，江苏 南京　211132;

3. 山界训练基地，安徽 明光　239421)

不同的学术期刊对作者署名、作者单位的编排格式有所不同,作者应根据所投学术期刊的要求进行编排。

4. 摘要

摘要置于作者单位下方,以字样"摘要:"作为标识,后面接排摘要内容。在编排时,摘要段落左侧和右侧均可缩进2个汉字字符。

5. 关键词

关键词置于摘要下方。关键词以字样"关键词:"作为标识,后面接排关键词内容,各关键词之间用分号";"隔开。在编排时,该段落左侧和右侧应与摘要段落保持一致。

【例3-6】

复杂光学环境下零飞试验的仿真与评估

陈智强[1,3],王晓曼[1],祝 勇[1],景文博[2],刘敏时[1]

(1. 长春理工大学 电子信息工程学院,吉林长春 130022;2. 长春理工大学 光电工程学院,吉林 长春 130022;

3. 西安昆仑工业(集团)有限责任公司 技术研究所,陕西 西安 710043)

摘要: 针对目前国内高炮武器系统进行标校试验过程中,没有可靠的试验参数作为依据和指导的问题,提出在进行零飞测试前应对复杂光学环境下的试验条件进行仿真与评估。建立包括测试环境、传输环境、相机参数以及测试条件在内的仿真评估模型,将仿真结果作为实际零飞测试的理论依据,并对零飞测试的结果进行了误差分析。结合零飞试验的实际数据,验证了该模型的正确性和可行性,建立的模型能够提高零飞测试试验的效益和精度。

关键词: 兵器科学与技术;光学环境;零飞试验;仿真;误差

6. 文献标志码

学术论文的文献标志码一般包括中图分类号、文献标识码、文章编号、数字对象唯一标识符等。

1)中图分类号

中图分类号以字样"中图分类号:"或"[中图分类号]"作为标识。英文文章以"CLC number:"作为标识(CLC——Chinese Library Classification)。

一般而言,1篇文章标识1个分类号。对于多个主题的文章,可标识2或3个分类号,主分类号排在第1位,多个分类号之间应以分号";"分隔。

2)文献标识码

文献标识码以字样"文献标识码:"或"[文献标识码]"作为标识。英文文章的文献标识码以"Document code:"作为标识。

3)文章编号

文章编号以字样"文章编号:"或"[文章编号]"作为标识。英文文章的文章编号以字样"Article ID:"作为标识。

4)数字对象唯一标识符

数字对象唯一标识符以字样"DOI:"作为标识。

中图分类号、文献标识码、文章编号、数字对象唯一标识符等置于关键词之后,另起一行编排。这4项可以连续编排,但各项之间应留适当的汉字空格。在编排时,该段落左侧和右侧应与摘要段落保持一致。

【例 3-7】
中图分类号:TJ3　　　文献标志码:A　　　文章编号:1000-1093(2015)11-2117-05
DOI:10.3969/j.issn.1000-1093.2015.11.015

7. 英文题名
英文题名单独占 1 行(若题名较长,也可占 2 行),置于文献标志码下方,居中编排。

8. 英文作者署名
英文作者署名单独占 1 行,置于英文题名下方,居中编排。多位作者的姓名之间可以用逗号","分隔,也可以用 1 个西文字符空格分隔。

9. 英文作者单位
英文作者工作单位信息另起行,置于英文作者署名下方,居中编排。

英文作者工作单位信息应包括单位全称、部门全称、所在省、城市名(市名)、邮政编码、国名等。对于每个工作单位,按照编号加西文句号、部门全称、单位全称、城市名、邮政编码、省市名、国名的顺序编排。其中,除城市名与邮政编码之间用 1 个西文字符空格分隔外,其余各项目之间均用逗号","分隔。

对于多位作者一个单位、多位作者多个单位、一个作者多个单位的书写格式应与中文工作单位信息书写格式相互对应,保持一致。

【例 3-8】

气压液体式磨床自动平衡装置控制策略与实验研究

潘鑫,吴海琦,高金吉

(北京化工大学机电工程学院诊断与自愈工程研究中心,北京　100029)

Control strategy and experiment research on liquid-transfer active balancing device by pneumatic means for grinding machines

PAN Xin,WU Hai-qi,GAO Jin-ji

(Diagnosis and Self-recovering Research Center,Beijing University of Chemical Technology,Beijing 100029,China)

【例 3-9】

并联式踝关节康复机器人研究

韩亚丽[1,2]　于建铭[2]　宋爱国[1]　朱松青[2]　张海龙[2]　吴在罗[2]

(1. 东南大学仪器科学与工程学院,江苏　南京　210096)
(2. 南京工程学院机械学院,江苏　南京　211167)

Parallel robot mechanism for ankle rehabilitation

Han Yali[1,2]　Yu Jianming[2]　Song Aiguo[1]　Zhu Songqing[2]　Zhang Hailong[2]　Wu Zailuo[2]

(1. School of Instrument Science and Engineering, Southeast University, Nanjing 210096, Jiangsu, China)
(2. School of Mechanical Engineering, Nanjing Institute of Technology, Nanjing 211167, Jiangsu, China)

10. 英文摘要
英文摘要置于英文作者单位下方,以字样"**Abstract :**"作为标识,后面接排英文摘要内容。在编排时,英文摘要段落的左侧和右侧应与中文摘要段落保持一致。

11. 英文关键词
英文关键词置于英文摘要下方,以字样"**Key words :**"作为标识,后面接排英文关键词。

英文关键词之间用分号";"隔开。在编排时,该段落的左侧和右侧应与英文摘要段落保持一致。

【例 3-10】

Simulation and Evaluation of Zero Fly Test in Complex Optical Environment

CHEN Zhi-qiang[1,3], WANG Xiao-man[1], ZHU Yong[1], JING Wen-bo[2], LIU Min-shi[1]

(1. School of Electronic Information Engineering, Changchun University of Science and Technology, Changchun 130022, Jilin, China; 2. School of OptoElectronic Engineering, Changchun University of Science and Technology, Changchun 130022, Jilin, China; 3. Technical Institute, Xi'an Kunlun Industry (Group) Limited Liability Company, Xi'an 710043, Shaanxi China)

Abstract: No reliable experimental parameters can be used as basis and guidance for the calibration test of anti-aircraft gun weapon system. For the question, the conditions of test in the complex optical environment should be simulated and assessed before zero-fly test. A simulation and assessment model, including test environment, transmission environment, camera parameter and test condition, is presented. In the proposed model, the simulation results are used as the theoretical foundation of zero-fly test, and the errors of zero-fly test results are analyzed. The results show that the model can improve the benefit and accuracy of zero-fly.

Key Words: ordnance science and technology; optical environment; zero-fly test; simulation; error

3.2.3 正文部分

1. 章节

学术论文的主体部分应划分为不同数量的章节,章节的级数一般不超过3级。第1级标题称为章,第2、3级标题均称为节。章的编号应按顺序用阿拉伯数字从1开始连续编号,某一层次节的编号用其所属的章编号或章节编号加上本层次节的编号组成,本层次节的编号应按顺序用阿拉伯数字从1开始连续编号。书写章节编号时,在表明不同层次章节的每两个层次编号之间加英文句号".",但终止层次编号数字后不加英文句号。引言的编号可以编为0,也可以不编号。从主体部分到建议部分按顺序用阿拉伯数字从1开始连续编章节号,参考文献表不编号。章节编号示例见表3-1。

表3-1 章节编号示例表

第1级(章)	第2级(节)	第3级(节)
1	1.1	1.1.1
		1.1.2
		…
	1.2	1.2.1
		1.2.2
	…	…
2	2.1	2.1.1
		2.1.2
		…
	2.2	2.2.1
		2.2.2
…	…	…

章节应有标题,章节标题与其编号之间留 1 个汉字的间隙,章节编号及其标题单独成行且全部顶格起排。

在正文中,若需引用章或节的编号时,章的编号书写成"第×章",节的编号书写成"×.×.×节"。例如,"……按第 1 章……"、"……参见 1.1.1 节……"。

2. 条款项

若章节的层次较多时,可以在章节的基础上向下扩充层次。向下扩充层次的级数一般也不超过 3 级,依次分别称为条、款、项。条款项的编号在所属的层级内按顺序用阿拉伯数字加符号的方式连续编号,条用阿拉伯数字加圆点".",款用阿拉伯数字加右半圆括号")",项用带圆括号"( )"的阿拉伯数字。条款项编号示例见表 3-2。

表 3-2 条款项编号示例表

条	款	项
1.	1)	(1)
		(2)
		…
	2)	(1)
		(2)
	…	…
2.	1)	(1)
		(2)
		…
	2)	(1)
		(2)
…	…	…

条款项应有标题,条款项标题与其编号之间空 1 个汉字的间隙,条款项编号及其标题空 2 个汉字的间隙后起排。条款项编号及其标题可以单独成行,正文内容应另起行编排;条款项编号及其标题也可以不单独成行,标题后空 1 个汉字的间隙直接接排正文内容,但全文应统一。

在正文中,若需引用条、款、项的编号时,书写成"×.×.×节×条×款×项"。例如,"……在 1.1 节 1 条 1 款 1 项……"。

3. 列项

学术论文的章、节中均可以有列项。当学术论文的内容需要列项说明时,列项说明由引出句加冒号":"引出,然后另起行逐一列出各个列项。列项编号可以采用英文小写字母加右半圆括号")"从 a 开始连续编号,也可以采用特殊符号(如,——、▲、●等)进行编排。

列项编号或列项符号从第 3 个汉字位置起排,列项内容从第 5 个汉字位置起排。若转行,列项内容也始于第 5 个汉字位置。列项内容中不用句号,列项内容尾部用分号,最后一个列项尾部用句号。

【例 3-11】

靶向控制方法主要由 5 部分组成:
a) 数采,用于接收被测设备的实时振动信号,提取其中的 1 倍频分量;
b) 定位,利用一倍频信号计算被测设备的不平衡量的大小和相位;
c) 转换,将不平衡量转换为平衡装置中气体驱动液体转移的时间控制量;

d) 分配,根据不平衡量的大小和相位,将时间控制量分解为相应储液腔的控制时长;

e) 编译,将控制时长形成相应的控制指令输出,驱动执行器控制各储液腔对应电磁阀的开闭。

4. 插图

插图包括曲线图、构造图、示意图、框图、流程图、记录图、地图、照片等。

插图应有编号,即图序,用阿拉伯数字按整篇论文依序编号。图序由汉字"图"加从1开始的阿拉伯数字构成,如,图1、图2、图3、…。只有一幅插图时也应有图序。

插图应有简短确切的图题。图题置于图序之后,与图序之间应留1个汉字位。图序与图题置于插图的下方,且居中编排。

有些学术期刊还要求插图应有相对应的英文图序和图题。图序中"图"字的翻译用英文"Fig.",置于中文图序和图题的下方,居中编排。插图编排格式示例如图3-1所示。

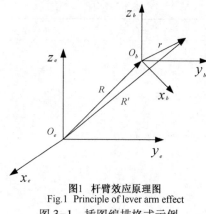

图1 杆臂效应原理图
Fig.1 Principle of lever arm effect

图3-1 插图编排格式示例

5. 表格

表格应有编号,即表序,用阿拉伯数字按整篇论文依序编号。表序由汉字"表"加从1开始的阿拉伯数字构成,如表1、表2、表3、…。只有一个表格时也应有表序。

表格应有表题,表题就是表的名称,置于表序之后,表题与表序之间应留1个汉字位。表序与表题置于表格的上方,且居中编排。

有些学术期刊还要求表格应有相对应的英文表序和表题。表序中"表"字的翻译用英文"Tab.",置于中文表序和表题的下方,居中编排。表格编排格式示例如下所示。

表3-3 设计变量初值和取值范围
Tab. 3-3 Initial values and value range of design variables

取值	参数				
	e_y/mm	e_z/mm	m_z/mm	l_x/mm	$\theta/(°)$
初值	6.15	4.92	116	0	15.3
上限	12	6	150	210	36.0
下限	−12	−6	60	−40	0

6. 公式

公式应有编号,用阿拉伯数字按整篇论文依序编号。公式编号用阿拉伯数字从1开始连续编号,并将编号置于圆括号内,如(1)、(2)、(3)、…。

学术论文中的公式应另起行,居中编排。公式编号标注在该公式所在行且右顶格编排。

【例3-12】
$$H = v_d \sin\theta T + \frac{1}{2}gT^2 \quad (1)$$

【例3-13】
$$y(k) = 1.597y(k-1) - 0.621y(k-2) + 0.154y(k-3) - 0.166y(k-4) + 0.089u(k)$$
$$+ 0.067u(k-1) - 0.044u(k-2) - 0.077u(k-3) + 0.002u(k-4) \quad (2)$$

在正文中引用公式编号时,其前面应加汉字"式"字,如式(1)、式(2)等。

7. 引文标注

学术论文正文中引用文献的标注方法可采用顺序编码制,也可采用著者出版年制。

1) 顺序编码制

顺序编码制是按正文中所引用文献出现的先后顺序用阿拉伯数字连续编码,且将编码置于方括号"[ ]"中,并以上标形式置于引用处。也可以将编码置于方括号"[ ]"中,前面加"文献"二字。

在同一处引用多篇文献时,只须将各篇文献的序号在方括号内全部列出,各序号间用逗号","隔开。如遇连续序号,可标注起止序号,起止序号之间用短划线"-"隔开。

在多次引用同一作者的同一篇文献时,在正文中标注首次引用的文献序号,并在序号的方括号"[ ]"后标注引文页码。

【例3-14】

……为了减小炮口扰动,科研人员做了大量的工作。贾长治等[5]建立了火炮多体系统动力学模型,对影响炮口扰动的参数进行了灵敏度分析,并结合序列二次规划算法与虚拟样机对火炮进行了动力学优化,优化后火炮的动态特性得到了显著的改善。

【例3-15】

……文献[4]引入自适应算法,自适应调节变结构控制器参数,改善液压伺服系统的稳态精度,具有较强的鲁棒性。文献[5]提出了一种基于非线性Backstepping方法的电液伺服系统辨识和实时控制策略,该策略在大质量负载情况下仍可获得良好的控制性能。

【例3-16】

有限元法考虑了火炮构件的弹性变形,能够反映火炮的模态特性、应力、应变的分布情况及各种响应,并能考虑接触碰撞等非线性因素,具有相对较高的计算精度,在火炮动力学研究中得到广泛应用[8-10]。

2) 著者出版年制

著者出版年制的引文标注内容是由引用文献的著者姓氏与出版年构成。著者姓氏与出版年之间用逗号","隔开,并置于"( )"内,放在引用处。若在同一处引用多位著者的文献时,用分号";"将不同著者、出版年隔开。若正文中已提及著者姓名,则在其后的"( )"内只需著录出版年。

若只标注著者姓氏而无法识别该人名时,可标注著者姓名,例如中国人著者、朝鲜人著者、日本人用汉字姓名的著者等。集体著者著述的文献可标注机关团体名称。

在正文中引用多作者的文献时,对欧美作者只需标注第一个作者的姓,其后附加"et al";对中国作者应标注第一作者的姓名,其后附加"等"字,姓氏与"等"之间留1个汉字的间隙。

多次引用同一作者的同一篇文献,在正文中标注著者与出版年,并在"( )"外以上标的形式著录引文页码。

【例 3-17】

……20 世纪 20 年代西方国家人口增长趋缓使其经济增长失去了一个重要动力来源(Keynes,1937;Hansen,1939);二战以后东亚各经济体先后取得的经济"奇迹"则得益于人口快速转变带来的人口红利(Bloom and Williamson,1998);长期陷于低生育率陷阱和高度老龄化是导致"欧债危机"的重要原因(吴帆,2013)。

【例 3-18】

自 Keynes(1937)和 Hansen(1939)以来,这种人口状态的经济后果都一直被经济学家和决策者认为是不利的。……

8. 参考文献表

学术论文的参考文献表以字样"参考文献(References)"作为标识,单独占一行,居中。另起行编排各篇参考文献。参考文献可以按顺序编码制组织,也可以按著者出版年制组织。

1) 顺序编码制

顺序编码制的参考文献表信息元素一般应包括:

a) 序号;

b) 主要责任者;

c) 题名项;

d) 出版项或出处项;

e) 引文页码。

按顺序编码制组织时,各篇参考文献要按其在正文中引文标注的序号依次列出。每篇参考文献的著录内容由带方括号"[ ]"的序号加各著录项构成,序号后留 1 个汉字的间隙,顶格排起。若需转行,著录内容从第 3 个汉字位置排起。对于中文参考文献,有些学术期刊既要按中文进行著录,同时还要按英文进行著录。顺序编码制的参考文献表编排格式示例如图 3-2 所示。

2) 著者出版年制

著者出版年制的参考文献表信息元素一般应包括:

a) 主要责任者;

b) 出版年;

c) 题名项;

d) 其他出版项;

e) 引文页码。

参考文献表采用著者出版年制组织时,各篇文献首先按文种集中,然后按著者字顺和出版年排列。

文种顺序按中文、日文、英文、俄文、德文、法文、其他文种排列。中文、日文文献可以按汉语拼音字顺排列,也可按汉字笔画、笔顺排列,英文、俄文、德文、法文、其他文种按各语种字母顺序排列。

每篇参考文献的著录内容另起行顶格编排。若需转行,著录内容从第 3 个汉字位置起排。

在参考文献表中著录同一著者在同一年出版的多篇文献时,出版年后应用小写字母 a、b、c、…区别。著者出版年制的参考文献表编排格式示例如图 3-3 所示。

9. 注释标注与注释

当学术论文中的字、词或短语,需要进一步加以说明,而又没有具体的文献来源时,用注释。注释一般在社会科学论文中使用较多。

××××××××××××××××××
××××××××××××××××××
××××××××××××××××
……（正文）

（空行）
参考文献（References）
（空行）

[1] 张民权，刘东方，王冬梅，等. 弹道修正弹发展综述[J]. 兵工学报，2010, 31（2）：127-130.
ZHANG Minquan，LIU Dongfang，WANG Dongmei，et al. A summary for trajectory correction projectiles[J]. Acta Armamenterii, 2010, 31(2): 127-130. (in Chinese)

[2] Desmarais D J, Strauss H, Summons R E, et al. Carbon isotope evidence for the stepwise oxidation of the Proterozoic environment [J]. Nature, 1992, 359: 605-609.

[3] 郭锡福. 远程火炮武器系统射击精度分析[M]. 北京：国防工业出版社，2004:1-4.
GUO Xifu. Firing accuracy analysis for long range gun weapon system[M]. Benjing: National Defense Industry Press, 2004:1-4.(in Chinese)

[4] Bar-Shalom Y, Fortman T E. Tracking and data association[M]. New York: Academic, 1998: 151-163.

[5] 国防科学技术工业委员会. GJB102A-1998 弹药系统术语[S]. 北京：国防科学技术工业委员会军标出版发行部，1987:3.
National Defense Science and Technology Industrial Committee. GJB102A-1998 Nomenclature of amnmnition System[S]. Benjing: Military Standard Publishing Department of National Defense Science and Technology Industrial Committee, 1987:3. (in Chinese)

[6] 何翔，刘瑞朝，金栋梁. 弹体侵彻混凝土过载特性研究[C]//中国土木工程学会防护工程委员会. 第五届全国结构安全防护学术会议论文集. 南京：解放军理工大学出版社，2005:238-246.
HE Xiang, LIU Rui-chao, JIN Dong-liang. Study on characteristic of deceleration for penetration into concrete[C]//Protective Building Engineering Society of China Civil Engineering Society. Proceeding of 5th safety and defense for structure in China. Nanjing: Press of PLA University of Science and Technology, 2005: 238-246. (in Chinese)

[7] Lukin K, Nesti G, Mogila A A, et al. Short range imaging applications using noise radar technology [C]. The 3nd European Conference on SAR, Munich, Germany, 2000: 361-365.

[8] 姚志军. 多管火箭射击精度试验方法研究[D]. 南京：南京理工大学，2008.
YAO Zhijun. Firing accuracy test method of multiple launch rocket system [D]. Nanjing: Nanjing University of Science and Technology, 2008. (in Chinese)

[9] 全申安全设备有限公司. XBee-PRO 900 DigiMeshTM 900 OEM RF modules[R]. 上海：全申安全设备有限公司，2008.
Quanshen Safety Equipment Co Ltd.XBee-PRO 900 DigiMeshTM 900 OEM RF modules[R]. Shanghai: Quanshen Safety Equipment Co Ltd, 2008. (in Chinese)

图 3-2　顺序编码制参考文献表编排格式示例

×××
×××
××××××××××××××××××（正文）
（空行）

参考文献（References）

（空行）

李建民，周保民. 2013. 中国人口与发展关系的新格局及战略应对[J]. 南开学报(哲学社会科学版)，6:25-31.
Li Jianmin, Zhou Baomin. 2013. A New Pattern of Relations between China Population and Development and Strategic Responses [J]. Nankai Journal (Philosophy and Social Science Edition), 6:25-31.
王军. 2014. 凝聚中国经济"新常态"的正能量[J]. 瞭望新闻周刊, 22: 22-23.
Wang Jun. 2014. Cohesion Positive Energy of Chinese Economic "New Normal" [J]. Outlook Newsweek, 22: 22-23.
中国发展基金会. 2012. 中国发展报告：人口形势的变化和人口政策的调整[M]. 北京：中国发展出版社.
China Development Foundation. 2012. China Development Report: Changes of the Demographic Situation and Adjustment of Population Policy [M]. Beijing: China Development Press.
Clams R B.1965. Infrared spectroscopic studies on solid oxygen [D]. Berkeley: Univ. of California.
CRANE D.1972. Invisible college [M]. Chicago: Univ. of Chicago Press.
Desmarais D J ，Strauss H ，Summons R E ，et al . 1992. Carbon isotope evidence for the stepwise oxidation of the Proterozoic environment [J]. Nature, 359：605-609.
KENNEDY W J , GARRISON R E . 1975a. Morphology and genesis of nodular chalks and hardgrounds in the Upper Cretaceous of southern England [J]. Sedimentology, 22:311-386.
KENNEDY W J, GARRISON R E. 1975b. Morphology and genesis of nodular phosphates in the Cenomanian of South -east England [J]. Lethaia, 8:339-360.

图 3-3 著者出版年制参考文献表编排格式示例

注释标注可以按其在正文中出现的先后顺序用阿拉伯数字连续编号,将编号置于圆圈"〇"内,并以上标形式置于要注释的字、词或短语之后。

注释应与注释标注编排在同一页,置于页面的最下方,与正文之间用一细长线分开,细长线顶格起排。注释按注释编号加注释内容进行编排。注释内容与注释编号之间留1个汉字的间隙,字号应比正文字号小1号。

【例 3-19】

……

……也有研究认为老龄化可以带来正面和负面两类不同的效应。例如,"资本积累效应(capital accumulation effect)"和"抚养比效应(dependency rate effect)",老龄化对经济的实际影响取决于这两种效应净结果(Aisa,A. and Pueyo,F. ,2013)[①]。

……

---

① Aisa 和 Pueyo 把经济分为健康生产部门和非健康生产部门,前置是劳动密集型部门,劳动生产率较低;后者是资本密集型部门,劳动生产率较高。老龄化会增加对健康部门的需求,导致劳动力向该部门转移,因而给劳动生产率更高的非健康生产部门带来不利影响。这种负面影响为"抚养比效应"。另一方面,寿命延长可以改变个人的储蓄行为,为退休后的老年生活作储备的储蓄需求增加,因此可以增加资本积累,促进经济增长。这种积极影响为"资本积累效应"。

对于大多数学术期刊来讲,在每篇文章的首页要加脚注,注明文章的收稿日期、科研项目、作者简介等。

【例 3-20】

……

收稿日期:2014-11-05
基金项目:武器装备"十二五"预先研究项目(40405050303)
作者简介:陈智强(1965-),男,博士研究生。E-mail: chenzhiqiang@163.com;
　　　　　王晓曼(1956-),女,教授,博士生导师。E-mail: wmftys@126.com

第4章 科技报告编写格式

科技报告编写格式主要是对科技报告的结构组成、构成要素以及编排格式等进行规定。我国相继发布了有关科技报告编写规则的国家标准,如《科学技术报告、学位论文和学术论文的编写格式(GB/T 7713—1987)》《科技报告编写规则(GB/T 7713.3—2009)》《科技报告编写规则(GB/T 7713.3—2014)》等,以确保科技报告结构规范、段落清晰、简明易读,以及科技报告的基本信息项完整、准确、格式统一,便于统一收集和集中管理,也便于信息系统处理和用户检索查询。

4.1 科技报告的结构组成

科技报告的结构组成一般包括前置部分、正文部分和结尾部分。

4.1.1 前置部分的结构组成

前置部分的结构要素主要包括:

a) 封面;
b) 封二(可选);
c) 书脊(书脊厚度等于大于5mm时);
d) 题名页(可选);
e) 辑要页;
f) 序或前言(可选);
g) 致谢(可选);
h) 摘要页(可选);
i) 目次页(必备);
j) 插图和附表清单(可选,图表较多时使用);
k) 符号和缩略语说明(可选,符号等较多时使用)。

4.1.2 正文部分的结构组成

正文部分的结构要素主要包括:

a) 引言部分;
b) 主体部分;
主体部分是学位论文的核心部分,占主要篇幅。其结构要素主要包括:
(a) 章节编号及标题;
(b) 条款项段编号及标题;
(c) 列项编号及内容;

(d) 主体内容；
(e) 图序、图题；
(f) 表序、表题；
(g) 公式、公式号；
(h) 引文标注；
(i) 注释标注(如有)；
(j) 注释(如有)。

c) 结论部分；
d) 建议部分(可选)；
e) 参考文献。

4.1.3 结尾部分的结构组成

结尾部分的结构要素主要包括：
a) 附录(有则必备)；
b) 索引(可选)；
c) 发行列表(可选,进行发行控制时使用)；
d) 封底(可选)。

4.2 科技报告的编写格式

4.2.1 版面

1. 纸张规格

科技报告宜用 A4 标准大小的白纸,其尺寸为 210mm×297mm。

2. 页面边距

《科学技术报告、学位论文和学术论文的编写格式(GB/T 7713—1987)》中规定,科技报告的页面四周应留足空白边缘,上方(天头)和左侧(订口)应分别留页边距 25mm 以上,下方(地脚)和右侧(切口)应分别留页边距 20mm 以上。

3. 版式规格

科技报告的纸张方向应采用纵向布局,版式应采用横向排版。一般而言,科技报告宜双面打印或印刷。

电子版科技报告应采用通用文件格式,如 PDF、WORD 等。

4. 页码格式

前置部分页码从题名页开始用罗马数字单独连续编码,正文部分和结尾部分页码从正文部分首页开始用阿拉伯数字连续编码。封面和封底不编页码,但计入总页数。奇数页(或偶数页)的页码在每页标注的位置应相同。

科技报告在一个总题名下分装成两卷(册、篇)以上,应连续编页码；当各卷(册、篇)有副题名时,则宜单独连续编页码。

电子版科技报告可以按页或屏等用阿拉伯数字连续标识。

5. 字号和字体

推荐的科技报告各部分字号和字体见表 4-1。

表 4-1　科技报告的字号和字体

部分	页别	文字内容	字号和字体
前置部分	封面、题名页	题名	二号黑体
		卷、册、篇编号和副题名	小二号宋体
		英文题名	小二号 Times New Roman
		英文卷、册、篇编号和副题名	三号 Times New Roman
		其他内容	四号、宋体
	书脊	题名、作者姓名、作者单位名称	黑体
	辑要页	辑要页	三号黑体
		辑要页中内容	五号宋体
	序或前言	序或前言	三号黑体
		序或前言内容	五号宋体
	致谢	致谢	三号黑体
		致谢内容	五号宋体
	摘要页	题名	三号黑体
		摘要、关键词	五号黑体
		摘要、关键词内容	五号宋体
		英文题名	小二号 Times New Roman
		Abstract、Keywords	五号 Times New Roman、加粗
		Abstract、Keywords 内容	五号 Times New Roman
	目次	目次	三号黑体
		目次内容	五号宋体
	插图和附表清单	插图和附表清单	三号黑体
		插图和附表清单内容	五号宋体
	符号和缩略语说明	符号和缩略语说明	三号黑体
		符号和缩略语说明内容	五号宋体
正文部分	引言、主体、结论、建议部分	章、节的编号及标题	五号黑体
		正文内容	五号宋体
		图、表编号和标题	五号黑体
		表文	小五号宋体
		注释	小五号宋体
	参考文献	参考文献	五号黑体
		参考文献内容	五号宋体
结尾部分	附录	附录编号和标题	五号黑体
		附录内容	五号宋体
	索引	索引	五号黑体
		索引内容	五号宋体

4.2.2　前置部分

1. 封面

科技报告应有封面。封面应提供描述科技报告的主要结构要素,可以包括:
a) 科技报告密级;
b) 科技报告编号;

c）题名；
d）作者及作者单位；
e）完成日期；
f）备注（如有）；
g）项目（课题）资助机构；
h）项目（课题）编号；
i）ISSN、ISBN 或其他的科技报告识别号（如有）；
j）出版项（如有）。

封面包含的信息元素多少可由项目资助机构根据需要自行规定其他信息。科技报告封面格式示例如图 4-1 所示。

2. 题名页

科技报告可有题名页。题名页一般包括下列结构要素：
a）科技报告密级；
b）科技报告编号；
c）科技报告类型及起止日期（如有）；
d）题名；
e）作者及作者单位；
f）完成日期；
g）项目资助机构；
h）项目（课题）编号；
i）备注；
j）出版项。

项目资助机构也可根据需要自行规定题名页结构要素的多少。科技报告题名页编排格式示例如图 4-2 所示。

3. 辑要页

科技报告应有辑要页。辑要页一般包括下列结构要素：
a）题名；
b）作者及作者单位；
c）科技报告类型及起止日期；
d）辑要页密级；
e）科技报告密级；
f）科技报告编号；
g）完成日期；
h）总页数；
i）备注；
j）摘要；
k）支持渠道；
l）联系人。

科技报告辑要页编排格式示例如图 4-3 所示。

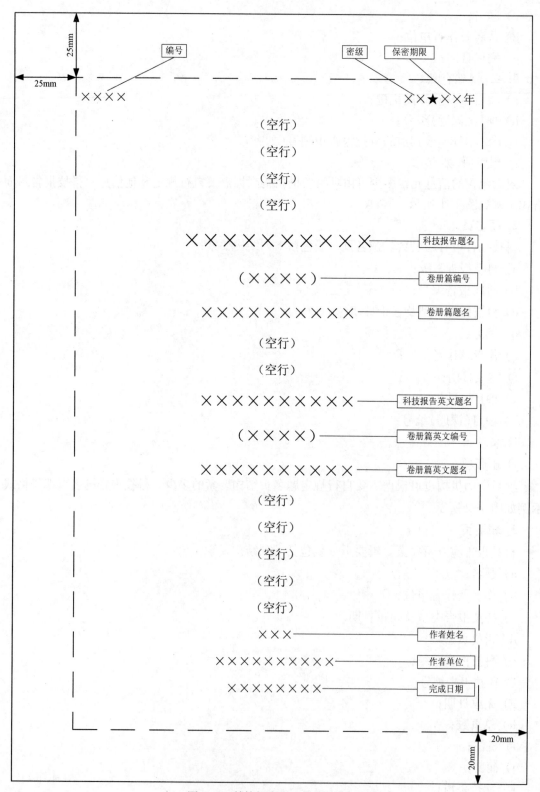

图 4-1 科技报告封面格式示例

第4章 科技报告编写格式

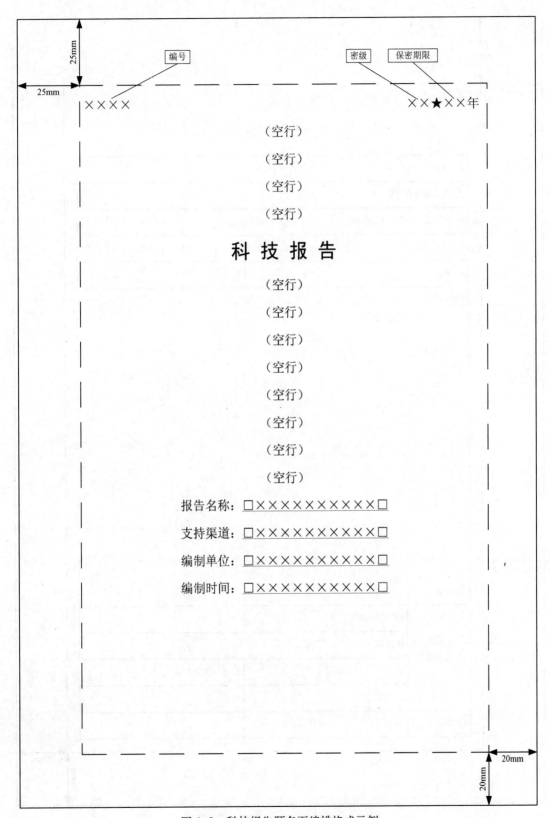

图 4-2 科技报告题名页编排格式示例

25mm

25mm

（空行）

辑 要 页

1. 题名					
2. 作者及作者单位					
3. 科技报告类型、起止日期		4. 辑要页密级		5. 科技报告密级	
6. 科技报告编号		7. 完成日期		8. 总页数	
9. 备注					
10. 摘要 关键词：					

11. 支持渠道	项目（课题）名称			
	承担单位			
	项目（课题）负责人		项目（课题）编号	
	立项部门		计划名称	
12. 联系人	姓名		联系方式	

20mm

20mm

图 4-3　科技报告辑要页编排格式示例

4. 摘要

科技报告摘要应包括中文摘要、关键词和英文摘要、关键词。摘要和关键词应置于辑要页中，同时也可单独成页，置于目次页之前。单独成页编写的摘要页编排格式示例如图4-4所示。

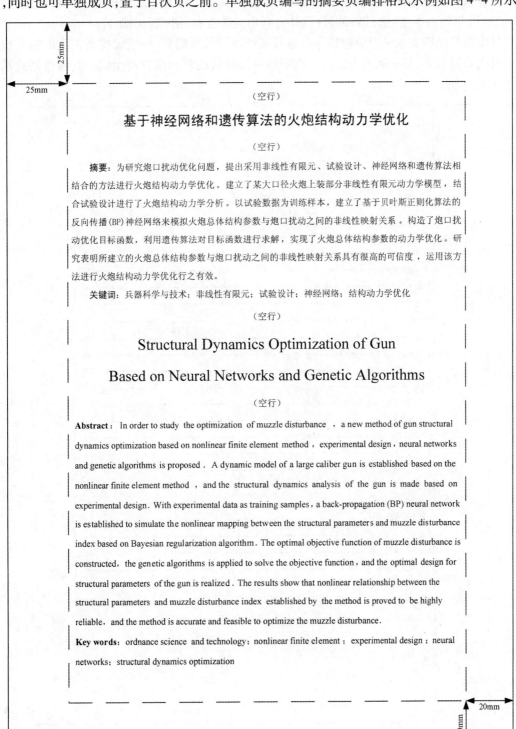

图4-4 科技报告摘要页编排格式示例

5. 目次页

科技报告应有目次页。

科技报告分卷(册、篇)编写时,最后一卷(册、篇)应列出全部科技报告的目次,其余卷(册、篇)可只列出本卷(册、篇)的目次,并宜列出其他各卷(册、篇)的题名。

目次页的结构要素一般应包括章节编号、章节标题、页码等,一般编排至正文的第三级章节。目次页另起页,置于摘要页之后。电子版科技报告的目次应自动生成。其编排格式示例如图4-5所示。

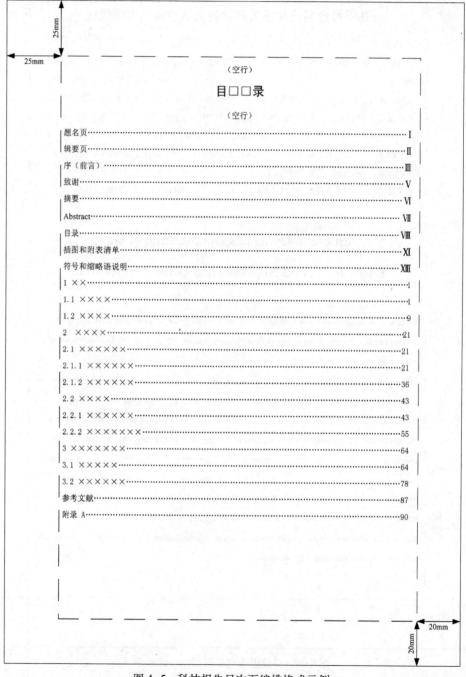

图4-5 科技报告目次页编排格式示例

6. 插图和附表清单

插图和附表较多时,应分别列出插图清单和附表清单。插图清单在前,应列出图序、图题和页码。附表清单在后,应列出表序、表题和页码。

插图较多而附表较少,或者插图较少而附表较多,可将插图和附表合在一起列出图表清单,插图在前,附表在后。

插图和附表清单宜另起一页,置于目次页之后。

7. 符号和缩略语说明

符号、标志、缩略词、首字母缩写、计量单位、名词、术语等的注释说明较多时,应汇集成表,置于插图和附表清单之后。

符号和缩略语说明宜另起一页编写。

4.2.3　正文部分

科技报告包含多卷(册、篇)时,各卷(册、篇)应采用阿拉伯数字进行编号。编号前加"第"字,编号后加量词"卷(册、篇)",可以写成:第1卷、第1册、第1篇等。在增加了卷(册、篇)后,仍要保持该科技报告章节的连续性。

章节编号、条款项段编号、列项编号、图、表、公式编号、引文标注、参考文献、注释标注、注释等的编排格式参见2.2.3节。

4.2.4　结尾部分

附录编号、附录章节编号、附录图、表、公式编号、索引等的编排格式参见2.2.4节。

第 5 章 科技论文写作指南

如前所述,学位论文与科技报告由前置部分、正文部分和结尾部分组成,学术论文由前置部分和正文部分组成,也就是说,科技论文由前置部分、正文部分和结尾部分组成。但对于不同类型的科技论文,其每一组成部分所包含的结构要素既有相同的结构要素,也有不同的结构要素。本章针对科技论文所涉及的主要结构要素,阐述其写作基本原则和基本方法。只有掌握了这些结构要素的写作要义,才可能写出合格的、令人满意的科技论文。

5.1 题 名

题名是科技论文的窗口,是科技论文的总纲,在科技论文中占据最为显著的位置。题名是科技论文必不可少的重要组成部分,也是最为关键的要素。

5.1.1 题名的概念

题名是一篇科技论文的总题目,也称总标题、篇名或文题。按照国家标准《科学技术报告、学位论文和学术论文的编写格式(GB/T 7713—1987)》中的定义,"题名是以最恰当、最简明的词语反映报告、论文中最重要的特定内容的逻辑组合。"换言之,科技论文的题名是论文核心内容的高度概括和主题思想的集中表达,是最恰当、最简明并能反映论文最重要的特定内容的词语的逻辑组合,它明白无误又简明扼要地表达出作者的研究成果或研究思路,让读者通过题名即可明了论文要表述的大致内容,是读者决定是否阅读论文的重要依据,对论文的传播效果有着极大的影响。

5.1.2 题名的作用

1. 帮助读者把握科技论文的中心思想

一个好的题名可以充分反映论文的研究范围和研究深度,可以高度概括并准确揭示论文的核心内容和重要论点,甚至可以展示论文的创新点,起到画龙点睛的效果,使读者通过阅读题名就可以了解和把握全文的中心思想,让读者可以见一斑而知全豹。

2. 帮助读者判断是否值得阅读全文内容

科技论文的题名是读者的首要关注点,因而是论文检索的"第一向导",所以"浏览题名"就是其"海选"科技论文的第一把度量取舍的"标尺"。科技论文的题名通常是通过搜索引擎而获得的一长串题名列表中的一员,它可能会出现在列表中的任何位置。一般情况下,一篇论文的题名只是被读者匆匆扫过而已,且浏览的时间不会超过两秒。对题名扫描式阅读即可大致了解论文论述的内容和涉及的范围。科技论文题名信息的相关性、信息量的多少和信息价值的大小都直接决定着读者是否有必要继续阅读摘要和全文。

有位专家曾说过:"科技论文的题名如果拟得好,还具有诱读作用,即吸引读者阅读此文、此刊。具有这种延伸作用的题名,往往是生动的、新颖的,具有科学理性或艺术魅力的高水平、高质量的题名"。

所以说,好的科技论文题名能够引人入胜,在极短的时间内让读者产生兴趣,激发他阅读全文的欲望。如果论文题名不能提起他人的兴趣点,就不要奢望自己的论文被他人阅读,更不要奢望自己的论文被引用和产生科学影响。

3. 提供科技论文的类型信息

科技论文的类型是多种多样的,从不同的角度可以把论文分成不同的类型。根据论文的功能可分为学术论文、技术论文和学位论文;根据写作的方式可分为论证型、科技报告型、发明发现型、计算型和综述型等;对于学术类科技期刊来说,论文的类别又有研究报告、研究简报、述评和综述等。在论文的题名上加以区别,对图书信息人员和读者来说都是非常重要的。好的科技论文题名能够提供论文类型的线索,论文的学科范围,论文的理论水平和特性,便于图书情报人员对论文进行准确的分类,便于读者快速地检索。

4. 帮助文献追踪或检索

文献检索系统多以题名中的主题词作为线索,因此,题名中使用的词必须要准确地反映论文的核心内容,如果这些词不准确,就有可能产生漏检,从而使论文全文不能被潜在的读者获取。

5.1.3 题名拟定的原则

1. 准确

科技论文的题名应当与论文核心内容一致,要准确揭示论文的本质,准确表达论文的中心思想,有效表述作者的思想观点,包括主要观点、研究范围、论述角度等,恰如其分地反映研究的范围、达到的深度和研究的创新性。作为论文的"标签",题名既不能过于空泛和一般化,也不宜过于繁琐,使人得不出鲜明的印象。科技论文的题名不能使用笼统的、华而不实的、甚至是错误的词语来表达,也不宜包含对其本身价值的评判,而只能以客观的语言、名副其实的陈述科学事实。为确保题名的含义准确,应尽量避免使用非定量的、含义不明的词。

2. 简洁

科技论文的题名必须高度概括、语言精炼、文字简洁,做到言简意赅。要摒弃与主题内容无关的词语,实现采用最少的字数涵盖最大量的信息,即要达到"增之一分则太长,减之一分则太短"的效果,每个字都必不可少,但又不能少到无法理解,故不能使用繁琐的、晦涩的词语来表达。题名偏长,不利于读者在浏览时迅速了解信息,题名过于简短,常起不到帮助读者理解论文的作用。国家标准对此有规定,期刊编辑部也多有约定,一般来说,中文题名一般不宜超过 20 个汉字,但这是指"一般"的情况,不能绝对化。基本原则是,题名应是一个短语而不是一个句子,尽量不使用标点符号,其长短和字数应由题名所要表达的意思来确定。

3. 清楚

科技论文的题名所用词语应该选择本学科专业领域中词义单一、通俗易懂、便于引用的规范化的词语,开门见山,重点突出,清楚地反映论文的主旨和特色。一般采用名词性短语,而不使用完整的、复杂的主谓宾结构,尽量避免使用动宾词组进行描述,同时要符合现代汉语的语法、修辞和逻辑规则,无语病,有美感。不能使用含糊、混乱的表达方式。如果主题名语意未尽,可增加副题名补充说明。

4. 便于检索

题名是著录和索引等二次文献的重要内容,是读者检索文献的主要标识。因此,题名应具有供查阅和检索的功能,拟定题名时必须充分考虑到这一点。题名选用的每一个词语必须提供检索用的特定实用信息,尽量包含论文的关键词(含主题词),所谓主题词是从汉语关键词表或其他正式出版的专业词表中收录的规范词汇。因此,题名使用的每一个词都要有助于关键词的选择,题名应鲜明,无歧义,容易理解。根据通用标准和业内规定,科技论文的题名要避免使用数学式、化学式、特殊符号、上下角标、不常用的专业术语和非英语词汇,以及专利名、产品名、药品名、公司名和商标名等。

一篇论文的题名,往往是在构思论文时拟定的,然后以它为中心写出主题句,围绕它展开作者的思路,构筑文章的框架,安排有关的材料。但是,题名并不是一成不变的。在写作过程中,可能又会想出更为恰当的题名。在论文写完后,还要根据内容回过头去重新审查题名与论文内容是否贴切,是否恰如其分地反映出了研究的范围和深度,是否揭示了论文的本质。可以再拟出几个题名,反复推敲,相互比较,然后从中选出一个最佳的题名。

5.1.4 题名拟定的注意事项

1. 名副其实

科技论文题名与正文内容必须符合,达到文题高度一致,不能内容讲的是一回事,而题名表达的是另一回事。

【例 5-1】

题名:建筑节能途径的研究

分析此论文研究的具体内容,它主要涉及建筑材料的自身性能及其利用的问题,而节能途径不仅涉及材料的性能,还要包括建筑设计是否合理等问题。若按照该论文的研究内容,将该题名改为"寒冷地区建筑材料的使用"则较为贴切。

2. 不要言过其实

有些作者为了吸引读者的眼球,引起读者对论文的重视,故意把题名起得很高、很玄,或因对自己研究领域的科技发展动态了解不够,常常喜欢把"……机理的研究"、"……规律的研究"等一类词语用在题名上。科学发展史告诉我们,任何科学规律和科学机制的确立,都需要经过反复的、大量的验证,而不是只通过少数几次的试验就能彻底揭示出某一方面的规律。所以,在使用这类词汇时,务必慎重,一定要留有余地,以免使人一看题名,觉得很了不起,但细看内容后就觉得言过其实,实际上研究工作远没有达到这个深度,读者看后大失所望,反而会对作者的业务素质和治学态度产生怀疑,甚至会产生上当受骗之感。

3. 避免笼统

有的题名表达笼统宽泛,缺乏特殊性、针对性,反映的信息范围大,而实际上论文包括的内容范围小,使读者难以把握要领。产生这类题名不准确、不恰当的原因,常常是作者想在论文的题名中反映自己的论文具有"一般性"的意义。

【例 5-2】

题名:活性污泥系统的生物强化效果研究

很明显,这个题名很大,给人的感觉要么是大而全,要么是篇综述。经过阅读,了解到该论文研究的是活性污泥系统在处理苯酚废水时产生了生物强化效果,再者"研究"二字亦颇显沉重。可以将该题名改成为"活性污泥系统处理苯酚废水的生物强化效果初探"。

【例 5-3】

题名：工业废渣综合利用探讨

这个题名过于泛指、笼统。工业废渣种类很多，到底是哪一种，从题名看不出来。其实，该论文讨论的只是某一种具体的工业废渣——高炉渣的综合利用问题。该题名若修改为"高炉废渣利用的深度开发"则较为明确。

4. 避免冗长

题名必须高度概括，语言精炼，文字简洁。在题名表述中，尽可能删去含有无关或相关性小的多余词语，比如"研究"的滥用，学报上发表的文章，一般说来都是研究成果，为了突出论题的实质内容，使之更为简明，能不使用"研究"一词也以不使用为宜；避免连词、介词等虚词的多次使用；避免同义词、近义词同时使用，比如"分析"与"研究"，"动态"与"变化"等，以及没有必要的副题名，等等。在这一方面，好的题名要在保证能准确反映最主要的特定内容的前提下，字数越少越好。

【例 5-4】

题名：纳米二氧化硅的团聚现象及流化过程中的二次团聚行为的研究

该题名中首先应删去的就是"研究"二字，而"流化过程中的二次团聚行为"是一种流化特性，可将原题名改为"纳米二氧化硅的团聚现象及流化特性"。

【例 5-5】

题名：金刚石工具的性能及工艺参数对其影响的试验研究

该题名过于冗长，中心不突出，逻辑性不强，可以删去"试验研究"，且改成"工艺参数对金刚石工具性能的影响"，则显得简洁清楚，主题鲜明。

【例 5-6】

题名：用超松弛迭代法和龙格库塔法对一种大物面 X 射线影像增强器的电子光学成像性质与传递函数的计算。

该题名过于细微、冗长，很不简洁，一是可以略去具体算法"超松弛迭代法和龙格库塔法"，二是"成像性质与传递函数"可用"系统"代替，这样可以修改为"非球面 X 射线影像增强器的电子光学计算"。

【例 5-7】

题名：太阳能集热硅热吸收性能的分析探讨

在该题名中，"分析"与"探讨"义相近，保留其一即可。可改为"太阳能集热硅热吸收性能的分析"。

5. 尽可能不用动宾结构

一般情况下，科技论文的题名为名词性短语，而尽量不采用完整的、复杂的主谓宾结构，偶尔亦可用动宾词组来表达。

【例 5-8】

题名：研究一种合成聚丙烯的新方法

这个题名是一个动宾结构（研究+新方法），可改为偏正结构"一种聚丙烯合成新方法的研究"。按题名精炼简洁的原则，可进一步改成"一种合成聚丙烯的新方法"。

若中心语带有状语，仍可用动宾结构。

【例 5-9】

题名：用幂级数研究无横向支撑梁屈曲

还有一种情况可用动宾结构,即"(试)论×××"或"(浅)谈×××"等形式。

【例5-10】

题名:浅谈项目金额承包中的成本管理

6. 选用定语词组的类型

注意采用恰当的定语词组类型,以免产生歧义。

【例5-11】

题名:研究结构多维随机地震的几个基本问题

按论文作者的本意,原题名的中心语是"几个基本问题",其定语是"研究结构多维随机地震(的)",但这样组合的结果却可能使读者理解为"研究几个基本理论问题"。问题出在定语采用了动宾词组(研究+结构多维随机地震),而应改为主谓词组(结构多维随机地震+研究)。该题名可改为"结构多维随机地震研究的几个基本问题"。

7. 避免结构松散

结构松散会使词语之间的关系模糊不清,令人费解。因此,题名各词组间必须富有严密的逻辑性。

8. 避免"的"的多用或漏用

语法规则要求,联合词组、偏正词组、主谓词组、动宾词组、介词词组做定语时,中心语之前需用"的";而修辞规则又要求,多项定语中的"的"字不宜多用。因此,题名中某处该不该用"的",要用语法规则与修辞规则综合检查。用了"的"修辞效果不好,不用"的"也通顺,这时就不用;若不用"的"就不通顺,那就应该用。

【例5-12】

题名:原状、挤密黄土地基有限元法的计算分析

此题名中若不用"的"字则更显简练,即修改为"原状、挤密黄土地基有限元法计算分析"。

【例5-13】

题名:柳州第二大桥极限承载力非线性有限元分析。

此题名中没有"的"字,使定语与中心语之间界限不清,不便于理解。若在题名中加个"的"字,意思就明确了。可改为"柳州第二大桥极限承载力的非线性有限元分析"。

9. 关键词语不能随意省略

题名中省去了不该省略的词语,会导致逻辑结构和语法上的错误。

【例5-14】

题名:投入产出法对××市经济发展状况的分析

按照现在的样子,此题名中的"投入产出法"成了主语,逻辑上讲不通,应在最前面加上"应用"二字。这样,蕴藏的主语就是(本文)作者,符合情理。可以改为"应用投入产出法对××市经济发展状况的分析"。

【例5-15】

题名:国外信息资源的启迪

对于这个题名,按文意应是"国外信息资源管理的启迪",在原题名中省略了"管理"两字,使得题名含义不够准确。

10. 尽可能体现论文类型

学术期刊所刊载的科技论文主要有研究报告、研究简报、述评和综述等几类,综述性论文往往在题名中有"研究进展"之类的字样。

【例 5-16】

题名:湿地甲烷产生、氧化及其排放通量研究

这样的题名范围很大,给人的第一感觉就是作者的研究任务特别繁重。读后才知道原来这是一篇综述性论文。所以,为了一目了然,可改为"湿地甲烷的产生、氧化及排放通量研究进展"。

11. 便于检索

科技论文的题名应尽可能包括正文的全部主题词,有助于选择关键词和编制题录、索引等二次文献信息,以确保读者在检索时既快速而又不偏、不漏。

【例 5-17】

题名:关于米勒的维纳斯考察

从这个题名看,好像是一篇美术方面的论文,而实际上是通过剖析维纳斯研究古代人类工程学的。若修改为"米勒的维纳斯人体工程学剖析"则较为明确。

【例 5-18】

题名:粉煤灰的应用

这个题名没有指明粉煤灰在什么方面的应用,不便于分类。论文内容主要是讨论粉煤灰在水泥工业中用作原料。若修改为"粉煤灰在水泥工业中的应用",则学科范围很明确,便于图书情报人员准确分类。

5.2 英文题名

科技论文英文题名是论文的"窗口"和"眼睛",能否用简单、恰当的英语词汇准确反映论文的特定内容,关系着论文能否被国外同行接受,能否被国际知名检索系统收录。一般来讲,科技论文题名的英译应遵循明确、简洁、易懂、准确及规范的原则,并针对科技论文中文题名的结构类型和特点,采取相应的翻译方法和翻译技巧,并注意英语语法等,以提高科技论文题名英译的质量。

5.2.1 题名英译的基本要求

1. 题名的一致性

同一篇论文,其英文题名与中文题名在内容上应一致,但不等于说其词序须一一对应。在许多情况下,个别非实质性的词语可省略或变动。

【例 5-19】

题名:工业湿蒸气的直接热量计算

该题名的参考英译为:The Direct Measurement of Heat Transmitted by Wet Steam。

【例 5-20】

题名:液体混合物的热导率与汽液平衡关系

该题名的参考英译为:Relationship Between Thermal Conductivity and Vapor-liquid Equilibrium of Liquid Mixtures。

2. 题名的词数

科技论文的英文题名不应过长。目前,国内外科技期刊对题名的词数都有一定的限制。一般来说,科技期刊所要求的题名词数不超过 10~12 个单词。国家标准《科学技术

报告、学位论文和学术论文的编写格式(GB/T 7713—1987)》规定英文题名不超过 10 个实词。总的原则是,在题名确切、简练、醒目并能准确反映论文特定内容的情况下,词数越少越好。

3. 题名的构成

科技论文的英文题名通常由名词性短语构成,也就是说,题名由名词及其前置或后置定语所组成。因此,题名中出现的词类一般包括名词、形容词、介词、冠词和连词,个别情况下会出现代词,但通常不包含动词。如果出现动词,多为现在分词、过去分词或动名词形式。由于陈述句易使题名具有判断式的语意,同时也显得不简洁,因此,学者和编辑们大都认为题名不应由陈述句构成。

4. 题名的词序

由于题名比句子简短,并且无需主、谓、宾,因此,题名中词序的安排至关重要。专家认为,英文题名中的多数错误源于词序不当所致的表达不准确。因此,在撰写或翻译题名时,应首先理顺所用词的修饰关系和逻辑关系,以免引起歧义。为了突出论文的核心内容,通常将最能表达论文科技信息的关键词即中心词放在题名的开头,然后依据这个最重要的中心词及其逻辑关系进行排序。

【例 5-21】

题名:科学家将污染归罪于汽车

该题名不正确的英译为:Cars Blamed for Pollution by Scientist。该英文题名的意思是"科学家造成的污染归罪于汽车",这显然是不符合逻辑的,也并非是作者的本意。该题名正确的参考英译应该是:Cars Blamed by Scientist for Pollution。

【例 5-22】

题名:中子引起铀核链式反应

该题名的参考英译为:Neutrons Caused Chain Reaction of Uranium Nuclei。此题名为陈述句,若改译为:Chain Reaction of Uranium Nuclei Caused by Neutrons 则显得更为自然、妥帖。

5. 题名中的缩略语

为便于表达,目前多采用首字母组成的缩略语形式。一般来讲,科技论文的题名中不提倡这种表达方式,只有已经得到整个科技界或本行业科技人员公认的缩略语才可用于题名中,否则不要轻易使用。

例如,DNA(deoxyribonucleicacid, 脱氧核糖核酸)、AIDS(acquired immune deficiency syndrome, 获得性免疫缺陷综合征/艾滋病)、CAD(computer aided design, 计算机辅助设计)、CAM(computer aided manufacturing, 计算机辅助制造)。

5.2.2 单中心词结构题名的英译

由单个中心词加上一个或多个修饰语组合而成的短语称为单中心词结构题名。翻译时一般译为名词短语形式,有时也可译为动名词短语或介词短语等形式,其修饰语一般译为名词、形容词、分词等作中心词的前置或后置定语。依据修饰语的有无及其性质,单中心词结构题名可分为单一概念题名、多概念并列偏正结构题名、多概念递进偏正结构题名。

1. 单一概念题名的英译

单一概念题名是由一个不可再细分的、具有完整概念的单词或词组构成的,翻译时照译即可。

2. 多概念并列偏正结构题名的英译

多概念并列偏正结构题名中心词的修饰语由联合词组充当,翻译时常把中心词置于题首,再按顺序译出各并列成分,置于中心词之后作后置定语。

【例 5-23】

题名:多级安全 OS 与 DBSM 模型的信息流

该题名的参考英译为:Information Flow of Multilevel OS and DBSM Model。

【例 5-24】

题名:转录组与蛋白质组的比较研究

该题名的参考英译为:Comparison of Transcriptome and Proteome。

但若用前置定语能表意完整,准确说明中心词的意义时,也可译为前置定语结构,原中文题名词序一般可不需变动。

【例 5-25】

题名:超立方体和环连接的互联网络

该题名的参考英译为:Hypercube and Ring Connected Interconnection Networks。

【例 5-26】

题名:目标检测和目标跟踪的 pipeline 方法

该题名的参考英译为:Target Detection and Tracking Pipeline Method。

若中心词是动作名词,翻译时也可译为动名词短语形式。

【例 5-27】

题名:约束求解与优化技术的结合

该题名的参考英译为:Integrating Constraint Programming and Optimization。

【例 5-28】

题名:苯甲酸和苯甲醇的合成

该题名的参考英译为:Synthesizing benzoic acid and benzyl methanol。

3. 多概念递进偏正结构题名的英译

多概念递进偏正结构题名中心词的修饰语由偏正词组充当,修饰语中的各组成部分总是前一个修饰后一个,层层相叠,最后作为一个整体来限定中心词。翻译时常把中心词置于题首,再按顺序译出修饰语。在多数情况下,修饰语中的各组成部分按由小到大、由近到远的次序排列,作后置定语。

【例 5-29】

题名:网络环境合同计算元服务的设计

该题名的参考英译为:Design of contractual computing meta-service in grid environment。

【例 5-30】

题名:掺氟氧化锡纳米粉体的制备

该题名的参考英译为:Preparation of Tin Dioxide Nanoparticles Doped with F Ion。

若修饰语比较多,也比较复杂,且词义距中心词较近的一部分修饰语满足前置条件时,可以把这部分修饰语置于中心词之前,作前置定语,而把其余的修饰语按由小到大、由近到远的次序排列,作后置定语。这样可以使译文结构平稳,文意清楚,韵律优美。

【例 5-31】

题名:广义几何规划的压缩信赖域算法

该题名的参考英译为:Condensation Trust Region Algorithm for Generalized Geometric Programming。

【例 5-32】

题名:植物源除草活性物质

该题名的参考英译为:Herbicidal-activitive materials from plants。

实际上,有些中心词的修饰语习惯前置,或只能前置,或属于固定搭配,常见的有:biological(antibacterial,…)activity——生物(抗菌,…)活性;chemical(molecular,…)structure——化学(分子,…)结构;catalytic(biological,…)synthesis——催化(生物,…)合成;structure(spectral,…)characterization——结构(光谱,…)表征;biological(chemical,…)control——生物(化学,…)控制;differential(nonlinear,…)equation——微分(非线性,…)方程;periodic(global,…)solution——周期(整体,…)解;frequent(complex,…)function——频繁(复变,…)函数;mathematics(ecological,…)model——数学(生态,…)模型;numerical(simulation,…)analysis——数字(模拟,…)分析;evolution(genetic,…)algorithm——进化(遗传,…)算法;等等。

若修饰语比较简单,用前置定语能表意完整,准确说明中心词的意义,也可译为前置定语结构,原题名词序一般不需变动。

【例 5-33】

题名:主动存储系统结构

该题名的参考英译为:Active Storage Architecture。

【例 5-34】

题名:多项式光滑的支撑向量机

该题名的参考英译为:Polynomial smooth support vector machine。

若中心词是动作名词,翻译时也可译为动名词短语形式。

【例 5-35】

题名:发酵液中 1,3-丙二醇的提纯

该题名的参考英译为:Purifying 1, 3-Propanediol from Dilute Fermentation Broth。

【例 5-36】

题名:最大频繁项目集的更新

该题名的参考英译为:Updating Maximum Frequent Item Sets。

5.2.3 多中心词结构题名的英译

由多个中心词加上一个或多个修饰语组合而成的短语叫多中心词结构题名。翻译时一般译为名词短语形式,有时也可译为动名词短语或介词短语等形式,其修饰语一般译为名词、形容词、分词等作中心词的前置或后置定语。依据修饰语的有无及性质和类型,多中心词结构题名可分为简单多中心词结构题名、修饰语相同的多中心词结构题名、修饰语不同的多中心词结构题名和带复合修饰语的多中心词结构题名。

1. 简单多中心词结构题名的英译

简单多中心词结构题名由于没有修饰语,结构简单,翻译时按表达各个概念的词或词组的先后顺序逐个翻译,然后用适当的连词组合为英语的并行结构即可。

2. 修饰语相同的多中心词结构题名的英译

修饰语相同的多中心词结构题名是指所有中心词的修饰语都相同。翻译时根据修饰语结构和类型的不同按"多概念并列偏正结构题名"或"多概念递进偏正结构题名"的翻译方法翻译,只是把原来的单一中心词(或动名词)变为并列的多个中心词(或动名词)即可。

【例 5-37】

题名:本质连通区的存在性与稳定性

该题名的参考英译为:Existence and Stability of Essential Components。

【例 5-38】

题名:硫辛酰苯并三唑的合成及表征

该题名的参考英译为:Synthesis and Characterization of Lipolybenzotriazole。

【例 5-39】

题名:Pi-演算的 Web 服务组合的描述和验证

该题名的参考英译为:Describing and Verifying Web Service Using Pi-Calculus。

3. 修饰语不同的多中心词结构题名的英译

修饰语不同的多中心词结构题名是指每个中心词的修饰语各不相同。翻译时每个中心词和其修饰语都可按"多概念并列偏正结构题名"或"多概念递进偏正结构题名"的翻译方法翻译,然后用连词连为英语的并行结构即可。

【例 5-40】

题名:生物化工及膜分离技术

该题名的参考英译为:Biochemistry Engineering and Membrane Separation Technology。

【例 5-41】

题名:强流离子束物理问题及束晕——混沌的控制方法

该题名的参考英译为:Physics of Intensity Ion Beam and Halo-Chaos Control Methods。

【例 5-42】

题名:网络日志规模分析和用户兴趣挖掘

该题名的参考英译为:Analyzing Scale of Web Logs and Mining Users' Interests。

4. 带复合修饰语的多中心词结构题名的英译

带复合修饰语的多中心词结构题名是指所有中心词除受同一个(或几个)修饰语修饰外,至少有一个中心词又有自己的修饰语。翻译时可以先按"修饰语不同的多中心词结构题名"的翻译方法翻译各个中心词和它们各自的修饰语放于题首,再按"多概念并列偏正结构题名"或"多概念递进偏正结构题名"的翻译方法翻译共用的修饰语,借助适当的词(如介词等)把共用的修饰语置于题名尾部。

【例 5-43】

题名:大规模时间序列数据库降维及相似搜索

该题名的参考英译为:Dimensionality Reduction and Similarity Search in Large Time Series Databases。

【例 5-44】

题名:四溴双酚 A 的合成及复合阻燃效应

该题名的参考英译为:Synthesis and Composite Fire Retardance of Tetra Brom Obisphenol A。

5.2.4 动宾结构题名的英译

动宾结构题名由动词加上其后的宾语构成,动词前常有表示研究所用某种特殊手段或方法的词或词组作状语。此结构的题名一般译为动名词短语、不定式短语或"动作名词+介词短语"形式,动词前表示手段或方法的词或词组译为介词短语或动名词短语,放在最后。

【例 5-45】

题名:光催化降解水中微量甲苯

该题名的参考英译为:Degradating to Luene from Water in Micro-pollution Level by Photocatalysis。

【例 5-46】

题名:用距离几何求解一类几何约束问题

该题名的参考英译为:Solving Geometric Constraint Problems Using Theory in Distance Geometry。

【例 5-47】

题名:确定露天矿的最佳深度

该题名的参考英译为:To determine optimum depth of open pit。

【例 5-48】

题名:微波辐射催化合成乙酰水杨酸

该题名的参考英译为:Catalytic synthesis of acetylsalicylic acid by microwave radiation。

如果论文是对方法或技巧方面进行的研究,可以采用"how+不定式"结构译为不定式短语。

【例 5-49】

题名:怎样培养和提高学生使用计算机的能力

该题名的参考英译为:How to Cultivate and Improve Students' Abilities for Operating Computers。

【例 5-50】

题名:怎样减少磨机中钢的磨损

该题名的参考英译为:How to Reduce Steel Wear in Grinding Mills。

5.2.5 介词短语结构题名的英译

介词短语结构题名是指整个题名是一个介词短语,翻译时可视情况译为英语的介词短语形式。

【例 5-51】

题名:关于高阶中立型偏微分方程系统解的振动性

该题名的参考英译为:On Oscillation for Solution of Systems of High Order Neutral Partial Differential Equation。

【例 5-52】

题名:关于非 Lipschitz 的渐近伪压缩映像的迭代法的强收敛性

该题名的参考英译为:On the Strong Convergence of iterative method for non-Lipschitzian asymptotically Pseudo contractive mappings。

有时也可不显式地翻译成名词短语或动名词短语形式。

【例 5-53】

题名:关于一类广义 Tikhonov 正则化方法的饱和效应

该题名的参考英译为：Saturation Effect for a Class of General Tikhonov Regularization。

【例 5-54】

题名：关于 Moore 自动机可逆性的一些结果

该题名的参考英译为：Some Results of Invertibility of Moore Automata。

5.2.6 句子型题名的英译

句子型题名指题名是一个句子，常见的有陈述句型题名和疑问句型题名。

1. 陈述句型题名的英译

陈述句型题名是指题名是一个陈述句，译成英语时，一般不译成完整的陈述句，而是译成名词短语、动名词短语等，以突出关键词。

【例 5-55】

题名：由三个特征对构造正定 Jacobi 矩阵

该题名的参考英译为：Construction of Positive Definite Jacobian Matrix from Three Eigenpairs。

【例 5-56】

题名：用计算机翻译速记

该题名的参考英译为：Using Computer to Transcribe Shorthand。

2. 疑问句型题名的英译

疑问句型题名是指题名是一个疑问句，英译时可以译成名词短语或动名词短语等。

【例 5-57】

题名：两性表面活性剂是怎样防垢的

该题名的参考英译为：Scale control by nonionic ampholytic surfactants。

若论文的内容主要是回答和讨论所提出的问题，特别是对于新问题的讨论或新发现的披露等，为了引起读者的注意，敦促读者进行思考，一般译为疑问句。

【例 5-58】

题名：丙炔腈是生命起源的物质吗？

该论文主要讨论作为胞嘧啶自然合成的先导物质的氰基乙醛和丙炔腈哪个才是生命起源的物质，经过分析论证得出氰基乙醛比丙炔腈更可能是生命起源的物质的说法缺乏科学依据。如果把题名译为名词短语等就会缺乏吸引力和感染力。因此，作者把它译为"Is cyanoacetylene prebiotic?"。

5.2.7 题名中的介词

1. 介词 with

题名中常使用名词作形容词。例如，放射性物质运输（radioactive material transport）等。但在有些情况下，汉语中是以名词作形容词的，翻译成英语时，用对应的名词作形容词就不合适。例如，当名词用作形容词修饰另一个名词时，如果前者是后者所具有的一部分，或者是后者所具有的性质、特点时，在英语中需用前置词"with+名词（前者）"组成的前置词短语作形容词放在所要修饰的名词之后。

【例 5-59】

题名：具有中国特色的新型机器

不能把该题名译成"Chinese Characteristics Machines"，而应译成"New Types of Machines with the Chinese Characteristics"。

【例 5-60】

题名:异形截面工作轮

它不能译成"Noncircular Section Rolling Wheel",而应译成"Rolling Wheel with Noncircular Section",或译成"Rolling Wheel with Special Shaped Section"。

2. 介词 of、for 和 in

在题名中,经常会遇到"××的××",此处汉语的"的"在英语中有两个前置词相对应,即"of"和"for",其中"of"主要表示所有关系,"for"主要表示目的、(方法的)用途。

【例 5-61】

题名:提出了一种具有前馈补偿的滑模鲁棒控制器的设计方法

若把该题名译成"A Design Method of Sliding Mode Robust Controller with Feed Forward Compensator is Presented"是不正确的。因为,设计方法是用于设计滑模鲁棒控制器的,所以要用表示用途的"for",而不能用"of"。另外,这是一个陈述句题名,更好一些的译法应使用名词短语题名"A Design Method for Sliding Mode Robust Controller with Feed Forward Compensator"。

【例 5-62】

题名:偏微分方程最优线性求解法

若把该题名译成"Linear Programming Method of Optimization of Systems of Partial Differential Equation"是不妥的或不正确的。在此题名中,第一个"of"应改为"for",再去掉第三个"of",可修改译为"Linear Programming Method for Optimization of Partial Differential Equation Systems"。

【例 5-63】

题名:空气中 ^{14}C 取样器

对于这个题名,作者的意思是"采集空气中 ^{14}C 的取样器",故应译成"A Sampler for ^{14}C in Air",而不能译成"^{14}C Sampler in Air(在空气中的 ^{14}C 取样器)"。

5.2.8 题名英译的注意事项

在题名英译时应注意:

a) 尽量以实词开头,以吸引读者的注意;

b) 凡可用可不用的冠词 a、an、the 均可不用,如题名"The Effect of Groundwater Quality on the Wheat Yield and Quality"中的两个冠词"the"均可不用;

c) 少用或不用冗余词,如 development of、evaluation of、investigation of (on)、observation of、on the、regarding、report of (on)、research of (on)、review of (on)、study of (on)、area、district、city、county、province、country 等,对可用可不用的坚决不用,使题名简洁、醒目,突出重点,符合国际规范。

5.2.9 英文题名的书写规范

英文题名的书写一般有 3 种格式。

1. 第一种书写格式

英文题名中的字母全部大写。但当题名中含有 α、β、γ、pH 等时,、、、p 等仍小写。

【例 5-64】

INVESTIGATION OF PHASE BEHAVIOR OF POLYMER BLEBDS BY THERMAL METHODS.

2. 第二种书写格式

英文题名中每个实词的首字母大写,虚词首字母小写。但字母多于4个(含4个)的介词,其首字母大写,如 With、About、Between 等;冠词(a,an,the)、连接词(and,but,nor,or)和字母小于等于3个的介词(of,on,in,at,to,for 等),位于题名中第一个词或最后一个词时,其首字母大写;复合词、用连字符连接的词,其各构成词的首字母均大写,如 High-Temperature、Build-Up、Non-Hydrogen-Bonding 等;X-ray 等词的 ray 中的首字母小写;计量单位拼写词的首字母大写,但使用计量单位标准符号时,同原符号。

【例 5-65】

① Research on System Evaluation Method of Weapon Recoil

② Research on Detection of Underwater Acoustic Signal With Unknown Frequency

③ The Research of Nuclear Structure Going On。

④ Analysis of 2 Milligram Amounts 或 Analysis of 2 mg Amounts

3. 第三种书写格式

题名中只有第一个词的首字母大写,其余字母均小写。

【例 5-66】

Accuracy control of deep small holes by pulse electrochemical machining。

对于专有名词首字母、首字母缩略词、德语名词首字母、句点(.)后任何单词的首字母等在任何情况下均应大写。

目前,使用第 2 种书写形式的较为普遍,而使用第 3 种形式的似有增多趋势。

5.3 作 者 署 名

科技论文写作人员在其文稿中标注自己的姓名称为作者署名。作者署名是科技论文中一个不可缺少的组成部分,具有其特定的意义、作用以及书写规范。

5.3.1 作者署名的作用

1. 标明文稿的责任者

文责由作者自负是古往今来约定俗成的做法。所谓文责,是指由于文稿的公开发表而可能引发的法律责任、科学责任和道德责任。文稿内容如果违背党和国家的法律法规及科技工作的有关方针政策,或在科学上存在重大错误并导致严重后果,或未经保密审查涉嫌泄密并造成损失,或被指控有剽窃、抄袭、作假等行为时,作者就理应担负有关责任。作者在论文中署名就是标明文稿的责任者,也是作者文责精神的体现。

2. 体现作者的贡献与权利

科技论文是记录、保存、交流和传播科研成果及学术思想的重要形式,文稿的完成意味着作者在本学科领域上有所发现、有所发明、有所创造、有所前进。它是作者艰辛劳作的成果和创造智慧的结晶,也是作者为科学技术事业做出的贡献,同时也是得到同行、单位以及社会承认和尊重的客观指标。另外,在论文中署名是文稿版权归作者所有的一个声明,也是执行著作权法和知识产权保护的要求。

3. 便于开展学术交流

在论文中作者署名便于编辑、读者与作者的联系,沟通信息,互相探讨,共同提高。

5.3.2 作者资格的界定

1. 谁应该是论文的作者

根据当前国内外比较认同的说法或界定尺度,作者应该是:

a) 必须参加过课题的选题、构思与设计,资料的分析和解释;
b) 必须参加过论文的撰写或对其中重要学术内容做出了重大修改;
c) 必须阅读过论文全文且参与最后定稿,并同意投稿和发表。

对于同时符合上述 3 项条件的方可成为作者。作者至少要对研究的一个特定的部分负责。确定作者应该基于平衡考虑他对研究工作的构思、设计、分析和撰写所做的脑力贡献,而不是数据的收集或者其他常规的工作。如果没有什么任务可以归功于某个个人,那么这个人就不应该成为作者。所有的作者必须对他们的论文内容负起社会责任。

2. 谁不应该是论文的作者

根据当前国内外比较认同的说法或界定尺度,作者不应该是:

a) 课题资助者、管理者及行政领导等;
b) 仅仅是收集数据,而没有参加分析、讨论、撰写等的实验人员;
c) 曾给予研究和论文一定的指导和帮助的有关单位或个人。

对于不满足作者署名条件,但对研究成果确有贡献者,只能作为致谢对象在论文中的致谢部分说明,给予应有的肯定和感谢。

5.3.3 作者署名的位次

1. 署名形式

科技论文的作者署名可以是一人、多人或团体名称。凡研究工作由一人设计、完成的,其论文由一人署名。由数人共同设计、协作完成的研究成果,则由具备署名条件的人员共同署名。

2. 署名顺序

多人共同署名时,作者的排列顺序应由所有作者共同决定。一般来讲,依据每个人在研究工作中担负具体工作的多少和实际贡献的大小进行顺次排名。排名先后并不意味着资历深浅、威望高低或权势大小。但不管署名排序如何,每位作者都应该能够就论文的全部内容向公众负责。

3. 第一作者

论文的作者有多位时,可按署名顺序依次称为第一作者、第二作者、……。一般而言,提出论文内容构思、主持研究设计、承担主要研究工作,并对关键性学术问题的解决起决定性作用的人为第一作者,对论文内容负主要责任。在多数情况下,第一作者也是论文的主要执笔者。

4. 通讯作者

通讯作者是论文最重要的作者和责任者,一是要确认所有被列入作者名单的人都同意投稿,二是负责作者署名的顺序。通讯作者是论文对外责任的承担者,在论文投稿、修改直至被接受发表的过程中的一切联络工作一般由通讯作者负责。必要时,通讯作者代表所有作者签署版权证书。

5.3.4 作者姓名英译规范

汉语人名的英文译名一般有汉语拼音和韦氏拼音两种方法,前一种在中国内地较为普遍,后一种在中国港澳台地区较为普遍。将汉语人名(中国作者)译为英文译名时,首先应明确采用哪一种译名方法。

1. 汉语拼音

汉语人名的汉语拼音规范有两种方式。

国家标准《汉语拼音正词法基本规则》(GB/T 16159—2012)规定:汉语人名中的姓和名分写,姓在前,名在后。复姓连拼,双姓之间加连接号,多字名连拼。姓和名的首字母分别大写,双姓两个字首字母都大写。

【例 5-67】

① 李华——Li Hua

② 王建国——Wang Jianguo

③ 诸葛孔明——Zhuge Kongming

④ 张王淑芳——Zhang-Wang Shufang

"中国学术期刊(光盘版)检索与评价数据规范"规定:姓前名后,中间留空格。姓氏的全部字母均大写,复姓应连写。名字的首字母大写,双名中间加连字符。名字不缩写。外国作者的姓名写法遵从国际惯例。

【例 5-68】

① 张颖——ZHANG Ying

② 王建国——WANG Jian-guo；

③ 诸葛孔明——ZHUGE Kong-ming。

以上两种作者姓名的拼音书写规范,具体采用那一种,应依从各期刊的规定。

2. 韦氏拼音

韦氏拼音法(Wade-Giles System)规定:姓氏的首字母大写,双名之间用连字符。可以名前姓后,也可以姓前名后。

【例 5-69】

① 李政道——Tsung-Dao Lee

② 杨振宁——Chen-Ning Yang

③ 蒋介石——Chiang Kai-shek

④ 黄佐林——Huang Tao-lin

值得注意的是,英语国家作者姓名的通用形式为:首名(first name)+中间名首字母(middle initial)+姓(last name)。中间名不用全拼的形式是为了方便计算机检索和文献引用时对作者姓和名的识别。例如,"Robert Smith Jones"书写成"Robert S. Jones"。

5.4 作者单位

科技论文标注作者单位一是为了便于读者与作者的联系;二是为了表明科技论文与文学作品的差异。文学作品可以标注作者的真名、笔名或艺名,且无须标注作者单位、邮编和通信地址。但科技论文不仅不能标注笔名或化名,而且必须给出作者真实、准确的工作单位和通信地址。

5.4.1 作者单位的编写要求

1. 真实准确

作者的工作单位名称应该是社会上公认的、规范的全称,而不应该是简称、缩写或不为外人所知的内部称谓。

2. 符合规范

在作者单位名称书写准确的前提下，所提供的单位信息项目多少及其编排格式等应符合有关规定。作者单位中文名称通常应该按层级"由大到小"书写，而英文单位名称通常应该按层级"由小到大"书写。

5.4.2　作者单位英译规范

1. 单位名称的英译

单位名称在英语中属于专有名词范畴，其语用特征要求专词专用。所以，一个单位只能使用一种译名（词语排列及组合、缩写形式都应该统一不变）。例如，"中国银行"英译为"the Bank of China"，缩写为"B.O.C."，而不能作任何更改，比如按字面译成"the Chinese Bank"或"the China Bank"都是不妥当的。按此原则，在翻译单位名称时，应首先查阅有关资料，确定是否有普遍接受的定译，尤其是政府机构的译名，更应采用中央有关部门对外正式名称，绝不能按字面即兴翻译，以致出现一个机构数个译名的混乱状况。例如，"黄岩区人民政府"英译为"the People's Government of Huangyan District"。

单位名称中包含有地名或人名的，应用汉语拼音，如上例中的"黄岩"应音译为"Huangyan"，而不能采用意译。

单位名称中包含有数字的，可以采用"No. +基数词"的形式，例如，"上海市第一中级人民法院"英译为"Shanghai No.1 Intermediate People's Court"，也可以采用序数词的形式，例如，"上海市人民检察院第一分院"英译为"First Branch of Shanghai People's Procuratorate"。

2. 单位名称的书写格式

按照英语语法，单位名称有2种书写格式。一种格式是第一个词和所有实词的首字母应大写，但是像of、the、and等虚词一般应小写，另一种格式是全部大写。学术期刊上主要采用的是第一种格式。

5.5　摘　要

为读者提供检索服务的国内外各类检索数据库，属于二次文献数据库，其入编论文的条目内容有题名、作者、摘要、参考文献等，而无全文信息，所以摘要的质量好坏非常重要。摘要决定着论文是否被检索数据库收录，是否被读者阅读全文或引用。一篇论文只有被利用，才能体现论文的发表价值，提高原文的被引用频次、扩大原文的传播范围。因此，科技论文的作者应按照规范认真撰写中英文摘要，使读者在没有看到全文的情况下，能够很清楚地了解该篇论文的中心内容。

5.5.1　摘要的定义

摘要，也称概要、提要、文摘。按照ISO《文献工作——出版物的文摘和文献工作》的定义，摘要是不加注释和评论，对文献内容的精确和扼要的表达。根据我国的国家标准《文摘编写规则》(GB 6447—1986)中的定义，摘要是以提供文献内容梗概为目的，不加评论和补充解释，简明、确切地记述文献重要内容的短文。

5.5.2 摘要的作用

1. 帮助读者迅速了解论文的主要内容

据报道,尽管摘要的字数不多,但它在人们获取信息中的作用却是十分巨大的。现代科技文献信息浩如烟海,读者检索到论文题名后是否会阅读全文,主要就是通过阅读摘要来判断。所以,摘要担负着吸引读者和将论文的主要内容介绍给读者的任务。题名和摘要是论文被他人检索和引用的关键部分,因此论文作者一定要下功夫撰写好论文摘要。

2. 有利于编写二次文献出版物和查阅

论文发表后,文摘杂志或各种检索数据库对摘要可以不作修改或稍作修改而直接利用,从而避免他人编写摘要可能产生的误解、欠缺甚至错误。随着计算机技术和互联网的迅猛发展,利用网上的各类全文数据库、文摘数据库进行文献查询、检索、浏览和下载等已成为当前科技信息情报检索的重要手段,这些工作都离不开论文摘要。所以,论文摘要的质量高低,直接影响着论文的被检索率和引用频次。

5.5.3 摘要的类型

按照论文摘要的不同功能来区分,一般有 3 种类型。

1. 报道性摘要

报道性摘要是指明一次文献的主题范围及内容梗概的简明摘要,相当于简介。一般用来反映科技论文的目的、方法及主要结果与结论,在有限的字数内向读者提供尽可能多的定性或定量的信息,充分反映该研究的创新之处。

报道性摘要应包括研究目的、方法、结果、结论 4 个要素,重点是突出成果和主要发现,尤其是新发现,还可包括必要的数据和论点。归纳起来,有以下 5 个方面的内容:

a) 研究目的,说明该论文的研究宗旨、内容,需要解决的问题;
b) 研究方法,说明研究对象、研究途径、实验范围、分析方法,也包括仪器设备、边界条件及必要的数据;
c) 研究结果,说明得出的重要数据、主要结果及其新发现;
d) 研究结论,说明得出的主要结论及结论的应用范围;
e) 其他,不属于研究、研制、调查的主要目的,但就其见识和情报价值而言也是重要的信息。

一般来讲,学术性期刊(或论文集)多选用报道性摘要,用比其他类型摘要字数稍多的篇幅,向读者介绍论文的主要内容。以"摘录要点"的形式报道出作者的主要研究成果和比较完整的定量及定性的信息。

2. 指示性摘要

指示性摘要是指明一次文献的论题及取得的成果的性质和水平的摘要,其目的是使读者对该研究的主要内容(即作者做了什么工作)有一个轮廓性的了解。一般只写论文中论述了哪些问题,而不写研究方法、具体的论点和结果。因其缺乏实质性内容,与报道性摘要相比文字较简短。一般适用于学术性期刊的研究简报、综述、专题论述等栏目以及技术性期刊等。

3. 报道—指示性摘要

报道—指示性摘要是以报道性摘要的形式表述论文中价值最高的那部分内容,其余部分则以指示性摘要的形式表达。用报道性语句反映认识的主要信息,用指示性语句反映论文中的其他信息,例如:"还对……""并讨论……""同时……"等。

5.5.4 摘要的篇幅

摘要的字数根据论文的内容、类型、信息量、篇幅,甚至学科领域等的差别而不同,其中论文内容和信息量是决定因素。一般地说,报道性摘要的篇幅以 200~300 字左右为宜,指示性摘要的篇幅以 100 字左右为宜,报道—指示性摘要的篇幅以 100~200 字为宜。英文摘要一般不超过 250 个实词,但不少于 130 个实词。

5.5.5 撰写摘要的注意事项

在撰写摘要时应注意以下事项:
a) 要客观、如实地反映一次文献,应包含与论文同等量的主要信息,切不可加进摘要撰写者的主观见解、解释或评论(尤其是自我评价);
b) 要着重反映新内容和作者特别强调的观点;
c) 要排除在本学科领域已成为常识的内容,切忌把在引言中出现的内容写入摘要;
d) 不得简单重复题名中已有的信息,比如一篇文章的题名是《几种中国兰种子试管培养根状茎发生的研究》,摘要的开头就不要再写:"为了……,对几种中国兰种子试管培养根状茎的发生进行了研究";
e) 结构严谨,表达简明,语义确切;摘要先写什么,后写什么,要按逻辑顺序来安排;句子之间要上下连贯,互相呼应;摘要慎用长句,句型应力求简单;每句话要表意明白,无空泛、笼统、含混之词;摘要是一篇完整的短文,一般摘要不分段;
f) 要用第三人称的写法,应采用"对……进行了研究""报告了……现状""进行了……调查"等记述方法标明一次文献的性质和文献主题,不必使用"本文""作者"等第一人称作为主语;
g) 要使用规范化的名词术语(包括地名、机构名和人名);尚未规范化的词,以使用一次文献所采用者为原则;新术语或尚无合适汉文术语的,可用原文或译出后加括号注明原文;
h) 除了实在无变通办法可用以外,一般不用数学公式、化学结构式、插图、表格、非公知公用的符号和术语,文摘中也不能出现"图××""方程××"等句子;
i) 不用引文,除非该文献证实或否定了他人已出版的著作;
j) 缩略语、略称、代号,除了相邻专业的读者也能清楚理解的以外,在首次出现时必须加以说明;科技论文写作时应注意的其他事项,如采用法定计量单位、正确使用语言文字和标点符号等,也同样适用于摘要的编写。

5.5.6 摘要撰写实例分析

【例 5-70】

农村信用社风险形成及防范措施

摘要(修改前):本文论述了近年来农村信用社因体制原因而面临的一些风险,这风险不仅有自身制度的缺陷,还有盈利性目标与政策性目标冲突,行业内部体制管理混乱,破产失灵与道德风险,信贷管理落后等,针对这些问题,作者提出了改善农村金融环境、调整贷款的比例、建立市场化人力资源管理体制以及健全监管制度等化解这些风险的对策,以期对实际工作

第5章 科技论文写作指南

有一定指导作用。

原摘要中出现了"本文"、"作者指出"等字眼,并在最后对文章进行评价。实际上是把摘要写成了提要。提要在用语上可以使用"本文""作者认为"等字眼,在内容上既包含文章主要信息,又可以对文章进行介绍和评价。而摘要则不同,摘要需以第三人称写出自己最新锐的观点。

摘要(修改后):近年来,农村信用社在改革中取得了一定的积极成效,但其在旧体制下积压的深层次矛盾不断出现,农村金融服务供需失衡问题日益突出,严重制约着农村信贷业务的发展,已经影响到农村金融体系的安全。农村信用社所面临的风险不仅有自身制度的缺陷,还有盈利性目标与政策性目标冲突,行业内部体制管理混乱,破产失灵与道德风险,信贷管理落后等,化解这些风险需要通过改善农村金融环境,调整贷款的比例以及结构,建立市场化人力资源管理体制以及健全监管制度,完善信贷风险管理内控机制等手段抑制风险,以利于农村信用社稳步健康发展,实现农村经济和农村信用社持续发展的"双赢"。

【例 5-71】

基于改进蚁群算法的可规避威胁源最优航线规划

摘要(修改前):(目的)针对复杂环境中的飞行器航线规划问题,在基本蚁群算法的基础上,(方法)提出一种可规避威胁源的航线规划方法,该方法通过综合分析飞行器飞行环境中的地形信息和威胁信息,加强了对飞行器实际飞行环境的描述,从而提高了航线规划的有效性;(结果)通过改进距离启发因子以引入方向启发,从而节省计算时间,提高优化效率。仿真结果表明,本文改进型蚁群算法在一定程度上提高了规划效率和有效性,具有一定的实用价值。

原摘要体现了研究的目的、方法、结果,但结果未给出定量描述,只是说明改进型蚁群算法在一定程度上提高了规划效率和有效性,那么与基本蚁群算法作比较,在时间和效率上有什么区别,并未说明。

摘要(修改后):(目的)针对复杂环境中飞行器航线规划问题,在基本蚁群算法的基础上,(方法)提出一种可规避威胁源的航线规划方法。该方法通过综合分析飞行器飞行环境中的地形信息和威胁信息,考虑航线距离、时耗、能耗、全程费用和威胁规避等因素,重构航线规划目标函数,通过增加目标节点对下一节点的影响来改进状态转移概率,促使蚂蚁向目标方向前进,以节省计算时间,提高优化效率。(结果)仿真结果显示,与基本蚁群算法相比,该改进型蚁群算法可以节省10%的优化时间且缩短10多次迭代次数,(结论)具有一定的实用价值,从而提高了航线规划的有效性。

【例 5-72】

一种新的水平集图像分割模型

摘要(修改前):在 Chan-Vese 模型基础上,引入一个非凸的正则项,提出了一个新的变分水平集模型,一方面利用正则项的非凸性可起到更好的边缘保护作用,另一方面为水平集的演化增加了一个驱动力,同时,利用 Nesterov 算法实现了模型的快速求解,实验结果表明,与 Chan-Vese 模型相比,该模型在准确分割出图像目标的同时更好地刻画了边缘。

原摘要中缺少研究目的,且没有明确表述所采用的"变分水平集模型"在边缘切割中的具体应用与发挥的有效作用,况且摘要结果一笔带过,只是说出与 Chan-Vese 模型相比能更好地刻画边缘这一笼统结果,而没有具体到优化的内容层面。

摘要(修改后):(目的明确化)针对图像分割 Chan-Vese 模型中水平集函数初始化要求高和图像边缘刻画不够细致等问题,(方法表述具体化)提出了一种新的变分水平集图像分割算法,在准确分割出图像目标的同时能较好地保留边缘信息。为减小图像轮廓模糊的程度引入非凸正则项和变分水平集函数,建立极小能量泛函作为目标函数,利用欧拉-拉格朗日方程和梯度下降流方法迭代出水平集函数,采用Nesterov算法求解极小化问题的数值求解算法。(结果具体化)仿真结果表明,新算法利用正则项的非凸性起到了更好的边缘保护作用,其图像分割的有效性、整体效果、算法效率等方面优于相关算法。

【例5-73】

我国食品安全监管失灵探析

摘要(修改前):近年我国食品安全事件频发,监管工具"失灵"成为常态。从政府工具的视角分析了造成食品安全监管失灵的原因,并提出了加强食品安全监管的相关对策建议。

原摘要过于简单,读者从摘要中看不出造成食品安全监管失灵的原因有哪些,也了解不到作者提出了哪些有新意的对策建议。

摘要(修改后):近年我国食品安全事件频发,监管工具"失灵"成为常态。从政府工具的视角探究缘由,影响因素较为复杂,包括工具因素、实施者与目标群体形成的内部环境因素,转型期地方社会生态所构成的外部环境因素,它们对工具的应用产生着不同程度的影响。洞悉各因素发生作用的内在机理,亟须建立监管工具应用的长效机制,优化地方社会生态,具体从价值层面、技术层面、行为者约束及社会环境层面着手,提高食品安全监管工具正确应用的程度,确保食品安全。

【例5-74】

文化中心战对美军情报获取的影响

摘要(修改前):近年来,随着美军在阿富汗及伊拉克战场上反叛乱行动的不断演进以及"文化感知"理念的渐次兴起,美军已充分意识到从文化差异以及文化融合等全新视角再度审视与反思其反恐实践的重要意义。在此背景下,"文化中心战理论"应运而生。它有效突破了美军在全球反恐战争战术、战法层面的固有窠臼,显著提升了美军的情报获取意识,大幅改善了美军的反恐作战情报支援效能。而美军在理念牵引、机构调整、实战检验、人才培养等领域的调整、转型对我军全面适应未来信息化战争要求,进一步强化情报保障效能均具有重要的参考、借鉴价值。

原摘要的前三句话介绍文化中心战是如何产生的以及意义,属于文章引言内容。最后一句话提到美军在理念牵引、机构调整等四个方面的转型。经分析文章内容后,发现该文除介绍四个转型外,还研究美军情报获取转变的四个特点,并最后得出对我军的启示,这都属于该文区别于其他文章的创新。显然原摘要应属引言撰写内容,并未体现出文章创新点。

摘要(修改后):为了分析"文化中心战"对美军情报获取的影响,分析了美军在反叛乱作战中所面临的情报困境及其措施,归纳了四个重点措施,包括理念牵引、机构调整、工作方式和人才培养,研究了美军情报获取意识转变的四个重要特点:文化感知理念深入人心、情报流转机制高效顺畅、人才培养工作扎实有力和实战运用指向特色鲜明。在此基础上,提出了三点启示:一是充分认识文化因素在军事情报获取中的重要作用;二是切实强化我军在执行多样化军事任务中的的文化感知能力;三是充分重视外语类情报人才的教育训练工作,着力培养国防语言人才。

【例5-75】

美军战略规划的体制、机制及特点

摘要(修改前):军队战略规划是军队组织结构、武器装备、军费投入发展到一定程度后军队建设的必然要求。美军战略规划体制、机制始建于第二次世界大战中,几十年来不断调整、完善,目前已形成较完备的体系和做法。本文着重阐释了美军战略规划的体制、机制及主要做法。

原摘要第一句应属常识性内容,第二句应属背景知识介绍,最后一句阐释了美军战略规划的体制、机制及主要做法,只是笼统介绍,让读者看不出文章的创新点。经过分析,认为创新点主要在文章所论述的美军战略规划特点方面。

摘要(修改后):(目的)为了研究、借鉴美军战略规划的经验做法,对推进我军战略规划创新具有的重要意义,结合目前军队战略规划现状,分析了美军战略规划体制、机制情况,从5个方面(方法)概括总结了美军战略规划的特点,(结果和结论)即:美军规划理念深受企业战略规划影响;美军高层管理的重心是规划计划;美军拥有一支专家型战略规划队伍;有很强的智力和技术支持手段;有健全的监督反馈系统。

5.6 英文摘要

按照《科学技术报告、学位论文和学术论文的编写格式(GB 7713—87)》的规定,为了国际交流,科学技术报告、学位论文和学术论文应附有外文(多用英文)摘要。原则上讲,以上中文摘要编写的注意事项都适用于英文摘要,但英语有其自己的表达方式、语言习惯,在撰写英文摘要时应特别注意。

5.6.1 时态

英文摘要时态的运用也以简练为佳,常用一般现在时态、一般过去时态,少用现在完成时态、过去完成时态,进行时态和其他复合时态基本不用。

1. 一般现在时态

用于说明研究目的、叙述研究内容、描述结果、得出结论、提出建议或讨论等。此外,涉及到公认事实、自然规律、永恒真理等,当然也要用一般现在时态。

【例 5-76】

① This study(investigation) is (conducted, undertaken) to…

② Triangular and rectangular models are analyzed and compared.

③ The result shows(reveals)…

④ It is found that…

⑤ The conclusions are…

⑥ The author suggests…

2. 一般过去时态

用于叙述作者的工作,即过去某一时刻(时段)的发现、某一研究过程(实验、观察、调查、医疗等过程)。

【例 5-77】

① Four kinds of liquid-liquid systems were examined.

② The cycle stress-strain curve and strain-life curve for the steel 40CrNiMoA were experimentally obtained.

③ The heat pulse technique was applied to study the stemstaflow(树干液流) of two main deciduous broadleaved tree species in July and August, 1996.

需要指出的是,用一般过去时态描述的发现、现象,往往是尚不能确认为自然规律、永恒真理的,而只是当时如何如何;所描述的研究过程也明显带有过去时间的痕迹。

3. 现在完成时态和过去完成时态

完成时态少用,但不是不用。现在完成时态把过去发生的或过去已完成的事情与现在联系起来,而过去完成时态可用来表示过去某一时间以前已经完成的事情,或在一个过去事情完成之前就已完成的另一过去行为。

【例 5-78】

① Concrete has been studied for many years.

② Man has not yet learned to store the solar energy.

5.6.2 语态

采用何种语态,既要考虑摘要的特点,又要满足表达的需要。一篇摘要很短,尽量不要随便混用,更不要在一个句子里混用。

1. 主动语态

现在主张摘要中谓语动词尽量采用主动语态的越来越多,因其有助于文字清晰、简洁及表达有力。

【例 5-79】

① The author systematically introduces the history and development of the tissue culture of poplar.

② The history and development of the tissue culture of poplar are introduced systematically.

第一种比第二种的语感要强。必要时,"The author systematically"都可以去掉,而直接以 Introduces 开头。

2. 被动语态

以前强调多用被动语态,理由是科技论文主要是说明事实经过,至于那件事是谁做的,无须一一证明。事实上,在指示性摘要中,为强调动作承受者,还是采用被动语态为好。即使在报道性摘要中,有些情况下被动者无关紧要,也必须用强调的事物做主语。

【例 5-80】

In this case, a greater accuracy in measuring distance might be obtained.

5.6.3 人称

原来摘要的首句多用第三人称"This paper…"等开头,现在倾向于采用更简洁的被动语态或动词原形开头。

【例 5-81】

① To describe…

② To study…

③ To investigate…

④ To assess…

⑤ To determine…

⑥ The torrent classification model and the hazard zone mapping model are developed based on the geography information system.

行文时最好不用第一人称,以方便文摘刊物的编辑刊用。

5.6.4 撰写英文摘要的注意事项

在撰写英文摘要时应注意的事项有:

a) 能用名词做定语时不要用动名词做定语,能用形容词作定语就不要用名词作定语;如使用"measurement accuracy"而不用"measuring accuracy",使用"experimental results"而不用"experiment results";

b) 可直接用名词或名词短语做定语的情况下,要少用"of"句型;如使用"measurement accuracy"而不用"accuracy of measurement",使用"camera curtain shutter"而不用"curtain shutter of camera",使用"equipment structure"而不用"structure of equipment";

c) 可用动词的情况尽量避免用动词的名词形式;如用"Thickness of plastic sheet was measured"而不用"Measurement of thickness of plastic sheet was made";

d) 注意冠词用法,不要误用、滥用或随便省略冠词;如果不会引起误解,可数名词尽量用复数;"the"用于表示整个群体、分类、时间、地名以外的独一无二的事物、形容词最高级等较易掌握,用于特指时常被漏用;这里有个原则,即当我们用"the"时,听者或读者已经确知我们所指的是什么,如"The author designed a new machine","The machine is operated with solar energy";由于现在缩略语越来越多,要注意区分"a"和"an",如"an X ray";

e) 尽量用主动语态代替被动语态,如"A exceeds B"比"B is exceeded by A"要好;

f) 尽量用简短、词义清楚并为人熟知的词;技术名词和专业用语必须谨慎推敲,保证准确无误;

g) 慎用行话和俗语;

h) 文词要纯朴无华,不用多姿多态的文学性描述手法;尽量用短句子,并避免句形单调,不要出现语法错误;

i) 组织好句子,使动词尽量靠近主语,如用"When the pigment was dissolved in dioxane, decolorization was irreversible after 10h of UV irradiation". 而不用"The decolorization in solutions of the pigment in dioxane, which were exposed to 10h of UV irradiation, was no longer irreversible";

j) 用重要的事实开头,尽可能避免用辅助从句开头,如用"Power consumption of telephone switching systems was determined from data obtained experimentally",而不用"From data obtained experimentally, Power consumption of telephone switching systems was determined";

k) 文摘词语拼写,用英美拼法都可以,但在每篇文章中须保持一致;

l) 注意中英文不同的表达方法,不要简单地逐字直译;如不要将"because"放在句首表达"因为"这一概念,"because"表示原因语气用在文摘中过强,不要用"×× are analyzed and studied(discussed)"直译"分析研究(讨论)"这一中文概念,用"×× are analyzed"就可以;尽量不要使用"not only…but also"直译中文"不但……而且"这一中文概念,用"and"就行。

学术刊物涉及专业多,英文更是不易掌握,各行各业甚至表达方式、遣词造句都有区别。如果有机会,要多与英语国家同行接触,多请他们修改国人所撰写的摘要或论文,积累经验,摸索规律。如果缺少这样的机会,多看英文文献,也会有助于我们英文写作及水平的提高。

5.6.5 英文摘要撰写实例

【例 5-82】

Direct extraction of double-stranded DNA into ionic liquid 1-butyl-3-methylimidazolium hexafluorophosphate and its quantification

Jian-Hua Wang*, De-Hong Cheng, Xu-Wei Chen, Zhuo Du, and Zhao-Lun Fang

Research Center for Analytical Sciences, Box332, Northeastern University, Shenyang 110004 China

Abstract: Ionic liquid 1-butyl-3-methylimidazolium hexafluorophosphate (BmimPF$_6$), as a green solvent, was successfully used for the direct extraction of dsDNA. The extraction efficiency and the distribution coefficient values indicated that trace amounts of DNA at the levels of less than or equal 5ng · L^{-1} facilitate quantitative fast extraction, while proteins and metal species do not interfere. A total of 30% of the DNA in ionic liquid at [similar to] 20ng · L^{-1} was back extracted into aqueous phase in phosphate-citrate buffer with a single-stage extraction. The extraction is demonstrated to be endothermic with an enthalpy of 34.3kJ · mol^{-1}. The extraction mechanisms were proposed and verified by ^{31}P-NMR and FT-IR spectra. Interactions between cationic 1-butyl-3-methylimidazolium (Bmim$^+$) and P-O bonds of phosphate groups in the DNA strands take place both in the dissolved BmimPF6 in aqueous phase and at the interface of the two phases. This interaction consequently led to the transformation of DNA conformations, along with a reduction of ethidium resonance light scattering at 510nm, and a procedure for DNA quantification in ionic liquid was developed based on this observation.

(该文发表在 Analytical Chemistry, 2007, Vol. 79, No. 2;此摘要被 Ei Compendex 收录)

中文译文:

摘要:离子液体 1-丁基-3-甲基咪唑六氟磷酸盐作为一种绿色溶剂被成功地用于直接萃取双链 DNA。测得的萃取效率和分配系数表明,当浓度低于 5ng · L^{-1} 时痕量 DNA 可快速地被萃取进入离子液体相,而共存的蛋白质和金属组分不影响其萃取。离子液体相中 20ng · L^{-1} DNA 可用磷酸盐-柠檬酸盐缓冲溶液反萃取,单次反萃取率约为 30%。研究表明,DNA 的萃取是一个吸热过程,其焓变为 34.3kJ · mol^{-1}。用 ^{31}P-NMR 和 FT-IR 谱证实了萃取的相关机理,即在水相中及两相介面上存在 1-丁基-3-甲基咪唑阳离子与 DNA 链中 P-O 键的相互作用,这种作用力驱使 DNA 转入离子液体相并发生构型改变,同时导致溴化乙锭在 510nm 处的共振光散射强度降低。本文依据此现象提出了一种在离子液体相中直接定量测定 DNA 的方法。

【例 5-83】

Fuzzy H-infinity filter design for a class of nonlinear discrete-time systems with multiple time delay's

Huaguang Zhang, Shuxian Lun, Derong Liu

Northeastern Univ, Sch Informat Sci & Engn, Shenyang 110004, Liaoning Peoples R China

Northeastern Univ, Minist Educ, Key Lab Integrated Automat Proc Ind, Shenyang 110004,

Liaoning Peoples R China

Bohai Univ, Sch Informat Sci & Engn, Shenyang 121000, Liaoning Peoples R China

Univ Illinois, Dept Elect & Comp Engn, Chicago, IL 60607 USA

Abstract: This paper studies the fuzzy H. filter design problem for signal estimation of nonlinear discrete-time systems with multiple time delays and unknown bounded disturbances. First, the Takagi-Sugeno(T-S) fuzzy model is used to represent the state-space model of nonlinear discrete-time systems with time delays. Next, we design a stable fuzzy H. filter based on the T-S fuzzy model, which guarantees asymptotic stability and a prescribed-infinity index for the filtering error system, irrespective of the time delays and uncertain disturbances. A sufficient condition for the existence of such a filter is established by using the linear matrix inequality(LMI) approach. The proposed LMI problem can be efficiently solved with global convergence guarantee using convex optimization techniques such as the interior point algorithm. Simulation examples are provided to illustrate the design procedure of the present method.

（该文发表在 IEEE TRANSACTIONS ON FUZZY SYSTEMS, 2007, Vol. 15; 此摘要被 SCI 和 Ei Compendex 收录）

中文译文：

摘要：针对带有多时滞和未知有界扰动的非线性离散系统的信号估计，本文研究了模糊滤波器设计问题。首先，用 T-S 模糊模型来表示时滞非线性离散系统的状态空间模型。然后，我们基于 T-S 模糊模型设计稳定的模糊滤波器，该滤波器保证了滤波误差系统的渐近稳定性和指定的指标，且与时滞和不确定扰动无关。采用线性矩阵不等式方法，得到了存在这样的滤波器的充分条件。通过像内点法等凸最优化技术，提出的 LMI 问题可以有效地解出具有全局收敛保证的结果。仿真例子说明了提出方法的设计过程。

【例 5-84】

Seafloor robot's control on tracking automatically planning mining paths

LI Li, ZOU Xinglong

(College of Mechanical and Electrical Engineering,

Central South University, Changsha 410083, China)

Abstract: It is difficult that the seafloor robot in the mining system of poly-metallic nodules on deep seafloor moves along the planning mining paths, because the seafloor robot is acted by the complicated coupling damp, its left and right tracks are slip easily. Based on ADAMS/hydraulics software. The simulation model of the moving hydraulic system of China's 1000m seafloor robot is built. Taking into account the influences of the random disturbance of its left and right tracks' slip ratios by the complicated damp coupling effect and the hysteresis of the obtained signal by the sensors and sonars in deep water, with Matlab/Simulink and ADAMS/hydraulics software, the planning velocity control model by PID controllers and the planning path-tracking control model by the fuzzy logic controller of the seafloor robot are built. After both of them are combined with the mode control of the inner and out loop, the tracking automatically planning mining paths control model and arithmetic of 1000m seafloor robot are established and developed. The co-simulation is carried out successfully between the models of ADAMS/hydraulics and Matlab/simulink. The simulations of the various operation situations combining the different planning velocities with different planning mining paths are accomplished in the developed control model, respectively. The simulated results show that the seafloor robot has better property of the tracking automatically planning mining paths to meet the demand of the mining system of poly-metallic nodule.

（该文发表在《机械工程学报》2007,43(1); 此摘要被 Ei Compendex 收录）

中文译文：

摘要：针对深海矿产资源多金属结核采矿系统关键技术海底机器人在复杂阻尼耦合作用下左右履带极易打滑，难以以预定行走速度自动跟踪预定开采路径的难题，利用 ADAMS/hydraulics 和 Matlab/simulink 软件，建立我国 1000m 海底机器人行走液压系统仿真模型。在考虑随机打滑率干扰影响和深海信号采集延迟因素下，建立采用 PID 控制履带左右速度实现预定行走速度模型和采用模糊控制实现自动跟踪预定开采路径模型，将二者形成内外环联合控制。开发海底机器人在复杂阻尼耦合作用下以预定速度自动跟踪预定开采路径的控制模型和算法，实现 ADAMS/hydraulics 与 Matlab/simulink 联合仿真，完成海底机器人以不同预定速度自动跟踪不同预定开采路径的多种工况的仿真。仿真结果表明，海底机器人以预定速度自动跟踪预定开采路径的性能良好，满足我国深海多金属结核采矿系统的开采要求。

5.7 关 键 词

随着信息化水平的提高和计算机的普及，科技工作者已在很大程度上改变了传统的手工检索方式，而是主要依赖计算机，通过关键词检索，从各大型电子文献数据库迅速查找到自己所需要的文献信息。因此，关键词的作用越来越受到人们的重视。若论文不标注关键词，电子文献数据库就不会收录，读者就检索不到，可以说关键词选用是否得当，关系到文献被检索的概率和成果的利用率。

5.7.1 关键词的概念

关键词是为了文献标引工作从报告、论文中选取出来用以表示全文主题内容信息款目的单词或术语。每篇论文通常选取 3~8 个词作为关键词。为便于国际交流，应标注与中文对应的英文关键词。

5.7.2 关键词的作用

1. 导读作用

读者看一篇文献时，未读全文，仅从关键词即可了解文献的主题，把握文献的要点。

2. 检索作用

读者若要查阅某方面的文献，只需在计算机上的检索数据库中输入关键词，即可从检索数据库中搜索到包含该关键词的全部文献，既快捷又准确。

5.7.3 关键词的特征

1. 关键词的类型

关键词一般包括主题词和自由词两类。

1) 主题词

主题词又称叙词，是指收入《汉语主题词表》(叙词表) 或其他专业性主题词表 (如 NASA

词表、INIS 词表、TEST 词表、MeSH 词表等)中可用于标引文献主题概念的、经过规范化的词或词组。由于每个词在词表中规定为单义词,具有唯一性和专指性,因此应尽量选主题词做关键词。

主题词的组配应是概念组配,包括交叉组配和方面组配两种方式。

交叉组配就是两个及以上具有概念交叉的主题词所进行的组配,其结果表示一个专指的概念。例如:模糊粗糙集=粗糙集+模糊集。

方面组配就是一个表示事物的主题词与一个表示事物某个属性或某个方面的主题词所进行的组配,其结果表示一个专指概念。例如:电子计算机稳定性=电子计算机+稳定性。

2) 自由词

自由词是指主题词表中未收入的,从论文的题名、摘要、层次标题或论文其他内容中抽取出来的,能够反映论文主题概念的自然语言的词或词组。自由词的选用原则:一是主题词中明显漏选;二是表达新学科、新理论等新出现的概念;三是词表中未收录的地区、人物、文献、产品及重要数据和名称;四是某些概念采用组配后出现多义时。自由词应简练、明确,应选自其他词表或权威的工具书、参考书。

2. 关键词的特征

关键词与摘要一样,也是论文主题内容的浓缩,但比摘要更精练,更能揭示论文的主题要点。关键词通常应具备如下特点:

a) 关键词是从论文中提炼出来的;
b) 最能反映论文的主要内容,对全文内容具有串联作用;
c) 在同一篇论文中出现的频数最多;
d) 一般在论文的题名和摘要中都出现;
e) 可为编制主题索引和检索系统使用,易于计算机进行处理;
f) 必须为名词或名词性词组。

5.7.4 关键词的选取原则

1. 一致性

选取的关键词应与论文主题相一致,采用能概括主题内容的词和词组(是原形而非缩略语),使读者能据此判断出论文的研究对象、材料、方法和条件等。另外,中英文关键词应数量一致,相互对应。

2. 准确性

关键词应该是名词、名词性词组或术语,而形容词、动词、副词等不能作为关键词,同义词、近义词不可并列为关键词。复杂的有机化合物通常以基本结构名称作为关键词,而化学分子式不能作为关键词。外延太大、无检索价值的词不能作为关键词,例如,技术、应用、观察、调查、有机化合物、地球化学等。

3. 规范化

选取的关键词要统一规范,能准确体现不同学科的名称和术语,不能将未被普遍采用或在论文中未出现的缩写词、未被专业公认的缩写词作为关键词。尽量选择《汉语主题词表》中收录的规范词,一个词只能表示一个主题概念。例如:一篇主题为"工程结构设计"的论文,从《汉语主题词表》中可查出"工程结构""结构""设计""结构设计"四个主题词,其中,"结构""设计"不是专指的,应予去除,故以选"工程结构""结构设计"为宜。

5.7.5 关键词的标引程序

关键词的标引程序为：
a) 进行主题分析,弄清主题概念和主题内容；
b) 尽量从论文题名、摘要、层次标题和重要段落中选取与主题概念一致的词、词组；
c) 把找出的词或词组进行排序,对照《汉语主题词表》,确定哪些可以直接引用,哪些可以进行组配到达专指概念,哪些属于自由词；
d) 确定出关键词。

5.7.6 选取关键词的常见错误

1. 词性的误用

关键词主要选择名词、动名词和名词化的词组。冠词、介词、连词、助动词、某些形容词不能用作关键词,形容词只有在它们构成名词性词组时才能用作关键词,动词只有在它们名词化或的确对表达文献主题具有检索意义时才被选作关键词。在选取关键词时,应尽可能使用叙词,无法用叙词的部分则要根据文章的内容灵活提取反映主题的自由词。

2. 数量不规范

有的作者认为关键词越多越能表达出写作主题,一篇论文提供的关键词有十几个之多。也有的作者认为关键词越精越好,只选一两个关键词。关键词的过多或过少都会影响论文主题的表现。通过关键词,一般可以看出文章的主题。如果关键词数量太少,就会难以准确、全面地提示主题内容；如果太多,提示文献主题就越深、越详细,但所反映的问题的范围也就更为宽泛,不能准确地反映主题内容。

3. 遗漏关键词

作者是论文的创作者,在对主题进行分析的基础上,总结出所论述的主要内容,并将其概括为若干个主题概念,然后将主题概念转化为一组"关键词"这一检索标志,便于读者对文章内容进行判断。很多研究者是在标题和摘要中挑选关键词,而有些论文题目并不能反映关键的主题信息,如果从中选择的话就会漏掉最主要的成分。

4. 误用泛义词

关键词是用来反映文章研究核心主题的词汇,但很多作者在选词不够的情况下,将表示论文研究重点、属性、性质的词语拿来当作关键词,这些词多来源于题名中的最后几个词。最常见的有：论述、探讨、简介、性质、特色、巨大、价值、问题、方法、启示、意义、研究、分析、影响、措施、对策、现象、差异、原则、一般规律、历史趋势、现实意义、指导思想等。这些词语在任何研究领域、任何不同问题上都可以使用,缺乏特指,失去了关键词的价值,对检索没有多大意义。

5. 其他误写

有的作者在写作时为了表述准确,将关键词写成了关键句。在关键词选取时,还应注意因时代的变化和人们语言习惯的变化而引起的词义改变或语意更新。

5.8 引　　言

科技论文的引言又称绪论、导论、前言、导言等,引言是科技论文不可缺少的有机组成部分,是体现论文学术价值的重要内容。引言属于整篇论文的引论部分,放在主体部分之前,提纲挈领,涵盖全文,其目的是向读者说明研究的目的和来龙去脉,引导读者领会论文的中心内容,吸引读者对本篇论文产生兴趣,快速抓住论文的主脉,帮助读者判读论文的创新点,判读是否有继续深入阅读的价值。引言是评判一篇学术论文是否有使用价值的关键所在。

5.8.1 引言的内容

科技论文的主要特征是创新性和科学性。引言作为科技论文的重要组成部分和开场白,一是应清晰、准确地反映出论文的创新性,体现出研究内容或研究方法上的创新;二是应体现在研究思路和研究方法上的科学性。为此,论文引言应包括8个方面的基本内容。

1. 阐明课题的研究背景

一篇论文的撰写是基于某一项课题的研究,而该课题是作者通过社会调查或广泛查阅文献及专利获得相关信息后提出的,通常与社会的需求密切相关,或者是关系到国计民生的重大问题,或者是该学科发展中的关键问题,或者是当前迫切需要解决的问题。在引言中应简要概括介绍论文的研究背景,使读者对该研究工作的目的和重要性有所了解。如果缺少研究背景,就会使读者对作者研究的目的和重要性认识不足,影响读者的阅读兴趣。

2. 综述相关领域他人的研究成果

科学研究一般是在相关领域他人研究成果的基础上有所发现和改进。作者可通过社会调查或广泛查阅文献及专利等来获得相关信息。在撰写论文时,再挑选出与自己的研究内容直接相关的文献,用自己的话把它的意思简洁地表达出来。对相关领域他人的研究成果进行综述(总结和分析),能够充分体现出作者研究内容的意义和价值,可以直接反映出作者的知识面和对该研究领域认识的深度。只有对相关领域的研究成果进行全面总结和系统分析,才能找出正确的研究方向和有价值的研究内容。

3. 找出相关领域中存在的未解问题

对相关领域的研究成果进行总结和分析的目的是要找出相关研究中还有哪些未解决的问题或不足。只有对他人的研究成果总结得全面、分析得深刻,才能从中找出存在的问题和不足。如果作者的知识面窄或查阅的文献不全、不新,是找不出相关领域的研究热点的。

4. 提出课题研究要解决的问题

总结分析了他人的研究成果,指出了存在的问题和不足,接下来就要提出论文要解决的问题。相关领域的研究中可能存在许多未解的问题和不足,论文并不一定对这些问题进行逐一研究和解决,可选择其中一个或几个问题进行研究。

5. 阐明研究问题的思路(思维路线)

研究问题的思维路线是体现论文科学性的一个方面。对某一问题的研究,可以受相关领域他人研究思路的启发,也可以从其他领域的研究或原理中找出自己的研究思路。因此,引言应阐明解决问题的关键思路,以体现思维路线的科学性。

6. 简述研究问题的方法(理论依据)

科学、可行的研究方法是获得科学结论的基础。引言应说明研究问题所用的基本理论和所采用的技术方法,这样才能使读者迅速了解论文的科学价值,体现出论文的科学性。

7. 说明课题研究的应用前景

任何研究工作都有其潜在的用途,有的本身就是一项应用工作。即便是某些基础性较强的研究,也可以大致地预测其应用的大方向。所以,在引言的结尾处指明本工作成果可用在何领域或可间接起到何种作用,无疑会给读者一个完整的概念,也是吸引读者继续细读论文的一种手段。

引言不一定很长,不能冲淡主题。上述 8 个方面只是在一般意义上引言应该具备的基本内容,不同性质的论文,其引言内容各有侧重。

5.8.2 引言的撰写要求

1. 直奔主题

科技论文与综述文章不同。综述文章通常面对的读者大多是初次涉及该领域的学生及科研人员,或正在选题的人员,因而一般要述及一些基本原理、介绍一些浅易的知识等,其引言涉及的专业面较广,尤其是要将题名所指内容的来龙去脉交待清楚,甚至回溯到历史第一人,占去不少篇幅。科技论文的读者对象不一样,大多是已进入此领域的同行,甚至是专家,阅读文章的目的是想更多地了解最新的研究动向,因此,引言一开始就要起笔切题,不兜圈子,简明扼要地讲清课题研究的来龙去脉,直奔主题。

2. 重点突出

引言只需扼要介绍相关研究的进展情况、论文写作背景、本项研究思路和结果等即可,不要"眉毛胡子一把抓",将本该在正文中交代的内容拿到引言中叙述,以免削弱引言的作用。

3. 客观综述

引言要实事求是、客观公正地综述,一般不用"本人才疏学浅""作者水平有限""请专家不吝赐教"和"抛砖引玉"等客套用语;也不要自吹自擂,抬高自己,不使用"首次发现""首次提出""有很高的学术价值""填补了国内空白""国内首创""达到了国际先进水平"等评价式用语;更不能贬低前人或他人的工作。水平究竟如何,读者自有公断,作者无须自我评价。可以采取适当的方式强调作者在本次研究中的重要发现或贡献,让读者顺着逻辑的演进阅读全文,不要故意制造悬念。

4. 避免雷同

引言要避免与摘要雷同。引言与摘要作用不同,内容各有侧重。因此,引言的内容既不能与摘要雷同,也不能成为摘要的注释。

5. 文献要新

作者一般在开始课题研究时都要比较全面地查阅相关文献,但在完成课题后才撰写论文,在时间上可能会有滞后。在撰写论文时,应该把这期间同行的最新研究动态体现出来。此外,经过一段时间的研究工作,作者对课题的理解进一步加深,评价他人工作的眼光也更专业。因此,作者必须在提笔撰写时重新全面查阅或补加新的文献资料。

5.8.3 引言撰写实例分析

科技论文的引言会因学科、选题、论文类型及具体内容等的不同而有较大差别,对其内容和组成没有硬性的、统一的规定,而要视具体情况进行撰写。应突出重点,能吸引读者的注意力,使读者了解为何要选择这个课题及其研究的重要性。

【例 5-85】

锥形摆线啮合副加工方法

陈兵奎　王淑妍　蒋旭君　房婷婷　李朝阳

(重庆大学机械传动国家重点实验室,重庆 400044)

0　前言

摆线针轮行星传动是一种应用十分广泛的传动形式。近年来,该传动出现了一些新的结构,如 RV、TWINSPIN、DOJEN 等[1]。RV(Rotary vector)型行星传动机构是以具有两级减速装置和曲轴采用了中心圆盘支承结构为主要特征的封闭式摆线针轮行星传动机构[2]。TWINSPIN 减速器的主要特征是采用中空转子式输出,输出机构创新采用了十字滑板,两端支撑为交错滚子式轴承,因而又称为轴承减速器[3]。DOJEN 摆线减速器采用 2K—H 机构,传动采用机芯式设计,悬臂式针齿的另一端有锥度,与机壳上的锥孔配合自动定心[4]。另一方面,关于摆线轮最佳齿形的研究也引起人们的关注。关天民、何卫东等分析了摆线轮的等距修形、移距修形和转角修形等基本修形方法及其组合修形方法,并就如何利用这些基本修形方法的优化组合加工摆线轮,从而实现高的运动精度和小的间隙回差等问题进行了研究[5-6]。

根据普通摆线针轮行星传动的针齿半径改变时,对应的系列变幅摆线互为等距线这一特性,提出了新型锥形摆线轮行星传动[7]。其基本构件有锥形圆弧内齿轮、锥形摆线轮和输出机构等。该新型传动具有传动精度高、间隙可调、啮合刚度高、可精密磨削等优点,因此在机器人、精密机械等工业领域有着广泛的应用前景。该传动的任意断面实质上是一个普通的摆线针轮行星传动,即锥形摆线行星传动任意断面都满足啮合定律,而这一系列的摆线针轮行星传动的变幅系数、基圆、滚圆、针轮和摆线轮的节圆、偏心距均相等,但针齿半径、摆线轮的齿顶圆和齿根圆不同[8]。

共轭啮合零件的制造精度直接影响着传动的承载能力、精度和效率,因此锥形啮合副的加工是该传动的关键技术之一。目前普通摆线轮主要根据短幅外摆线的形成原理来进行加工,切削加工方法主要有滚齿、插齿等;摆线轮的精加工通常在专用磨床上按展成原理进行磨削[9],而砂带磨和成形法也逐渐引起人们的重视[10-11]。此外,基于三坐标测量机,编制相应测量程序对啮合副零件加工精度进行齿轮自动检测是重要的发展方向[12]。本文将着重研究针对锥形摆线啮合副的"指锥包络"加工方法。

(此文发表在《机械工程学报》2007,43(1))

在该引言中,作者首先交代了"摆线针轮行星传动"研究的背景,继而说明了"锥形摆线轮行星传动"的优点,介绍了普通摆线轮的加工方法,最后提出本文研究目的——"锥形啮合副"的"指锥包络"加工方法。

【例 5-86】

基于神经网络和遗传算法的火炮结构动力学优化

梁传建,杨国来,王晓锋

(南京理工大学机械工程学院,江苏 南京 210094)

0 引言

射击精度是考核火炮性能的主要技术指标,而炮口扰动对射击精度具有重要的影响。研究表明,炮口扰动与后坐质量偏心、炮口制退器质量、制退机布置、部件间的间隙等火炮总体结构参数是紧密相关的[1-4]。为了减小炮口扰动,科研人员做了大量的工作。贾长治等[5]建立了火炮多体系统动力学模型,对影响炮口扰动的参数进行了灵敏度分析,并结合序列二次规划算法与虚拟样机对火炮进行了动力学优化,优化后火炮的动态特性得到了显著的改善;文献[4,6]则结合多体动力学及遗传算法对火炮总体参数进行了动力学优化,优化后炮口扰动明显减小。崔凯波等[7]利用多体系统动力学计算炮口扰动,通过均匀试验设计和神经网络建立炮口扰动和结构参数之间的非线性映射关系,建立了优化目标函数,但未开展优化研究。上述文献均是以多体动力学理论为基础,这主要是考虑到多体动力学模型所需计算时间短,具有较高的计算效率。但火炮多体动力学模型由于难以充分考虑各部件的柔性效应,制约了计算精度和优化水平的提高,需要开展进一步的改进研究。

有限元法考虑了火炮构件的弹性变形,能够反映火炮的模态特性、应力、应变的分布情况及各种响应,并能考虑接触碰撞等非线性因素,具有相对较高的计算精度,在火炮动力学研究中得到广泛应用[8-10]。然而,由于基于有限元的结构动力学方程数目庞大,所需计算时间长,而且结构动力学优化中对目标函数的求解常常需要成千上万遍的计算,从而导致以有限元为基础的结构动力学优化难以实现,成为制约复杂结构动力学优化研究的技术瓶颈。为了解决上述问题,研究人员提出了采用神经网络响应面近似模型代替有限元模型,以运用到机械结构的优化过程中,这大大提高了优化效率,工程中大量的成功算例证明了该方法的有效性和可行性[11-13],但目前有关以非线性有限元模型为基础进行火炮总体结构动力学优化的文献报道较少。

本文以某大口径火炮上装部分为研究对象,建立基于非线性有限元的结构动力学模型,结合最优拉丁超立方设计和数值计算获得了不同结构参数下的炮口振动响应数据。以该数据为神经网络输出,建立反向传播(BP)神经网络来模拟火炮总体结构参数与炮口扰动之间的非线性映射关系。以神经网络近似模型代替有限元模型,结合遗传算法实现了火炮总体结构动力学优化,利用有限元软件对优化后的火炮总体结构进行了非线性动力学数值计算,通过对比分析说明所提方法的可行性。

(此文发表在《兵工学报》2015,36(5))

该文引言介绍了相关的研究背景,综述了前人在该课题相关领域所做的工作,指出了两个方面的不足,引出了本文研究的主题及其必要性,由此提出了本课题的研究方法,体现了创新性和科学性。

5.9 主体部分

主体部分位于引言之后结论之前,是科技论文的核心部分,占全文的主要篇幅。作者论点的提出、论据的安排、论证的展开、过程的描述、结果和讨论等都将在这里展现。

5.9.1 层次的安排

1. 层次的安排原则

层次是论文在叙述时形成的意义上相对独立完整的、结构上相互联系的部分。在安排论文的层次时应遵循以下几个原则:

a) 时空顺序,按写作对象发生的时间先后顺序或者以空间的位置为序排列;
b) 推理顺序,按照逻辑推理、分析问题或理论推导步骤为序排列;
c) 并列顺序,根据写作对象的类别逐一排列;
d) 总分顺序,按写作对象的总体和分解的几个问题逐一排列。

2. 段落的安排原则

文章总是有段落的,段落是构成文章的基本单位。层次和段落是相互联系的,层次依赖于内在逻辑来体现,是划分段落的出发点;段落借助于外部形式来表达,是结构层次的落脚点。简单的层次可以是一个自然段落,复杂的层次则要由几个自然段落来表达。在安排论文的段落时应遵循以下几个原则:

a) 完整性,一个意思要在一个段落中讲完;

b）单义性，一个段落只讲一个意思；
c）逻辑性，段落之间的衔接顺序要符合逻辑顺序、因果顺序、总分或并列顺序；
d）匀称性，文章中段落的长短要适度，不同段落的长短要均衡。

5.9.2 层次标题

层次标题是除了论文题名以外的不同级别的分标题，亦即论文中的各级小标题，它是论文的内容提纲和结构框架。通过这些不同层级的小标题，可以大致了解论文全文的梗概。科技论文的作者一般比较重视论文题名的拟定，但对层次标题的拟定似乎重视不够。层次标题在科技论文写作和利用中有着重要的作用，应该引起我们的足够重视。

1. 层次标题的作用

1）厘清作者思路

从字面看，层次标题意味着首先是层次然后才是标题。层次是论文思想内容的表现次序，体现作者思路开展的步骤，反映作者思维活动的进程。离开层次，我们将无法思考，即使能思考，也将是混乱不堪。层次标题是作者在写作前进行思考的依据、路标和指向，遵循此，作者的思路层层推进，有序开展，达到构思的目的。标题是思路的文字反映，拟定层次标题，是整理思路的有效方法。它使作者的思路更加明晰、思考更加完善。作者在拟定层次标题的过程中，能够促使自己进一步厘清逻辑论证的先后顺序，找出思维混乱之处。层次标题也能帮助编辑人员和审稿人员理清思路，提纲挈领，把握要点。

2）安排论文结构

思维的层次文字化后成为层次标题，就担负起建构论文结构的重任。结构是论文写作需要考虑的重要问题，其核心在于层次段落的安排。划分科学的层次，拟定严谨的标题，可以把论文的层级次序安排得条理分明，这对篇幅较长的论文来说尤其重要。层次标题是作者为表达自己的学术观点而进行苦思冥想的路径，它显示的是文章的内容层次和基本脉络，把论文的大致轮廓勾勒出来。结构的安排就是写作提纲的安排和层次标题的拟定。如果不安排文章结构，拟定好层次标题，想到哪写到哪，其结果往往是杂乱无章，不知所云。拟定层次标题要根据论文的目的和主题，对内容作通盘考虑，一般由大到小，由粗到细，把论文结构安排好，体现出条理和层次，做到纲举目张，前后呼应，形成有机整体。

3）方便读者阅读

作者写作、编辑编稿为的是读者阅读，便于读者阅读也是拟定层次标题的一个重要目的。层次标题科学准确地反映了章、节论述的主要内容、范围和深度，是纵观通篇的关键，它是迅速获得信息内容的主要途径，好的层次标题能引发读者的阅读兴趣。层次标题可以帮助读者把握重点和要点，引导和促使读者始终沿着作者设计的层次进行阅读和思考。层次标题还可以帮助读者快速阅读，做到快而不乱。读者在浏览论文时，一般是通过阅读摘要和层次标题等来了解论文的大致内容，然后才决定是否阅读全文。简而言之，层次标题具有重要的阅读导向作用。

4）便于文献检索

论文题名字数有限，国家标准要求一般不超过 20 个字。在这有限的字数里，纳入论文所有的关键词，有些勉为其难。而层次标题尽管也要求简明，但因其层次标题数量较多，有助于从全局准确把握论文的主题，所以可以弥补论文题名中关键词信息量不足的问题，为文献检索提供便利。

5) 利于版式美观

科技论文的性质决定了它的版式不能像文学作品那样灵活多变,有时难免显得呆板。在这种情况下,层次编号和层次标题字体字号的变化,从形式上容易辨认,次序明显,使得版面错落有致,能在很大程度上弥补其不足,这也适应了版面形式的美学要求。

2. 层次标题的拟定原则

1) 规范化

规范化一是要求论文的层次标题设置应当统一,即同一层次的内容是否列标题应当一致。二是层次标题的编号规则与编排格式应符合有关规定。否则,就会破坏行文的体例和规范,也影响版式的美观。

2) 逻辑性

层次标题是论文逻辑结构的外在显现,它反映了论文中重要的特定内容的逻辑组合。在逻辑性的内涵中,应当明确以下三个方面:

a) 从属关系,下一级标题必须从属于上一级标题;

b) 平行关系,在同级层次标题中,所有标题是平行关系而非从属关系;

c) 既非平行关系也非从属关系,它们分属不同的上级标题管辖。

3) 准确性

层次标题必须以具体确切的词语准确地概括出本层次的主要内容,避免张冠李戴;层次标题应该简洁精炼,避免冗长繁杂;层次标题必须符合规范,避免非标随意。

3. 层次标题拟定的注意事项

1) 层级标题应是短语而不是句子

与题名的要求相同,一般而言,层级标题应采用名词性短语,而不使用完整的、复杂的主谓宾结构,也要尽量避免使用动宾词组,同时要符合现代汉语的语法、修辞和逻辑规则。

【例 5-87】

2　相干性的影响因素

2.1　频率差破坏相干性

2.2　光的单色性

"2.1"的标题是一个完整的句子,应改为:

2　相干性的影响因素

2.1　频率差

2.2　光的单色性

2) 同一级标题应反映同一层次内容

同一级标题所反映的内容应该是同一个层次的内容,也就是说,同一级标题之间是并列关系而不是从属关系,只有并列关系才能列为同一级标题。若不同层次的内容用同一级标题来体现,就会造成层次混乱。

【例 5-88】

3　帧同步电路

3.1　防止假同步

3.2　防止漏同步

3.3　恢复性能

3.4　实验结果

3.4.1　帧同步状态
3.4.2　防止假同步
3.4.3　防止漏同步

从一级标题"3"所涉及的内容看,它应包含"性能分析"和"实验结果"两方面,但二级标题中本属下一层次(三级标题层次)的"3.1 防止假同步"到"3.3 恢复性能"却与二级标题"3.4 实验结果"并列起来,造成了三级标题与二级标题的层次混乱。应改为:

3　帧同步电路
3.1　性能分析
3.1.1　防止假同步
3.1.2　防止漏同步
3.1.3　恢复性能
3.2　实验结果
3.2.1　帧同步状态
3.2.2　防止假同步
3.2.3　防止漏同步

3) 同一级标题应讲究排比

同一级标题的排比是指同一级各个标题的结构相同或相似、同一级各个标题的意义相关、同一级各个标题的语气一致。一般来说,这一要求对一级标题可宽松一些,而对二、三、四级标题应严格一些。讲究排比的层次标题,格式一致,措词严谨,表现力强,不仅能强化标题的功能,而且可以给人以美感,提高读者的阅读兴趣。当然,由于是科技论文,拟定层次标题主要应从概括内容的需要出发,即准确表达内容是第一位的,不能不顾科学上和技术上的需要,单纯为凑字数和求形式上的规整。正因为如此,才要求结构相同或相似,而不是硬性要求结构相同。

结构相同或相似是指词(组)同类或大致同类,如同为名词或名词性短语、动词或动词性短语等。

【例 5-89】
1　实验
1.1　材料
1.2　仪器和设备
1.3　方法

在二级标题中,"1.1"和"1.3"是名词,"1.2"是名词性联合词组,它们的结构是相似的。

【例 5-90】
2　设计要点
2.1　远红外加热技术的应用
2.2　设置抽风排湿装置
2.3　采用鱼鳞板式振动结构

"2.2"和"2.3"的标题都是动宾词组,为了使3个二级标题结构相同,可将"2.1"的标题改为"应用远红外加热技术"。

4) 避免上下两级标题词汇重复

在科技论文中,下一级标题与上一级标题在词汇上重复的情况是比较多见的,其实这是没有必要的。因为下一级标题从属于上一级标题,内容界定是很清楚的,没有必要再重复。

【例 5-91】

3　速度跟踪环路

3.1　速度跟踪环路的数学模型

3.2　速度跟踪环路的方程求解

二级标题中的"速度跟踪环路"与一级标题中的词汇重复,应改为:

3　速度跟踪环路

3.1　数学模型

3.2　方程求解

5.9.3　主体内容的撰写要求

1. 对主题的要求

主题也称基本论点或论旨,是指论文作者所要表达的总的意图或基本观点。它是作者思想和观点的集中反映,对论文的价值起主导和决定作用。主题好,论文的价值就大,作用就强;主题不好,即使结构很精巧、材料很丰富,也算不上是一篇好论文。科技论文的主题应体现"新颖、集中、深刻、鲜明"八字要求。

1) 新颖

论文应研究、解决、创立和提出前人未研究、未解决的课题。要使主题新颖,就应在选题时广泛搜集材料、查阅文献,了解国内外有关该课题研究的历史沿革和最新动态;在研究时,努力从新的角度去探索;在写作时,通过认真分析实验、观察、测试、计算、调查、统计结果,得出新观点、新见解。

2) 集中

一篇论文只能确定一个主攻目标。要使主题集中,就要避免处处兼顾、面面俱到。在选材料时,有利于表现主题的则选取,无利的则抛弃;在写作时,不要涉及与主题关联不大甚至无关的内容,以免喧宾夺主、淡化主题。

3) 深刻

论文应透过现象揭示本质,抓住主要矛盾,总结出事物在运动、变化和发展中的内在联系和客观规律。要使主题深刻,就不能简单地描述现象、堆砌材料、罗列实验(或观测)数据,而应在调查中挖掘深一点,在实验中观察细一点,在分析时道理讲得透一点,在写作时表达要清楚一点。在综合分析、整理材料和实验(或观察)结果的基础上,提出符合客观规律的新见解,得出有价值的新结论。

4) 鲜明

论文的主题地位突出,除了在题名、摘要、引言、结论的显著位置明确地点出主题外,在正文中更要突出主题。

2. 对材料的要求

材料是指作者用于阐述论文主题的各种事实、数据和观点等。科技论文的材料应遵循"必要而充分,真实而准确,典型而新颖"的选取原则。

1) 必要而充分

所谓必要,即所选取的材料必不可少,缺少它就无法阐述论文主题。那些跟主题无关紧要的材料,即使得来很不容易,也应予舍弃,否则,就会分散、冲淡甚至湮没主题。

所谓充分,即所选取的材料要数量充足,否则,即使材料很好,但若很单薄的话,也不足以支持主题,难以让人信服。材料的必要性与充分性的关系,是质与量的关系。质是根本要求,量是质的保证,两者相辅相成、缺一不可。

2) 真实而准确

所谓真实,即所选取的材料是客观存在的,并反映事物的本质,绝无半点虚假、篡改或主观臆断。只有真实的材料,才能有力地表现主题。论文中采用的数据应反复核实、验证,既不能夸大或缩小,也不应凭空捏造。

所谓准确,即文字表述明确、具体,不用模棱两可、含混不清的字词和句子,数据采集、实验记录和分析整理均无技术性差错。

3) 典型而新颖

所谓典型,即所选取的材料要有代表性,能够反映事物的特征,揭示事物的本质。那些可用可不用的材料,最好不用。必要的材料均应具有典型性,非典型的材料大多是不必要的,应予舍弃。

所谓新颖,即所选取的材料是他人未见过、未听过和未用过的,应避免材料同质化。一篇论文的亮点在于主题新颖,而新颖的主题要靠新颖的材料来阐述。只有新颖的材料,才能支持新颖的观点。一篇论文即使结构再严谨、文字再流畅、格式再规范,如果没有新颖的材料,仍然不是好论文。

论文所选取的材料要兼顾典型性和新颖性。有的材料尽管很新,但欠缺典型性,表现不了主题,也不能选取。

3. 对论证的要求

论证是指用论据来证明论点的推理过程,其作用是使读者相信作者论题的正确性,即"以理服人"。

1) 论题应清晰确切

论题是整个论证的"靶子"。只有立住靶子,打靶者才可能有的放矢;同样,只有论题清楚,论证才可能是有效的。作者论证时,首先要清楚自己的论题,然后选用意义明确的词语表述论题。必要时,对论题中的关键性概念应予诠释。

2) 论题应保持同一性

一个论证中,论题只能有一个,并在整个论证过程中保持不变。若在同一个论证过程中任意变换论题,便无法达到论证的目的,就会犯"偷换论题"的逻辑错误。

3) 论据应是真实的判断

论据就是所选取的各种材料,它是论题的根据。在论证中,只有论据真实,才能推出论题的真实性。当然,论据虚假并不意味着论题也必然虚假,只是缺乏论证性,不可能有说服力。此外,也不能以真实性未被证实的判断(如捕风捉影的话、莫须有的事实)作为论据。

4) 论据应是论题的充分条件

论据是论题的充足理由,从论据的真实性可以推出论题的真实性,否则,就会犯"推不出"的逻辑错误。论证中应避免出现"论据与论题不相干"和"论据不足"的情况,并应遵守有关的推理规则或要求。若违背了推理规则或要求,则意味着论题不是从论据中推出的,即犯了"推不出"的错误。

4. 对结果的要求

撰写科技论文结果部分的目的是呈现你研究的主要结果而无需诠释其含义,主要用叙述,较少议论,也较少引用文献。除有要求将结果与讨论合并在一起之外,一般不能把结果与讨论部分合在一起写作。研究结果的叙述应有条理,一般采用提纲作为写作的指导,按照研究方法的顺序对应叙述相应产出的结果。

撰写结果部分的任务就是要将离散的试验数据组装成具有逻辑性和可读性的文章。为表述清楚应设计标题和子标题来组织内容。同时,考虑引言中提出的问题、下文的"讨论"和预期的结论,提供足够的原始数据作为有力的支撑。

结果的写作应符合以下要求:

a) 根据研究结果与"引言"中所提出问题的相关性来决定列出那些最相关的结果,而不考虑这些结果是否支持所提出的假设;选择最需要强调的主题,兼顾各部分的相对比例;结果部分无需呈现你所获得或观察到的每一个结果,应有所取舍;对于重复试验,无需列出全部观测值和重复试验的数据,应说明重复次数,采用平均值;
b) 按照研究方法中所揭示的时间顺序,或重要程度顺序来组织各种数据;在每一个段落中应遵循从最重要的结果到最不重要结果的叙述顺序;
c) 确定数据的最佳表达形式,或用文本,或用图形曲线,抑或用表格;
d) 在叙述对照试验组的结果和数据时,如有需要,还可以包含一些没有在正式图表中反映的观察结果;
e) 清楚地描述一个或多个变量响应或差异时,如果合适,使用变化的百分数,而不用具体的数据;
f) 确保数据在整篇文章中的准确性和一致性,采用国际单位制,同一组试验数据应使用相同的有效数字;
g) 总结统计分析结果时,应给出所有初步分析的实际 P 值(反映结果可信程度的一个递减的概率指标),有的还需要给出测量误差、标准差、平均标准误差、均方差和变异系数等;
h) 当用英文写作时,使用一般过去时叙述研究结果。

5.10 结　　论

结论又称结语或结束语,位于正文的后面部分,是以结果和讨论为前提,经过严密的逻辑推理所作出的最后判断,是论文要点的归纳和提高。结论既不是观察和实验的结果,也不是正文讨论部分各种观点和意见的简单合并和重复,它是作者对实验结果和各种数据材料经过综合分析和逻辑推理而形成的总体观点和见解,是整个研究工作的结晶,是全篇论文的精髓。

5.10.1　结论的内容

结论的内容包括以下几个方面:

a) 研究结果说明了什么,解决了什么理论或实际问题,得出了什么规律性的事实;
b) 研究的创新点,对前人、他人或作者先前的研究结果作了哪些验证、修改、补充、拓展、发展或否定;
c) 研究工作与他人(包括作者)已有研究工作的异同,有无意外发现;
d) 本项研究的理论意义和应用价值;
e) 研究的局限性,遗留未能解决或暂时无法解释和尚待解决的问题;

f) 对进一步深入研究或相关课题研究的建议和意见，指明可能的应用前景及需要进一步深入研究的研究方向。

5.10.2 结论的撰写要求

1. 撰写格式

在写作格式上，可以分点叙述，也可以总体概括。结论的内容较多时，可以写成简练的几条，并编列序号，每条自成一段(可以是一句话或几句话)；结论的内容较少时，可以仅写成一段话，而无须分条。上述的(2)~(6)项不是结论的必备项，有则写，没有则不写；而(1)则是必不可少的，否则论文就失去了价值，没有发表的必要。

2. 撰写要求

结论的撰写应遵循以下要求：

a) 应针对引言中提出的要解决的问题及预期目标给出是非分明的回答，与引言前后呼应；

b) 结论的语句要像法律条文那样只能作一种解释，不能含糊其辞、模棱两可，切忌使用"大概"、"可能"、"也许"之类模糊性词语，以免给人似是而非的感觉，从而怀疑论文的真正价值；应明确具体，其定性和定量的信息力求明确而具体，不使用抽象、笼统的词语；行文要简短精炼，不必展开叙述；

c) 不要新增正文中未涉及的新事实，但也不要简单重复摘要、引言、结果与讨论中的内容，尤其不要重复其中的语句，更应避免照搬罗列正文中的层级标题；

d) 不要根据很少的数据(事实)就作出结论，更不要从有限的数据就作出具有广泛意义的结论；推理要科学严谨、符合逻辑，所得结论要经得起事实的考验；

e) 不要言过其实，尤其是诸如"国际先进水平"、"国内首创"、"填补国内空白"之类词语的使用要慎之又慎，最好不作自我评价；

f) 要尊重他人，不应轻易否定他人的观点，不要轻易批判他人；

g) 有时得不出明确的结论，可以写成结语。在结语中，作者可以提出建议、研究设想、仪器设备的改进意见、有待解决的问题。

5.10.3 结论撰写实例

【例 5-92】

Fuzzy H-infinity filter design for a class of nonlinear discrete-time systems with multiple time delay's

Huaguang Zhang, Shuxian Lun, Derong Liu

Northeastern Univ, Sch Informat Sci & Engn, Shenyang 110004, Liaoning Peoples R China
Northeastern Univ, Minist Educ, Key Lab Integrated Automat Proc Ind, Shenyang 110004, Liaoning Peoples R China
Bohai Univ, Sch Informat Sci & Engn, Shenyang 121000, Liaoning Peoples R China
Univ Illinois, Dept Elect & Comp Engn, Chicago, IL 60607 USA

Ⅵ. Conclusion

In this paper, based on the T-S fuzzy model, a fuzzy filter is designed for a class of nonlinear discrete-time systems with multiple time delays.

The advantages of the present fuzzy filter over the Kalman filter are as follows.

1) No statistical assumption on the external disturbances and measurement noise is needed.

2) The proposed fuzzy filter for the nonlinear system can tolerate approximation errors based on the model error bounds, which can be regarded as the worst case approximation error.

3) Fuzzy filters are more robust than the Kalman filter in the case of uncertain external disturbances and easurement noise.

4) The problem of fuzzy filter design is converted into a linear matrix inequality problem that can efficiently be solved using convex optimization techniques, such as the interior point algorithm.

It should be noticed that the fuzzy filtering method of Theorem 3.1 can be used in a number of important problems in signal processing, where delays are unavoidable and must be taken into account in realistic filter design such as echo cancellation, local loop equalization, multipath propagation in mobile communication, array signal processing, and congestion analysis and control in high-speed communication networks[17].

（该文发表在 IEEE TRANSACTIONS ON FUZZY SYSTEMS, 2007, Vol. 15; 此摘要被 SCI 和 EI Compendex 收录）

【例 5-93】

海底机器人自动跟踪预定开采路径控制*

李　力　邹兴龙

（中南大学机电工程学院, 湖南 长沙　410083）

4　结论

（1）海底机器人左右履带打滑率分别为 0~15% 和信号采集处理延迟时间 1s 时, 海底机器人自动跟踪预定开采路径的位置和方位角精度均大大超过多金属结核采矿系统的开采路径技术指标, 其最大打滑率应为 15%。

（2）海底机器人在直线和转弯过程中车体和履带速度响应特性符合实际工程, 其建模和仿真真实可靠, 为我国深海多金属结核采矿系统的海底机器人在深海底自动行走控制提供了技术依据。

（该文发表在《机械工程学报》2007, 43(1); 此摘要被 EI Compendex 收录）

5.11　致　　谢

现代科学技术研究通常不是一个人或几个人单枪匹马所能完成的, 往往需要他人的合作与帮助。因此, 当研究成果以论文形式发表时, 作者应对曾经在研究过程中及论文撰写中给予指导和帮助的组织和个人表示感谢。致谢编排在结论之后。学位论文的致谢为必备项, 学术论文的致谢一般少见。

5.11.1　致谢对象

国家标准《科学技术报告、学位论文和学术论文的编写格式（GB/T 7713—1987）》明确规定, 下列对象可以在正文后致谢:

a) 国家科学基金、资助研究工作的奖学金基金、合同单位、资助或支持的企业、组织或个人;

b) 协助完成研究工作和提供便利条件的组织或个人；
c) 在研究工作中提出建议和提供帮助的人；
d) 给予转载和引用权的资料、图片、文献、研究思想和设想的所有者；
e) 其他应感谢的组织或个人。

由此可见，作者的致谢对象可分为两类：一是在研究经费上给予支持或资助的机构、企业、组织或个人，国内期刊通常要求将经费资助作为论文题名的一种注释放到论文首页的脚注，国外期刊统一放入致谢部分；二是在技术、条件、资料和信息等工作上给予支持和帮助的组织或个人。据此可知，以下组织或个人应予致谢：参加过部分工作的人员，承担过某项测试任务的人员，对研究工作提出过技术协助或有益建议者，提供过实验材料、试样、加工样品或实验设备、仪器的组织或个人，在论文的撰写过程中曾帮助审阅、修改并给予指导的有关人员，帮助绘制插图、查找资料等有关人员。

5.11.2 致谢的撰写要求

致谢的撰写要求如下：
a) 对于被感谢者，可以在致谢中直书其名（若是个人，则还应写出其单位名称），也可以在人名后加上"教授""高级工程师"等专业技术职务，以示尊敬；
b) 要选用恰当的词语和句式来表达感激之情，避免因疏忽而冒犯应该接受感谢的组织或个人；要具体而恰如其分地表达致谢的内容，应该表述清楚感谢哪方面的贡献或帮助；
c) 切忌借致谢之名而罗列出一些未曾给予过实质性帮助的名家或人员；切忌以名家的青睐来抬高自己论文的身价，或掩饰论文中的缺陷或错误；切忌强加于人，即论文未经被感谢者审阅，或者论文虽经审阅但与审阅者观点相左而强行"感谢"；也切忌为突出自己而埋没该致谢而没有感谢的人；
d) 要符合有关机构对致谢的习惯和规定的表达方式。

5.11.3 致谢撰写实例

【例 5-94】

贺兰山岩羊（Pseudois nayaur）性别分离机制研究
东北林业大学　张明明
2013 年博士学位论文

致谢

春雪又融冰城，太匆匆，怎堪光阴荏苒似水东。寒窗泪，烟酒醉，为奇功，奈何十载青春已随风。

积跬步以臻千里，积小流方成江海。六万博文，含五年硕博辛酸；百页报告，浸两月奋斗汗水。然博士即就，心静如水，顿无欣然之喜，更无功成之悦。

明，无志之辈，畏葸之属，道无具而能不备，才无华而胆不著，学疏不以参天地，德浅未及合自然。企卓然成功而未量己之力，图斐然成就而未竭其能。长戚戚于而立而未立，时郁郁乎未来未曾来。

惶惶兮迷途未远，欣欣然遇师矢志。得三生之幸，方遇人生恩师；蒙九世之荣，才得忝列刘门。尊师刘先生，谦恭厚德，博学笃行，性情豪爽而关怀细腻，利物不争而胸怀大义。师母滕博士,娴雅淑德,蕙质兰心,侍家唯贤而仁慈和蔼,学术造极而教学有方。亦师亦友,传道授业解惑无微不至;有教无类,落红蜡泪春雨润物无声。寓大意于微言,传大德以身教。先生不以吾之愚钝,耐心蒙之,亲人待之,值以信赖,委以重任;刘师恩重,使吾生平凡而得振;滕吾志气,使吾身卑微而华丽。是以感激涕零,常怀滴水涌泉之心。

立高见远,巨人之肩,才本疏浅,遇师众贤。马院士蔚然大家,建功立勋,章显风范,是以誉满杏坛;张教授厚德载物,明理重义,海纳百川,是以桃李满园。吴贾郑姜苏教授博学善诱,渔鱼双授;赵宗侯柴吴老师平和易近,良师诤友。是以博采众贤之光,幸获醇甜之果。

看贺兰云展云舒,观羊鹿悠然自得。五余载山阙踏遍,科研与修性并获;数春秋风餐露宿,成就与谊友兼得。承蒙物华天宝之昊福,人杰地灵之兆运,李刘张徐局长支持,军云彬莉前辈点津,倚赖上下领导照顾,仰仗左右兄弟引路。切切之恩,若贺兰之峰,立吾心而励吾志矣。

师门兄弟姐妹,纵自五湖四海,情却堪比手足:
    楠萌昶洋,桂馥兰香,心存善美容益秀;
    锐颖耕云,娇外惠中,气含芬芳貌愈美。
    云涛旭日,宠辱彬然,胸藏文墨虚若谷;
    众志成城,鹏勇于飞,腹有诗书气自华。

硕博生涯二又三载,几多欢喜几多愁,几分成绩几分忧;理想与迷茫同在,拼搏与彷徨共存。枯等了圈圈年轮,熬去了重重挚友。贤贵文彦,强心正志挺祈盼;松涛婷立,一零五室缘未散;含鑫茹苦,燕阳曦光始初现;高山流水,情深似海铭心田。

锦瑟年华,春花秋月曾共赏;曾几何时,夏风冬雪徒自怜。八载相恋,前世缘牵。知己关切似娟然细流,无声润心田;知己支持如晶然星月,默然伴身边。等枯了花容月貌,盼逝了弱冠年华,情深意切,心彻愧然。愿执子之手,与子偕老,以报此缘。

闭目平息,扪心抚胸,父祖规勉萦耳不绝,至亲忠告明镌于心。生命所予,身体所养,父似白杨彬然挺拔,母若水莲朴素灵秀。每念其背日面土劳作,长感激含辛茹苦供养;罹病疾而未侍榻前,疚存心底;遭困苦而未报养恩,愧随涕零。然诸亲未曾责罪,隐病苦慰吾心,含笑颜励吾志。拳拳之心,殷殷之情,堪比地远天高。定然九生不忘,永含蛇珠雀环之情。

学海无涯,漂泊无岸,家族之长子,门庭之弱柱。而兄弟姊妹心连灵通,会心会意,于危难之时承吾之任、挑吾之担,解父祖之忧、顶庭院之梁。

    日月光华,景星庆云,灿昭昭兮未央;
    称心如意,娟然紫气,星熠熠兮生辉。

恩情深而笔墨短,友谊远而言语拙。唯藏爱于心,寄情于文,诚诚然尽致谢意,默默兮倾诵感怀。

路漫漫其修远兮,志赳赳而求索之;忘却身后泪苦花鲜,笑看两侧万水千山。俨骖騑于上路,恐前途之未卜。然亲友祝福常伴,师长鼎助相随,则心满慰藉,意暖情怀;乘骐骥驰骋千里路,驾长风踏破万里浪!

5.12 参 考 文 献

与题名、摘要、正文等部分一样,参考文献也是科技论文中的有机组成部分,是作者在撰写论文时引用的相关材料,如专著、期刊、学位论文等,是论文写作过程中非常重要的环节。在科技论文的写作中,准确地引用和著录参考文献,一方面,能够反映作者是否具有严谨的科学态度,反映论文是否具有真实的科学依据及专业性等;另一方面,能够体现论文的严谨性,彰显作者尊重他人著作权的科学态度。但在论文写作过程中,作者往往只重视论文的内容,而忽视参考文献著录格式规范的重要性。因此,本章介绍参考文献的著录方面的知识,以便为规范的参考文献著录提供参考。

5.12.1 参考文献的概念

按照字面意思,参考文献是指论文或著作等在写作过程中参考或引用的文献。按照《文后参考文献著录规则(GB/T 7714—2005)》的定义,参考文献是指为撰写或编辑论文和著作而引用的有关文献信息资源。在西方国家的出版物中,对应我国的参考文献的英文词汇为"Reference",是"参考"之意。

5.12.2 参考文献的作用

对于撰写或编辑论文和著作而言,参考文献是不可缺少的有机组成部分。归纳起来,参考文献著录的作用有以下几个方面。

1. 能够体现研究的学术水平

参考文献是论文参考的范围和深度的体现,也是评价论文真实性和学术影响力的科学依据。科学技术以及科学技术研究工作具有继承性,现在的研究都是在过去研究的基础上进行的,今人的研究工作或研究成果一般都是前人研究工作或研究成果的继续和发展。当在论文中叙述研究背景、研究目的、设计思想、建立模型、与已有结果进行比较的时候,就要涉及已有的成果。著录参考文献既能表明言之有据,又能明白交待出该论文的起点和深度,便于评估论文的学术水平。

2. 可以反映作者的治学态度

参考文献能方便地把论文责任者的成果与前人的成果区别开来。论文所呈现出的研究成果虽然是论文责任者自己的,但在阐述和论证过程中避免不了要参考或引用前人的研究成果,包括理论、观点、方法、数据等,若对参考或引用的部分加以标注,则他人的研究成果将表示得十分清楚。这不仅表明了论文责任者对他人劳动成果的充分尊重,而且也免除了抄袭、剽窃他人研究成果的嫌疑。同时,反映出作者严谨的学术作风和治学态度。

3. 利于缩短论文的论述篇幅

论文中需要表述的某些内容,凡已有文献所载者则不必详述,只需在相应之处标注即可。这不仅精练了语言,节省了篇幅,而且避免了一般性表述和资料堆积,使论文容易达到篇幅短、内容精的要求。

4. 便于扩充读者的文献资源

著录参考文献可以指明所引用文献的出处及其依据,读者通过这些参考文献可方便地检索和查找有关文献,便于读者溯本求源,进一步详尽了解、学习和研究。

5. 助于进行文献的统计分析

参考文献是对论文进行引文统计和分析的重要信息来源,著录参考文献有助于科技情报人员进行情报研究和文摘计量学研究。

5.12.3 参考文献的引用原则

引用参考文献应遵循以下原则:

a) 凡是引用他人的数据、观点、方法和结论,均应作为参考文献予以标明和著录;
b) 所引用文献的主题应与论文密切相关,可适量引用高水平的综述型论文;
c) 所引用文献应是最新的,能够反映当前某学科领域的研究动向或水平(应优先引用著名期刊上发表的论文);
d) 只引用已在国内外公开发行的报刊或正式出版的图书上发表的论文,在供内部交流的刊物上发表的文章和内部使用的资料,尤其是不宜公开的资料,均不能作为参考文献;
e) 只引用自己直接阅读过的并在论文中直接参考或引用的文献,不得将阅读过的某一文献的参考文献表中所列的文献作为本文的参考文献;
f) 通常不引用众所周知的工具书、教科书或某些陈旧文献;
g) 应避免过多地(甚至是不必要地)引用作者本人的文献;
h) 严格按照国家标准 GB/T 7714—2005 规定的格式著录文献,确保各著录项目正确无误。

5.13 附　　录

　　附录是指论文中不便收录的研究资料、数据图表、修订说明及译名对照表等,可作为附件附于论文末,以供读者查考和参阅。附录是论文内容的组成部分之一,是正文的注释和补充,并不是每篇论文所必备的。

　　归纳起来,下列内容可以作为附录编排于学位论文、科技报告之后:

a) 为了整篇论文材料的完整,但编入正文又有损于编排的条理性和逻辑性,这一材料包括比正文更为详尽的信息、研究方法和技术更深入的叙述,对于了解正文内容有用的补充信息等;
b) 由于篇幅过大或取材于复制品而不便于编入正文的材料;
c) 不便于编入正文的罕见珍贵著录;
d) 对一般读者并非必要阅读,但对本专业同行有参考价值的著录;
e) 正文中未被引用但被阅读或具有补充信息的文献;
f) 某些重要的原始数据、数学推导、结构图、统计表、计算机打印输出件等。

第6章　科技论文写作规范

撰写科技论文是为了交流、传播、存储新的科技信息,让他人阅读和利用,因此,一篇好的科技论文,不但要具有独到的学术见解、科学的分析论证、按一定的格式写作,还要具有良好的规范性和可读性。除了在格式编排和文字表达上,要求格式规范、条理清楚、层次分明、语句通顺、用词准确、论述简明外,在技术表达方面,名词术语、量和单位、数字、标点符号的使用,插图和表格的设计,公式的编辑,文献著录的格式等都应符合规范化要求。一篇科技论文失去了规范性和可读性,将大大降低它的价值,影响投稿的命中率,增加编辑的工作量,有时甚至会使人怀疑它的研究成果是否可靠。

6.1　文献标志码

科技论文文献标志码的作用在于对文章按其内容进行归类,以便于文献的统计、期刊评价、确定文献的检索范围、提高检索结果的适用性等。它主要包括中图分类号、UDC分类号、文献标识码、文章编号、数字对象唯一标识符DOI、密级等。

6.1.1　中图分类号

中图分类号是指采用《中国图书馆分类法》(简称《中图法》)对科技文献进行主题分析,并依照文献内容的学科属性和特征,分门别类地组织文献,所获取的分类代号。

《中图法》是我国图书信息界最常用、普及范围最广的一部大型文献分类法。它是由北京图书馆等组织全国力量编辑而成,其编制目的是为了实现全国文献资料统一分类编目。《中图法》初版于1975年,1999年出版了第4版。《中图法》第4版较全面地补充了新主题、扩充了类目体系,使分类法跟上科学技术发展的步伐。同时规范了类目,完善了参照系统、注释系统,调整了类目体系,增修复分表,明显加强了类目的扩容性和分类的准确性。

《中图法》由5大部类、22个大类、6个总论复分表、30多个专类复分表、4万余条类目等组成了一个完善的分类体系。

《中图法》的5个大部类包括:

a) 马克思主义、列宁主义、毛泽东思想;
b) 哲学;
c) 社会科学;
d) 自然科学;
e) 综合性图书。

《中图法》的22个大类包括:

a) A 马克思主义、列宁主义、毛泽东思想、邓小平理论;
b) B 哲学、宗教;

c) C 社会科学总论；

d) D 政治、法律；

e) E 军事；

f) F 经济；

g) G 文化科学、教育、体育；

h) H 语言、文字；

i) I 文学；

j) J 艺术；

k) K 历史、地理；

l) N 自然科学总论；

m) O 数理科学与化学；

n) P 天文学、地球科学；

o) 生物科学；

p) R 医药、卫生；

q) S 农业科学；

r) T 工业技术；

s) U 交通运输；

t) V 航空、航天；

u) X 环境科学、安全科学；

v) Z 综合性图书。

《中图法》的分类号是由拉丁字母和阿拉伯数字组合构成，即一个字母表示一个大类，以字母顺序反映大类的次序，在字母后用阿拉伯数字表示大类下的类目划分。为适应工业技术发展及该类文献的分类，对工业技术 2 级类目，采用双字母。

【例 6-1】

中图分类号：TP368.3

T 代表 1 级类目——工业技术；P 代表 2 级类目——自动化、计算机技术；3 代表 3 级类目——计算技术、计算机技术；6 代表 4 级类目——微型计算机；8 代表 5 级类目——各种微型计算机；3 代表 6 级类目——个人计算机。

中图分类号可按照《中国图书馆分类法》(第 4 版)进行标注，也可按照《中国图书资料分类法》(第 4 版)进行标注。

6.1.2　UDC 分类号

UDC 是 Universal Decimal Classification 的简称，即《国际十进分类法》，又称为通用十进制分类法，是世界上规模最大、用户最多、影响最广泛的一部文献资料分类法。自 1899 年—1905 年比利时学者奥特勒和拉封丹主编的 UDC 法文第 1 版出版以来，现已有 20 多种语言的各种详略版本。近百年来，UDC 已被世界上几十个国家的 10 多万个图书馆和情报机构采用。UDC 目前已成为名副其实的国际通用文献分类法。

《国际十进分类法》由通用复分表和主表组成，通用复分表又分为通用辅助符号和通用复分号。

《国际十进分类法》主表包括：
a) 0 科学与知识、组织、计算机科学、信息、文献、图书馆学、机构、出版物；
b) 1 哲学、心理学；
c) 2 宗教、神学；
d) 3 社会科学；
e) 5 数学和自然科学；
f) 6 应用科学、医学、科技；
g) 7 艺术、娱乐、休闲、体育；
h) 8 语言、语言学、文学；
i) 9 地理、传记、历史。

通用辅助符号包括：
a) +联结、添加（加号）；
b) /连续延长（斜线）；
c) :简单关系（冒号）；
d) ::固定排序（双冒号）；
e) [ ]子类（方括号）；
f) *引出非 UDC 号码（星号）；
g) A/Z 直接按字母顺序排序。

通用复分号包括：
a) =... 语言复分；
b) (0...) 形式复分；
c) (1/9) 地理复分；
d) (=...) 种族与国籍复分；
e) "..." 时代复分；
f) -0... 一般特征的通用复分：属性、物质、关系/过程与人物。

UDC 采用单纯阿拉伯数字作为标记符号。它用个位数（0~9）标记 1 级类，十位数（00~99）标记 2 级类，百位数（000~999）标记 3 级类，以下每扩展（细分）1 级，就加 1 位数。每 3 位数字后加一个小数点。

【例 6-2】

UDC:621.3

6 代表 1 级类目——应用科学、医学、科技；62 代表 2 级类目——工程学、科技总论；621 代表 3 级类目——机械工程总论、核技术、电气工程、机器；621.3 代表 4 级类目——电气工程。

UDC 号可按照《国际十进分类法》进行标注，可登录 http://www.udcc.org/outline/outline.htm 进行查询。

6.1.3　文献标识码

按照《中国学术期刊（光盘版）检索与评价数据规范》的规定，为便于文献的统计和期刊评价，确定文献的检索范围，提高检索结果的适用性，每一篇文章或资料应标识一个文献标识码。

该规范共设置以下 5 种：

a) A——理论与应用研究学术论文(包括综述报告);
b) B——实用性技术成果报告(科技)、理论学习与社会实践总结(社科);
c) C——业务指导与技术管理性文章(包括领导讲话、特约评论等);
d) D——一般动态性信息(通讯、报道、会议活动、专访等);
e) E——文件、资料(包括历史资料、统计资料、机构、人物、书刊、知识介绍等)。

不属于上述各类的文章以及文摘、零讯、补白、广告、启事等不加文献标识码。

6.1.4 文章编号

按照《中国学术期刊(光盘版)检索与评价数据规范》的规定,为便于期刊文章的检索、查询、全文信息索取和远程传送以及著作权管理,凡具有文献标识码的文章均可标识一个数字化的文章编号;其中 A、B、C 三类文章必须编号。该编号在全世界范围内是该篇文章的唯一标识。

文章编号由期刊的国际标准刊号、出版年、期次号及文章的篇首页码和页数等 5 段共 20 位数字组成。其结构为 XXXX-XXXX(YYYY)NN-PPPP-CC。其中:XXXX-XXXX 为文章所在期刊的国际标准刊号(ISSN),YYYY 为文章所在期刊的出版年,NN 为文章所在期刊的期次,PPPP 为文章首页所在期刊页码,CC 为文章页数,"-"为连字符。

期次 NN 为两位数字,当实际期次为一位数字时需在前面加"0"补齐,如第 1 期标记为"01"。若有多期增刊,依次用 S1,S2,……标记;若仅有 1 期增刊,用 S0 标记。文章首页所在页码 PPPP 为 4 位数字,实际页码不足 4 位数者,应在前面补"0",如第 139 页为"0139"。文章页数 CC 为两位数字,实际页数不足两位数者,应在前面补"0",转页不计,如 9 页为"09"。

【例 6-3】
文章编号:1000-1093(2015)11-2117-05

6.1.5 数字对象唯一标识符

DOI 为英文 Digital Object Identifier 的缩写(也表示为 doi),其中文名称为"数字对象唯一标识符"。根据国际标准 ISO 26324 里的解释,它的意思是"一个对象的数字标识符"。它是对包括互联网信息在内的数字信息进行标识的一种工具,是数字信息的全球唯一性、永久性标识符。

DOI 由美国国际 DOI 基金会(International DOI Foundation)创建,美国国家创新研究所(CNRI)及全球各 DOI 注册机构运行,提供完整的唯一标识符注册、解析及增值服务。DOI 目前已在国际出版界得到广泛推广应用。

DOI 的作用如下:
a) 它为数字化信息提供永久和唯一的标识,有利于数字资源的长久保存和唯一识别;
b) 通过 DOI 之间的互相操作,实现动态的、开放式的知识链接,整体提升数字化资源的使用率,即提升数字化资源的访问量和下载量;
c) 为中文数字化资源提供符合国际标准和规范的唯一标识,有利于促进中外文信息融合,逐步实现中西文数字资源的链接,为建立统一的中英文知识链接系统提供技术标准和平台;
d) 它使全球性知识互联系统的建立成为可能;
e) 它延伸了行业中每个个体的链接空间和合作空间。

一个 DOI 由两大部分组成:前缀部分和后缀部分,中间用斜杠"/"分割。前缀部分由国际数字对象唯一标识符基金会确定,后缀部分由出版机构自行分配,但必须保证在同一前缀范围内的每一个后缀具有唯一性。

万方数据公司的期刊 DOI 编码基本结构为:DOI:xx.xxxx/j.issn.xxxx-xxxx.yyyy.nn.zzz。

前缀用小圆点分成两部分,小圆点前是目录代码,所有的中文 DOI 的目录代码 xx 均为 10;小圆点后的 xxxx 是会员机构代码,会员机构代码由中文 DOI 注册机构(RA)向会员机构分配全球唯一的 DOI 前缀。任何想登记 DOI 的组织或单位都可以向国际 DOI 基金会申请会员机构代码。

后缀中的"j"表示期刊,"issn"为国际标准刊号标识符,"xxxx-xxxx"为文章所在期刊的国际标准刊号,"yyyy"为期刊出版年份,"nn"为期刊出版期数,"zzz"为同一期中论文的流水号(即第几篇文章)。

【例 6-4】
DOI:10.3969/j.issn.1000-1093.2015.11.015

6.1.6 密级

国家秘密是关系国家安全和利益,依照法定程序确定,在一定时间内只限一定范围的人员知悉的事项。根据《中华人民共和国保密法》规定,国家秘密的密级分为绝密、机密、秘密三级。绝密级国家秘密是最重要的国家秘密,泄露会使国家安全和利益遭受特别严重的损害;机密级国家秘密是重要的国家秘密,泄露会使国家安全和利益遭受严重的损害;秘密级国家秘密是一般的国家秘密,泄露会使国家安全和利益遭受损害。

根据《文献保密等级代码与标识(GB/T 7156—2003)》的规定,书面型国家秘密文献应在其封面(或首页)上方的显著位置标注标志。国家秘密文献的密级和保密期限标志的组成是:从左向右按密级、标识符、保密期限的顺序排列。国家秘密文献的标识符为"★"。

【例 6-5】
① 秘密★5 年
② 机密★10 年
③ 绝密★长期

①表示此文献保密等级为秘密级,自产生之日起满 5 年后解密。②表示此文献保密等级为机密级,自产生之日起满 10 年后解密。③表示此文献保密等级为绝密级,保密期限为长期,只有有关的中央国家机关或其授权的机关才能决定解密。

6.2 量 和 单 位

1993 年,我国对 1986 年制定的有关量和单位的一系列国家标准进行了全面修订,推出了《国际单位制及其应用(GB 3100—93)》~《固体物理学的量和单位(GB 3102—93)》共计 15 项有关量和单位的系列国家标准,自 1994 年 7 月 1 日起实施。这套标准涉及自然科学各个领域,是我国各行各业必须执行的强制性、基础性标准,所规定的物理量及其计量单位名称、符号即为规范的名称、规范的符号,所规定的计量单位即为法定计量单位。

6.2.1 量、单位和数值的概念

国家标准中所涉及的量均为物理量,它是指现象、物体或物质的可定性区别和可定量描述

的一种属性。从量的定义可以看出,量具有两个特征:一是可定性区别,二是可定量确定。一方面,量反映了现象、物体和物质在性质上的区别,按物理属性可以把量分为空间量、时间量、力学量、热学量、电学量、声学量等不同类别的量;另一方面,量反映了属性的大小、轻重、长短或多少等概念。

物理量可以分为很多类,凡可以相互比较的量都称为同一类量,例如,长度、宽度、高度、厚度、半径、直径、程长、距离等就是同一类量。在同一类量中,若选出某一特定的量作为一个称之为单位的参考量,则这一类量中的任何其他量,都可用这个单位与一个数的乘积来表示,这个数就称为该量的数值。

【例 6-6】

$$m = 20\text{kg}$$

式中:m 为物理量质量的量符号;kg 为质量单位千克的符号;20 为以千克作单位时这一物体质量的数值。

按量和单位的正规表达方式,这一关系可以写成

$$A = \{A\} \cdot [A]$$

式中:A 为某一物理量的符号,$[A]$ 为某一单位的符号,而 $\{A\}$ 则是以单位 $[A]$ 表示量 A 的数值。对于矢量和张量,其分量也可按上述方式表示。

如将某一量用另一单位表示时,而此单位等于原来单位的 k 倍,则新的数值等于原来数值的 $1/k$。因此,作为数值和单位的乘积的物理量与单位的选择无关。也就是说,当选取不同的单位表达量时,只会改变与之相关的数值,而不会改变量值本身的大小。

6.2.2 量

1. 量的方程式

在科学技术中所用的方程式有两类:一类是量方程式,其中用量符号代表量值(即数值×单位);另一类是数值方程式。量方程式与所选用的单位无关,数值方程式与所选用的单位有关。因此,通常优先采用量方程式。

例如,$v=l/t$(v 表示速度、l 表示长度、t 表示时间)是一个量方程式,不论量采用什么单位,该关系式均成立。但是,物理量的量值是由数值和单位构成的,故在使用量方程式进行运算时,必须代入相应的数值与单位,而不能只代入数值。

2. 量制

量制是一组存在给定关系的量的集合,这种关系的核心是基本量。通常,把某些量作为互相独立的,称为基本量;而其他量则根据这些基本量来定义或用方程式来表示,称为导出量。不同的基本量构成了不同的量制,适用于不同的学科领域。国际单位制是以长度、质量、时间、电流、热力学温度、物质的量和发光强度 7 个量为基本量,力学量制是以长度、质量和时间 3 个量为基本量,电学量制是以长度、质量、时间和电流 4 个量为基本量,热学量制是以长度、质量、时间和热力学温度 4 个量为基本量。

3. 量纲

量纲只是表示量的属性,而不是量的大小。量纲只用于定性地描述物理量,特别是定性地给出导出量与基本量之间的关系。

任一量 Q 可以用其他量以方程式的形式表示,这一表达形式可以是若干项的和,而每一项又可表示为所选定的一组基本量 A、B、C、$\cdots$ 的乘方之积,有时还乘以数字因数 ζ,即

$$\zeta A^\alpha B^\beta C^\gamma \cdots$$

而各项的基本量组的指数(α、β、γ、$\cdots$)则相同。

于是,量 Q 的量纲可以表示为量纲积

$$\dim Q = A^\alpha B^\beta C^\gamma \cdots$$

式中:A、B、C、$\cdots$分别为基本量 A、B、C、$\cdots$的量纲,α、β、γ、$\cdots$为量纲指数。

在以 7 个基本量为基础的量制中,其基本量长度、质量、时间、电流、热力学温度、物质的量和发光强度的量纲可分别用 L、M、T、I、Θ、N、J 表示,而量 Q 的量纲一般为

$$\dim Q = L^\alpha M^\beta T^\gamma I^\delta \Theta^\varepsilon N^\xi J^\eta$$

例如,速度 v 的量纲可表示为 $\dim v = LT^{-1}$,其量纲指数为 1、-1。

所有量纲指数都等于零的量称为无量纲量。

4. 量名称和量符号的书写规范

每个量都有相应的名称和符号。国家标准《空间和时间的量和单位(GB 3102.1—1993)》到《固体物理学的量和单位(GB 3102.13—1993)》中共列出 13 个领域中常用的 614 个量,按科学的命名规则,同时结合我国国情,适当考虑了原有广泛使用的习惯,给出了它们的标准名称和符号,即我国的法定量名称和符号。

1) 量名称的书写规则

量名称必须严格按照国家标准《空间和时间的量和单位(GB 3102.1—1993)》到《固体物理学的量和单位(GB 3102.13—1993)》中所列出的 614 个量的名称进行书写,如"长度"、"时间"、"立体角"等。

规范使用和书写量名称时的注意事项:

a) 不要使用已废弃的量名称,如要使用标准的量名称"质量"、"电场强度"、"分子质量"等,而不要使用已废弃的量名称"重量"、"场强"、"分子量"等;

b) 不要随意改变量名称,如要使用标准的量名称"长度"、"时间"等,而不要使用改变了的量名称"秒数"、"米数"等;

c) 不要使用不准确的量名称,如要使用标准的量名称"傅里叶数",而不要使用"付里叶数"、"傅立叶数"、"付立叶数";

d) 不要使用简化的量名称,如要使用标准的量名称"B 的质量浓度"、"B 的物质的量浓度",而不要笼统使用"浓度";

e) 不要使用不优先推荐的量名称,如要优先使用"摩擦因数"、"弹性模量"等,而不要优先使用"摩擦系数"、"杨氏模量"等。

2) 量符号的书写规则

量的符号通常是单个拉丁或希腊字母,有时带有下标或其他的说明性标记。无论正文的其他字体如何,量的符号都必须用斜体书写,符号后不附加圆点(正常语法句子结尾标点符号除外)。如热量 Q、热导率 λ、磁阻 R_m、频率 f 等,唯一例外的是量 pH 要采用正体书写。

规范使用和书写量符号时的注意事项:

a) 矩阵、矢量和张量要使用黑斜体,如倒易点阵矢 $\boldsymbol{G}$、伯格斯矢量 $\boldsymbol{b}$、离子平衡位矢 $\boldsymbol{R}_0$,等等;

b) 不要使用非标准量符号,如要使用标准的质量的量符号 m,而不要使用非标准的质量的量符号 M、W、P 等;要使用标准的力的量符号 F,而不要使用非标准的力的量符号 P、G 等;

c) 不要使用字符串作量符号,如不要使用 *WEIGHT* 作重量的量符号,而要用标准的重量的量符号 *W*、*P*、*G*;

d) 不要使用化学元素或分子式作量符号,如 $CO_2 : O_2 = 1 : 5$ 是不规范的,因为误将化学元素符号作为量符号使用,若指体积比,应该改为 $V(CO_2) : V(O_2) = 1 : 5$;

e) 不要把量纲不是 1 的量符号作为纯数,如对速度的量符号 *v* 取对数 $\lg v$ 是不妥的,因为 *v* 的量纲不是 1,不能取对数;

f) 不要将由两个字母组成的量符号与两个量符号相乘相混淆,如半径 *R* 与偏心距 *e* 相乘的 *Re* 与雷诺数 *Re* 相混淆,可以将相乘的 *Re* 书写成 $R \cdot e$ 或 $R \times e$ 或 $R\ e$。

3) 量符号下标的书写规则

在某些情况下,不同的量有相同的符号,或是对一个量有不同的应用,或要表示不同的值,可以采用主符号附加下标的形式(必要时还可使用上标及其他标记)作为量符号予以区分。

书写量符号下标的原则是:表示物理量符号的下标用斜体书写,其他下标用正体书写。

【例 6-7】

① 正体下标:

C_g(g——气体);

g_n(n——标准);

μ_r(r——相对);

E_k(k——动的);

χ_e(e——电的);

$T_{1/2}$(1/2——一半)。

② 斜体下标:

C_p(*p*——压力);

$\sum_n a_n \theta_n$(*n*——连续数);

$\sum_x a_x b_x$(*x*——连续数);

$g_{i,k}$(*i*, *k*——连续数);

p_x(*x*——*x* 轴);

I_λ(*λ*——波长)。

规范使用和书写量符号下标时的注意事项:

a) 首先并直接采用国家标准规定的量下标符号,优先采用 IEC 推荐的量下标符号;

b) 凡是以量符号或代表变动性数字、坐标轴、几何图形中的点、线、面的字母作为下标时,一律用斜体,其余则用正体;

c) 以来源于人名的缩写作为量下标的字母用大写,如波尔磁子 μ_B、德拜波数 q_D;以来源于非人名的缩写作为下标的字母用小写,如静摩擦因数 μ_s(s 为 static 的缩写)、总截面 σ_{tot}(tot 为 total 的缩写);

d) 以量符号或单位符号作为下标的字母,其大小写同原符号,如角截面 σ_Ω(下标字母 Ω 为立体角的量符号)、3h 消耗的能量 E_{3h}(下标中的字母 h 为时间的单位符号);

e) 在某些特定情况下,以汉语拼音字母作为下标的字母用小写,如 d_j(进水孔直径)、d_c(出水孔直径);

f) 当一个符号中出现两个以上的下标或下标所代表的符号比较复杂时,可将这些下标符号放在圆括号"()"中置于量符号之后,如 $V(CO)/V(CO_2)$;

g）尽量少用复合下标,即下标的下标。

4）量符号组合的书写规范

如果量的符号组合为乘积,可用形式 ab、$a\ b$、$a\cdot b$、$a\times b$ 其中之一来表示。但在某些领域,如矢量分析中,$\boldsymbol{a}\cdot\boldsymbol{b}$ 与 $\boldsymbol{a}\times\boldsymbol{b}$ 是有区别的。

如果一个量被另一个量除,可用 $\dfrac{a}{b}$、a/b 来表示,也可书写成 a 与 b^{-1} 之积的形式 $a\cdot b^{-1}$。此方法可以推广于分子或分母或两者本身都是乘积或商的情况。但在这样的组合中,除加括号以避免混淆外,在同一行内表示除的斜线"/"之后不得有乘号和除号。

【例 6-8】

① $\dfrac{ab}{c}=ab/c=abc^{-1}$；

② $\dfrac{a/b}{c}=(a/b)/c=ab^{-1}c^{-1}$,但不能书写成 $a/b/c$；

③ $\dfrac{a}{bc}=a/(b\cdot c)=a/bc$,但不能书写成 $a/b\cdot c$。

在分子和分母包含相加或相减的情况下,如果已经用圆括号(或方括号、或花括号),则可以用斜线。

【例 6-9】

① $(a+b)/(c+d)$,意为 $\dfrac{a+b}{c+d}$,其括号是必需的；

② $a+b/c+d$,意为 $a+\dfrac{b}{c}+d$,但为了避免产生误解,可以书写成 $a+(b/c)+d$。

括号也可以用于消除由于在数学运算中使用某些标志和符号而造成的混淆。

6.2.3 单位

1. 一贯单位制

量的单位可以任意选择,但如果对每一个量都独立地选择一个单位,则将导致在数值方程中出现附加的数字因数。不过可以选择一种单位制,使包含数字因数的数值方程式同相应的量方程式具有完全相同的形式,使用时比较方便。对有关量制及其方程式而言,按此原则构成的单位制称为一贯单位制,简称为一贯制。

对于特定的量制和方程系,要获得一贯单位制,首先应为基本量定义基本单位,然后根据基本单位通过代数表示式为每一个导出量定义相应的导出单位。该代数表示式由量的量纲积以基本单位的符号替换基本量纲的符号得到。例如,速度的量纲积为 $\dim v = LT^{-1}$,而长度的单位符号为 m,时间的单位符号为 s,则经替换得到的速度单位符号为 m/s。

特别是,量纲一的量得到单位 1。用基本单位表示的导出单位的表示式中不会出现非 1 的数字因数。

2. 国际单位制

国际单位制(SI)是 1960 年由第 11 届国际计量大会通过的。国际单位制由基本单位和包括辅助单位在内的导出单位共同构成。为了避免过大或过小的数值,在国际单位制的单位中,还包括国际单位制单位的十进倍数和分数单位,它们是把国际单位制词头加在国际单位制单位之前构成的。

3. 我国法定单位

法定计量单位简称法定单位。我国法定单位是以国际单位制为基础,根据我国国情,加选16个非国际单位制单位构成的。

1) 国际单位制基本单位

国际单位制基本单位是相互独立的7个基本量的单位,见表6-1。

表6-1 SI 基本单位

量名称	单位名称	单位符号
长度	米	m
质量	千克(公斤)	kg
时间	秒	s
电流	安[培]	A
热力学温度	开[尔文]	K
物质的量	摩[尔]	mol
发光强度	坎[德拉]	cd

2) 国际单位制导出单位

这是一种由基本单位以代数形式表示的单位,单位符号中的乘和除采用数学符号。包括国际单位制辅助单位在内的具有专门名称的国际单位制导出单位共21个,见表6-2。

表6-2 具有专门名称的国际单位制导出单位

量名称	单位名称	单位符号	用SI基本单位和导出单位表示
[平面]角	弧度	rad	$1rad=1m/m=1$
立体角	球面度	sr	$1sr=1m^2/m^2=1$
频率	赫[兹]	Hz	$1Hz=1s^{-1}$
力	牛[顿]	N	$1N=1kg \cdot m/s^2$
压力、压强、应力	帕[斯卡]	Pa	$1Pa=1N/m^2$
能[量]、功、热量	焦[耳]	J	$1J=1N \cdot m$
功率、辐[射能]通量	瓦[特]	W	$1W=1J/s$
电荷[量]	库[仑]	C	$1C=1A \cdot s$
电压、电动势、电位	伏[特]	V	$1V=1W/A$
电容	法[拉]	F	$1F=1C/A$
电阻	欧[姆]	Ω	$1\Omega=1V/A$
电导	西[门子]	S	$1S=1A/V$
磁通[量]	韦[伯]	Wb	$1Wb=1V \cdot s$
磁通[量]密度、磁感应强度	特[斯拉]	T	$1T=1Wb/m^2$
电感	亨[利]	H	$1H=1Wb/A$
摄氏温度	摄[氏度]	℃	$1℃=1K$
光通量	流[明]	lm	$1lm=1cd \cdot sr$
[光]照度	勒[克斯]	lx	$1lx=1lm/m^2$
[放射性]活度	贝克[勒尔]	Bq	$1Bq=1s^{-1}$
吸收剂量、比授[予]能、比释动能	戈[瑞]	Gy	$1Gy=1J/kg$
剂量当量	希[沃特]	Sv	$1Sv=1J/kg$

1960年,国际计量大会将弧度和球面度两个国际单位制单位划为辅助单位;1980年,国际计量委员会决定,将国际单位制辅助单位归类为无量纲导出单位。平面角和立体角的一贯制单位是数字1。在许多情况下,用专门单位弧度(rad)和球面度(sr)则比较合适。

用国际单位制基本单位和具有专门名称的国际单位制导出单位或(和)国际单位制辅助单位以代数形式表示的单位称为组合形式的国际单位制导出单位。

3) 我国选定的非国际单位制单位

我国选定的非国际单位制单位共16个,见表6-3。这些单位均是可与国际单位制单位并用的我国法定计量单位。

表6-3 我国选定的非国际单位制单位

量名称	单位名称	单位符号	换算关系和说明
时间	分	min	1min = 60s
	小时	h	1h = 60min = 3600s
	日、天	d	1d = 24h = 86400s
[平面]角	度	°	$1° = 60' = (\pi/180)$ rad
	角分	′	$1' = (1/60)° = (\pi/10800)$ rad
	角秒	″	$1'' = (1/60)' = (\pi/648000)$ rad
体积	升	L(l)	$1L = 1dm^3 = 10^{-3} m^3$
质量	吨	t	$1t = 10^3 kg$
	质子质量单位	u	$1u \approx 1.660540 \times 10^{-27} kg$
旋转速度	转每分	r/min	$1r/min = (1/60) s^{-1}$
长度	海里	n mile	1n mile = 1852m
速度	节	kn	1kn = 1n mile/h = (1852/3600) m/s
能[量]	电子伏[特]	eV	$1eV \approx 1.602177 \times 10^{-19} J$
级差	分贝	dB	
线密度	特[克斯]	tex	$1tex = 10^{-6} kg/m$
面积	公顷	hm^2	$1hm^2 = 10^4 m^2$

使用非国际单位制单位时应注意以下几点:

a) 平面角的单位度、分、秒的符号,在组合单位中应采用(°)、(′)、(″)的形式,例如用"(°)/s"而不用"°/s"。

b) 升的符号原先为l(小写英文字母),因其容易与阿拉伯数字1混淆,1979年第16届国际计量大会通过了用L作其符号。国际标准中升的符号为L和l(l为备用符号),科技界倾向于用L,我国和美国等国家标准中都推荐采用L。

c) 我国法定公顷的单位符号为hm^2,而不是公顷的国际通用符号ha。

d) 转的单位符号为r,转每分(r/min或$r \cdot min^{-1}$)和转每秒(r/s或$r \cdot s^{-1}$)广泛用于旋转机械转速的单位($1r/min = (\pi/30) rad \cdot s^{-1}$,$1r/s = 2\pi rad \cdot s^{-1}$)。

4) 组合单位

组合单位是指由上述的44个法定单位通过乘或除组合而成的且具有物理意义的单位,这些单位都是我国的法定单位。在组合单位中,使用专门名称和符号往往是有益的。例如,利用导出单位焦耳J可以写出摩尔熵这个量的单位$J \cdot K^{-1} \cdot mol^{-1}$;利用导出单位伏特V可以写出介电常数这个量的单位$s \cdot A \cdot m^{-1} \cdot V^{-1}$。

5) 国际单位制词头

使用国际单位制词头是为了使量值中的数值处于 0.1~1000 范围之内,每个词头都代表一个因数,具有特定的名称和符号(见表 6-4),凡是由国际单位制词头与以上法定单位构成的十进倍数或分数单位都是我国法定单位。例如,hm(百米)、μmol(微摩尔)、kW·h(千瓦时)、mol/mL(摩尔每毫升)等。

表 6-4　国际单位制词头

因数	中文词头名称	英文词头名称	符号	因数	中文词头名称	英文词头名称	符号
10^{24}	尧[它]	yotta	Y	10^{-1}	分	deci	d
10^{21}	泽[它]	zetta	Z	10^{-2}	厘	centi	c
10^{18}	艾[可萨]	exa	E	10^{-3}	毫	milli	m
10^{15}	拍[它]	peta	P	10^{-6}	微	micro	μ
10^{12}	太[拉]	tera	T	10^{-9}	纳[诺]	nano	n
10^{9}	吉[咖]	giga	G	10^{-12}	皮[可]	pico	p
10^{6}	兆	mega	M	10^{-15}	飞[母托]	femto	f
10^{3}	千	kilo	k	10^{-18}	阿[托]	atto	a
10^{2}	百	hecto	h	10^{-21}	仄[普托]	zepto	z
10^{1}	十	deca	da	10^{-24}	幺[科托]	yocto	y

使用词头时要注意我国的一些习惯用法。例如,10^4 称为万、10^8 称为亿、10^{12} 称为万亿。这类汉字数词不是词头,它的使用不受词头名称的影响,但不应与词头混淆。

4. 单位一

量纲一的量是有单位的。任何量纲一的量的国际单位制一贯单位都是一,符号是 1。在表示量值时,它们一般并不明确写出。例如,折射率 $n = 1.53 \times 1 = 1.53$。然而,对于某些量而言,单位一被给予专门名称。例如,平面角 $\alpha = 0.5 \text{rad} = 0.5$、立体角 $\Omega = 2.5 \text{sr} = 2.5$。表示量值时,单位一是否使用专门名称,取决于具体情况。

5. 单位名称和单位符号的使用规范

1) 单位名称的使用规则

单位名称必须严格按照国家标准《空间和时间的量和单位(GB 3102.1—1993)》到《固体物理学的量和单位(GB 3102.13—1993)》中所列出的 614 个量的单位名称进行读写,如 m 的名称为"米"、m^3 的名称为"立方米"、s 的名称为"秒"等。

规范使用单位名称时的注意事项:

a) 组合单位的名称要与其单位符号的顺序相一致,且乘号无对应名称,除号"/"的名称是"每",无论分母中有几个单位,"每"字只出现一次,如速度单位 m/s 的名称是"米每秒",而不是"每秒米"或"米秒";

b) 对于乘方形式的单位名称,其顺序是指数名称在前,单位名称在后,而指数为 2 的指数名称是"平方"、指数为 3 的指数名称是"立方"、指数大于等于 4 的指数名称由数字加"次方"二字构成,如面积单位 m^2 的名称是"平方米"、截面二次矩单位 m^4 的名称是"四次方米";

c) 读写量值时不必在单位名称前加"个"字,如不要将 15N 读写为"15 个牛";

d) 不要使用非法定单位名称,如不要使用达因、公尺、公升等非法定单位名称,而要使用牛、米、升等法定单位名称。

2) 单位符号的书写规则

在书写时，无论其他部分的字体如何，单位符号都应当用正体书写。在复数时，单位符号的字体不变。除正常语法句子结尾的标点符号外，单位符号后不得附加圆点。

单位符号一般用小写字母书写。如果单位名称来源于人名，则其第一个字母用大写字母书写。

【例6-10】

长度单位符号 m(米)；时间单位符号 s(秒)；电流单位符号 A(安培)；磁通量单位符号 Wb(韦伯)。

规范使用和书写单位符号时的注意事项：

a) 不要使用拉丁字母的全称或非标准缩写，如将"秒"的符号 s 误写成 sec，将"摩[尔]"的符号 mol 误写成 mole，将"转每分"的符号 r/min 误写成 rpm；

b) 不要使用英文名词的缩写，如将词头 10^{-6} 误写成 ppm(parts per million)；

c) 不要在单位符号上附加任何其他符号或标记，不要在单位符号间插入修饰性字符，不要为单位—进行修饰。

3) 单位符号组合的书写规则

当组合单位由两个或两个以上的单位相乘而构成时，可以用 N·m 或 N m 形式之一来表示。第二种形式也可以书写成中间不留空格，但如果单位之一的符号也是词头的一种符号时，就必须特别注意。如 mN 表示毫牛，而不是米牛。

当组合单位由一个单位除以另一个单位构成时，应当以 $\frac{m}{s}$、m/s、ms^{-1} 形式之一来表示。除加括号以避免混淆外，在同一行内的斜线"/"之后不得有乘号或除号。在复杂情况下应当用负数幂或括号。

规范使用和书写单位符号组合时的注意事项：

a) 当表示分子为1的单位时，应采用负数幂的形式，如粒子数密度的单位是 m^{-3}，一般不书写成 $1/m^3$；

b) 非物理量的中文单位符号可以与国际单位符号构成组合形式的单位符号，如"元/d"、"次/s"、"件/h·人"。

4) 量值加单位符号的书写规则

根据量和单位的关系 $A=\{A\}\cdot[A]$ 及有关规定来表示量值。

规范使用和书写量加单位符号时的注意事项：

a) 单位符号应当置于量的整个数值之后，并在其间留适当空隙(通常留1/4个汉字或1/2个阿拉伯数字)，如 100m、500V；唯一例外的是平面角的单位符号(°)、(′)、(″)与其数值之间不留空隙；

b) 不要把单位符号插在数值中间或把单位符号拆开使用，如不要使用 2m30、9s05 等；

c) 当所表示的量为量值的差或和时，应当加圆括号将数值组合，且把共同的单位符号置于全部数值之后，或者书写成各个量值的差或和的形式；

d) 当表示量值的范围时，要使用浪纹式连接号"～"或直线连接号"－"，如 1.5～2.5kg·m/s(或 1.5kg·m/s～2.5kg·m/s)；

e) 一组计量单位相同的并列数值后的单位符号无须重复书写，如不要将"有35、50、90、105mm不等的焦距镜头"误写成"有35mm、50mm、90mm、105mm不等的焦距镜头"；

f) 不要在单位符号上附加表示量的特性和测量过程信息的标志,如不要使用 $U = 500V_{max}$,而应该使用 $U_{max} = 500V$。

5) 国际单位制词头的书写规则

词头的符号应当用正体书写,它与单位符号之间不留空隙。不许重叠使用词头。词头符号与紧接的单个单位符号构成一个新的(十进倍数或分数)单位符号,它可以取正数幂或负数幂,也可以与其他单位符号组合,构成组合单位符号。

【例 6-11】

① $1cm^3 = (10^{-2}m)^3 = 10^{-6}m^3$;

② $1\mu s^{-1} = (10^{-6}s)^{-1} = 10^6 s^{-1}$;

③ $1kA/m = (10^3 A)/m = 10^3 A/m$。

规范使用和书写词头时的注意事项:

a) 选用合适的词头使量的数值处于 0.1~1000 之间,如 $5000 \times 10^6 Pa \cdot s/m$ 应改写为 $5GPa \cdot s/m$, $0.00005m$ 应改写为 $50\mu m$;

b) 只有将词头置于单位符号之前与单位符号同时使用才是有效的,即词头只有与单位符号联合使用才具有因数意义,如不能将 10km 书写成 10k;

c) 通过相乘构成的单位组合一般只用一个词头,一般加在单位组合的第一个单位前,如力矩的单位符号使用 $kN \cdot m$ 而不能书写成 $N \cdot km$;

d) 通过相除构成的单位组合或通过乘和除构成的单位组合加词头时,一般加在分子中的第一个单位之前,分母中一般不用词头,如摩尔内能单位 kJ/mol 不要书写成 J/mmol;

e) 一般不在单位组合的分子、分母中同时使用词头,如应使用 $MPa \cdot s/m$、mmol/L 而不要书写成 $kPa \cdot s/mm$、$\mu mol/mL$。

6.3 外 文 字 母

在科技论文中,外文字符的使用非常普遍。使用时应严格遵循一定的规则,注意区分外文字符的字母类别、大小写、正斜体、字体类别、黑白体和上下角标等的使用场合。若运用不当,则会造成符号混乱,甚至出现错误。

6.3.1 字母类别

在科技论文中,常常要使用多种语言的外文字母。数学、物理、化学和医学等学科专业符号基本上都是采用拉丁文或希腊文的字母表示的,参考文献中也有俄文、德文、法文、日文等语种,在使用时都要按其规定进行书写。

在外形上,某一种外文字母可能与其他种类外文字母或符号相似,尤其是手写体,不易辨别。要做到外文字母的规范使用,必须正确区分容易混淆的英文字母与希腊字母、大写字母与小写字母、数字与字母等。例如,英文字母 a、B、v、w 等分别与希腊字母 α、β、ν、ω 等容易混淆,大写英文字母 C、U、V、O 等分别与小写英文字母 c、u、v、o 等容易混淆,大写希腊字母 Φ、B、Ψ、K、O、Π 等分别与小写希腊字母 ϕ、β、ψ、κ、o、π 等容易混淆,英文字母 O、b、S、I、l 分别与数字 0、6、5、1、1 等容易混淆,英文字母 U 与 V 及希腊字母 Φ 与 ϕ 的手写体容易混淆。

6.3.2 大写外文字母

科技论文中外文字母需要大写的情况有以下几种:

a) 量纲符号,如目前使用的量制 7 个基本量的量纲符号 L(长度)、M(质量)、T(时间)、I(电流)、K(热力学温度)、N(物质的量)、J(发光强度);

b) 标准代号,如 ISO(国际标准的标识符)、IEC(国际电工标准的标识符)、GB(中华人民共和国国家标准)、DIN(德国工业标准)等;

c) 材料硬度符号,如 HR(洛氏硬度计)、HB(S)(布氏硬度计)、HV(维氏硬度计)、HL(里氏硬度计)、HS(肖氏硬度计)等;

d) 部分量符号,如 T(周期)、V(体积)、I(电流)、F(力)、M(力矩)、J(转动惯量)、P(功率)、E(弹性模量)等;

e) 化学元素符号或化学元素符号中的首字母,如 H(氢)、O(氧)、C(碳)、Na(钠)、Au(金)、Cu(铜)、Fe(铁)等;

f) 名词术语的缩略语,如 LAN(局域网,local area network 的缩写)、CAD(计算机辅助设计,computer aided design 的缩写)、CEO(首席执行官,chief executive officer 的缩写)、CBD(中央商务区,central business district)等;

g) 特征数符号的首字母,如 Re(雷诺数)、Eu(欧拉数)、Ma(马赫数)等;

h) 地质年代符号的首字母,如 Pt(元古宙)、Ar(太古宙)、Kz(新生代)、Mz(中生代)、Q(第四纪)、K(白垩纪)、J(侏罗纪)等;

i) 电气技术中的元件符号,如 R(电阻器)、L(电感器)、C(电容器)等;

j) 源于人名的单位符号首字母,如 A(安[培])、C(库[仑])、S(西[门子])、Pa(帕[斯卡])、Hz(赫[兹])、Bq(贝克[勒尔])等;某些单位符号中的字母,如我国法定单位中的非 SI 单位 eV(电子伏)、dB(分贝)等;摄氏度和升的符号,如℃(摄氏度)、L(升);

k) 单位中表示的因数等于或大于10^6 的词头符号,如 M(10^6)、G(10^9)、T(10^{12})等;

l) 月份、星期和节日的首字母,如 January(一月)、May(五月)、Monday(星期一)、Friday(星期五)、National Day(国庆节)、Christmas Day(圣诞节)等;

m) 英语专有名称中每个词(冠词、连词、介词、前置词除外)的首字母,包括国家、组织机构、党派、学校、报刊、国际上双边或多边签订的协议、法律法规、山河、街道、项目等专有名词,如 The People's Republic of China(中华人民共和国)、the World Health Organization(世界卫生组织)、the Communist Party of China(中国共产党)、Peking University(北京大学)、Chinese Journal of Mechanical Engineering(中国机械工程学报)、China Daily(中国日报)、Vienna Convention for the Protection of Ozone Layer(保护臭氧层维也纳公约)、the Copyright Law of the People's Republic of China(中华人民共和国著作权法)、the Pacific Ocean(太平洋)、Oxford Road(牛津路)、National Hi-tech Research and Development Program of China(国家高技术研究发展计划)等;

n) 人名中名、姓的首字母或全部字母,如 Isaac Newton(艾萨克 牛顿)、Valckenaers P(或 VALCKENAERS P)等;

o) 英文文章中的句子首字母;

p) 机械制图中孔偏差的代号,如 A、C、D 等。

6.3.3 小写外文字母

科技论文中外文字母需要小写的情况有以下几种:

a) 除了来源于人名和摄氏度以外的一般单位符号,如 m(米)、kg(千克)、mol(摩)、s

（秒），但法定单位升虽属一般单位，但它有大写 L 和小写 l 两个单位符号；

b) 外国人姓名中的附加词，如 de、du、la、les 等（法国人）、von、der、zur 等（德国人）、da、do、dos 等（巴西人）；

c) 附在中文译名后的普通词语原文（除德文外），如研制周期（lead time）、质量亏损（mass defect）、激光照排系统（laser scanning phototypesetting system）等；

d) 因数 10^3 及其以下因数的 SI 词头符号，如 $k(10^3)$、$m(10^{-3})$、$\mu(10^{-6})$、$n(10^{-9})$；

e) 由 3 个或 3 个以下字母组成的冠词、连词、介词，如 the、a、an、and、but、for、to、by、of 等词除位于句首首字母大写外，一般均小写；

f) 机械制图中轴偏差的代号，如上偏差 a、b、c、cd、d、e、ef 等；下偏差 j、k、m、za、zb、zc 等。

6.3.4 正体外文字母

科技论文中在以下场合使用正体外文字母：

a) 单位符号、国际单位制词头和量纲符号，如 m（米）、A（安）、kg（千克）、da（十）、h（百）、k（千）、L（长度）、M（质量）、T（时间）等；

b) 数学符号，包括运算符号（如求和 Σ、微分 d）、缩写符号（如最小 min、行列式 det）、常数符号（如圆周率 π、自然对数的底 e）、函数符号（如三角函数 sin、对数函数 log）、特殊函数符号（如伽马函数 $\Gamma(x)$、贝塔函数 $B(x,y)$）、算子符号（如拉普拉斯算子 Δ）；

c) 特殊集合符号（如整数集 **Z**、有理数集 **Q**、实数集 **R**、复数集 **C**）、复数的实部和虚部符号（如 z 的实部 **Re** z、z 的虚部 **Im** z）等用黑正体；

d) 化学元素、粒子、射线、光谱线、光谱型星群等的符号，如 O（氧）、Ca（钙）、e（电子）、γ（光子）、A_5（光谱型星群）等；

e) 表示酸碱度、硬度等的符号，如 pH 值、布氏硬度 HB、洛氏硬度 HR 等；

f) 机具、仪器、设备、元件、样品等的型号或代号，如 IBM 笔记本、JSEM-200 电子显微镜；

g) 地理方位、磁极和经纬度符号，如 E（东）、W（西）、S（南、南极）、N（北、北极）、NE16°40′、NW25°、东经 115°30′、北纬 35°30′等；

h) 不表示量符号的外文缩略语，如 CPU（中央处理器，central processing unit 的缩写）、EMS（邮政特快专递，express mail service 的缩写）等；

i) 表示序号的拉丁字母，如附录 A、附录 B、图 1(a)、图 3(b)等；

j) 量符号中为区别于其他量而加的具有特定含义的非量符号，如 F_n（法向力，下标 n 是英文单词 normal 的首字母）等；

k) 生物学中属以上（不含属）的拉丁学名，如 Equidae（马科）、Graminales（禾本目）等；

l) 计算机流程图、程序语句和数字信息代码，如 printf("token9 = %d", token9)、A_0、A_1、…、A_n（地址代码）等；

m) 外国人名、地名、书名和机构名、螺纹代号（如 M10×80）、金属材料符号（如 T8A）、标准代号（如 GB、YB）、基本偏差代号（如 H5）等。

6.3.5 斜体外文字母

科技论文中在以下场合使用斜体外文字母：

a) 物理量和特征数的符号，如 E（弹性模量）、Re（雷诺数）等；特征数符号在有乘积关系的数学式中作为相乘的因数出现时，应在特征数符号与其他量符号之间留一空隙，或

者用乘号(或括号)隔开;

b) 表示矩阵、矢量和张量的符号要用黑斜体,如矩阵 $\boldsymbol{A}$、$\boldsymbol{B}$、$\boldsymbol{C}$,矢量 $\boldsymbol{a}$、$\boldsymbol{b}$,张量积 $\boldsymbol{T} \otimes \boldsymbol{S}$ 等;

c) 表示变量的字母,一般包括变量符号、坐标系符号、集合符号、几何图形中代表点、线、面、体、剖面、向视图的字母、半径、直径数字前的代号等,如变量 i、j、x、y,笛卡儿坐标变量 x、y、z,圆柱坐标变量 ρ、φ、z,原点 O、o,线段 AB、$\overline{AB}$,三角形 $\triangle ABC$,平面角 $\angle A$,剖面 A-A,向视图 B 向、半径 $R20$、直径 $\varphi 50$ 等;

d) 函数关系中表示自变量与因变量之间对应法则的符号,如 $f(x)$、$F(y)$ 等;

e) 表示变量、变动性数字或坐标轴的下标字母,如 c_p(p 表示压力)、u_i($i=1,2,\cdots,n$)(i 为变动性数字)、p_x(x 表示 x 轴)等;

f) 生物学中属以下(含属)的拉丁学名,如 *Equus*(马属)、*Ecaballus*(马)、*Equus ferus*(野马)等;

g) 表示化合物的旋光性、分子构型和取代基位置等的符号,这类符号后一般应加半字线"-",如 *l*-(左旋)、*d*-(右旋)、*i*-(内消旋)、*dl*-(外消旋)、*L*-(左型)、*D*-(右型)、*Z*-(顺式)、*trans*-(反式)、*p*-(对位)、*o*-(邻位)、*sp*-(顺叠构象)、*ap*-(反叠构象)等。

6.3.6 字体类别

外文字母有白体和黑体之分,不加粗即为白体,加粗即为黑体。科技论文中的外文字母多用白体 Time New Roman。表示矩阵、矢量(向量)、张量符号的字母使用黑斜体 Time New Roman。特殊的集合符号使用 Time New Roman 黑正体。较长或整段的强调性英文语句中的词语可全部使用黑正体或黑斜体 Time New Roman。

6.4 数 字

数字是科技论文十分重要的一种表达形式。出版物上的数字分为汉字数字和阿拉伯数字,它们都有各自的使用场合,同时遵循着相应的使用规则。科技论文中的数字使用应遵循和按照国家标准《出版物上数字用法》(GB/T 15835—2011)进行规范使用。

6.4.1 阿拉伯数字的使用场合

科技论文中的数字通常使用阿拉伯数字。

1. 用于计量的数字

计算用的数字或统计表中的数字,包括正负整数、小数、分数、百分数、比例和部分概数等。

【例 6-12】

-55;60;65.5;3/8;75.05%;1∶500。

2. 物理量单位符号前的数值

物理量单位符号前的数值要使用阿拉伯数字,且数值与单位符号之间应留二分之一个阿拉伯数字空隙。

【例 6-13】

1cm;60m^2;65~70kg;35~38℃;300pF;210mm×430mm×105mm。

3. 非物理量单位前的数值

非物理量单位前的数值一般要使用阿拉伯数字,且数值与单位之间应留二分之一个阿拉伯数字的空隙。

【例 6-14】

50 元;100 个人;1000 张纸;500 册书;8 个月;55 岁。

应注意,就整数一至十而言,若不是出现在具有统计意义的一组数字中,也可以使用汉字数字。但要照顾到上下文,以求得局部体例上的一致。

【例 6-15】

① 五位教授,八个百分点,十台计算机;

② 截至 2015 年,该校共有 12 个系,36 个专业,310 名教师,13800 名学生。

4. 用"余"、"多"、"左右"、"上下"等表示的部分概数

若文中出现一组具有统计和比较意义的数字,其中既有精确数字,又有概数,为了保持局部体例上的一致性,其概数也可以使用阿拉伯数字。

【例 6-16】

该省从机动财力中拿出 1900 万元,调拨钢材 3000 吨、水泥 2 万多吨、柴油 1400 吨,用于农田水利建设。

5. 用于编号的数字

产品型号、产品编号、文件编号、邮政编码、门牌号码、刊物编号、章节编号,等等。

【例 6-17】

HP-3000 型计算机;国办发[2016]1 号文件;北京市海淀区复兴路 11 号;G255 列车;CN11-1399;ISSN 0577-6686;GB/T 15835—2011。

6. 定型的含阿拉伯数字的词语

现代社会生活中出现的事物、现象、事件,其名称的书写形式中包含阿拉伯数字,已经广泛使用且稳定下来。

【例 6-18】

4G 手机;MP4 播放器;G20 峰会;97 号汽油;维生素 B12。

7. 公历世纪、年代、年、月、日、时、分、秒

【例 6-19】

① 世纪年代:公元前 4 世纪;公元前 365 年;公元 2015 年;20 世纪 60 年代;

② 年月日:2016 年 3 月 11 日;2016-03-11;

③ 时分秒:上午 10 时 10 分 10 秒;下午 6 时 30 分 30 秒;10:10:10 18:30:30。

当表示日期与时刻组合时,使用时间标志符"T"连接。例如,2016-03-11T18:30:30。

6.4.2 汉字数字的使用场合

根据国家标准《出版物上数字用法的规定(GB/T 15835—2011)》,以下场合应使用汉字数字。

1. 非公历纪年

干支纪年、农历月日、历史朝代纪年、各民族的非公历纪年。

【例 6-20】

丙寅年十月十五日;正月初十;八月十五中秋节;清咸丰十年九月二十日。

2. 概数

数字连用表示的概数、含有"几"字的概数、带有"多"、"余"、"约"、"上下"、"以上"、"以下"、"左右"等字、词语表示的概数。

【例 6-21】

二三十个；五六个月；七八十年前；三十七八岁；五六万件；二十几；一百几十；几千；几千分之一；五十多岁；八千余人；约六十千米；二百人以上；三十岁左右。

3. 使用简称表示事件、节日和其他意义的词语中的数字

对于涉及一月、十一月、十二月的事件、节日等，则用中间点"·"将表示月、日的汉字数字隔开，并加引号。对于涉及其他月份的事件、节日等，则表示月、日的汉字数字不用加中间点，而加不加引号取决于事件的知名度，知名度低的要加引号。

【例 6-22】

"一·二八"事变；"一二·九"运动；三八妇女节；五四运动；六一国际儿童节；"五二〇"声明；"五卅"惨案；"九一三"事件。

近年来，在报刊上也出现了用阿拉伯数字表示事件发生月、日的书写方式。用阿拉伯数字表示的月、日数字，不论是否涉及1、11、12月，都要用中间点"·"分隔月和日，并要加引号。

【例 6-23】

"9·11"事件；"11·9"纵火案；"12·8"矿难；"8·12"爆炸事故。

4. 定型的词语中作为语素的数字

汉语中长期使用已经稳定下来的词、词组、成语、惯用语、缩略语或具有修饰色彩的词语中的数字。

【例 6-24】

① 定型的词：二极管；三角洲；四面体；五线谱；六神丸；七叶树；八角莲；九里香；
② 词组：二次文献；三维动画；四舍五入；五代十国；八分算潮法；九章数学；
③ 成语：一鼓作气；三令五申；四分五裂；五湖四海；六神无主；七上八下；十全十美；
④ 惯用语：二万五千里长征；五百强企业；七局四胜制；十佳青年；路易十六；
⑤ 缩略语："三个代表"；"四有"新人；"五讲四美"；"十三五规划"；十七届四中全会；
⑥ 具有修饰色彩的词语：二把刀；二五眼；八百罗汉。

5. 古籍文献标注中的数字

在古籍参考文献著录中表示年代、卷、期、版本、页码等的数字要与原文相一致。例如，许慎：《说文解字》，四部丛刊本，卷六上，九页。

6. 其他

古文、古诗中的数字，例如，三人行，必有我师焉。白发三千丈，缘愁似个长。

表示百分比的"成"，例如，今年一季度的产量与去年同期相比提高了两成。

两个不同的阿拉伯数字连用或相邻时，可以将其中一个阿拉伯数字改用汉字数字书写。例如，联立(1)~(3)3个方程式进行求解可得以下结果。该语句中的"3"改为"三"更恰当。

6.4.3 汉字数字与阿拉伯数字均可使用的场合

如果表达计量或编号所用到的数字个数不多，使用汉字数字还是阿拉伯数字在书写的简洁性和辨识的清晰性方面没有明显差异时，两种形式均可使用。

【例 6-25】

100多件/一百多件；20余次/二十余次；3倍/三倍；5个工作日/五个工作日；50左右/五

十左右;公元前 8 世纪/公元前八世纪;20 世纪 80 年代/二十世纪八十年代。

如果要突出简洁醒目的表达效果,应使用阿拉伯数字;如果要突出庄重典雅的表达效果,应使用汉字数字。

【例 6-26】
① 北京时间 2008 年 8 月 8 日 20 时 00 分;
② 十二届全国人民代表大会一次会议(不书写为 12 届全国人民代表大会 1 次会议);
③ 朝核六方会谈(不书写为朝核 6 方会谈)。

在同一场合出现的数字,应遵循"同类别同形式"原则来选择数字的书写形式。如果两数字的表达功能类别相同,或者两数字在上下文中所处的层级相同,应选择相同的形式;反之,可以选择不同的形式。

【例 6-27】
① 2008 年 8 月 8 日/二〇〇八年八月八日(不能书写为二〇〇八年 8 月 8 日);
② 第一章　第二章　第三章　……　第十章(不能书写为第一章　第二章　第三章　……　第 10 章)。

应避免相邻的两个阿拉伯数字造成歧义,引起误解。

【例 6-28】
① 高三 3 个班/高三三个班(不能书写为高 33 班);
② 高三 2 班/高三(2)班(不能书写为高 32 班)。

具有法律效力的文件、公告文件或财务文件中可同时采用汉字数字和阿拉伯数字。

【例 6-29】
① 2008 年 4 月保险账户结算日利率为万分之一点五七五零(0.015750%);
② 35.5 元(35 元 5 角;三十五元五角;叁拾伍元伍角)。

6.4.4　阿拉伯数字的使用规范

1. 书写格式

阿拉伯数字一般应使用正体二分字身,即半个汉字空间。

2. 纯小数

书写纯小数时,小数点是齐阿拉伯数字底线的实心圆点".",其小数点前定位的"0"必须写出,其小数点后尾部表示有效数字的"0"不能舍弃。

【例 6-30】
0.68(不能书写成 .68);55.369;0.480(不能书写成 0.48)。

3. 多位数

为了便于阅读,四位以上的整数或小数,可以采取分节方式书写:

a) 整数部分每三位一组,组与组之间用千分撇","分节,而小数部分不分节;
b) 从小数点起,向左和向右每三位数字一组,组与组之间用千分空(即二分之一个阿拉伯数字的空间)分节。

【例 6-31】
① 624,000;92,300,000;19,351,235.235 767;
② 55 235 367.346 23;98 246 358.238 368。

4. 数值相乘

书写带单位的数值相乘时,每个数值后的单位符号均应写出。

【例 6-32】

① 1 600mm×300mm(不书写成 1 600×300mm);

② 120 米×18 米×3.5 米(不书写成 120×18×3.5 米)。

5. 数值范围

在表示数值的范围时,可采用波纹式连接号"～"或一字线连接号"—"连接起止两个数值。起止两个数值的附加符号或计量单位相同时,在不造成歧义的情况下,起始数值的附加符号或计量单位可以省略。

如果省略数值的附加符号或计量单位会造成歧义,则不应省略。如用"万"、"亿"表示的数值范围,用百分数表示的数值范围。

【例 6-33】

① -36～-8℃;12 500～20 000N;200—350 页;50—100kg;

② 9 亿～15 亿(不书写为 9～15 亿);13 万元～16 万元(不书写为 13～16 万元);

③ 15%～25%(不书写为 15～25%);$4.3×10^6$～$5.7×10^6$(不书写为 4.3～$5.7×10^6$)。

6. 年月日

年月日的表达顺序应按口语中年月日的自然顺序书写。可按照国家标准《数据元和交换格式、信息交换、日期和时间表示法(GB/T 7408—2005)》中的扩展格式,"年"和"月"字用"-"替代,但年月日不完整时不能替代。四位数字表示的年份不应简写为两位数字。月和日是一位数字时,可在数字前补一个"0"。

【例 6-34】

2008 年 8 月 8 日;2008-8-8;2008 年 8 月(不书写为 2008-8);8 月 8 日(不书写为 8-8);2016 年(不书写为 16 年);2008-08-08(常见的书写方式)。

7. 时分秒

计时方式可以采用 12 小时制,也可采用 24 小时制。时分秒的表达顺序应按照口语中时、分、秒的自然顺序书写。可按照国家标准《数据元和交换格式、信息交换、日期和时间表示法(GB/T 7408—2005)》中的扩展格式,"时"和"分"字用冒号":"替代。

【例 6-35】

11 时 40 分(上午 11 时 40 分);21 时 10 分 30 秒(下午 9 时 10 分 30 秒);15 时 40 分(15:40);14 时 12 分 36 秒(14:12:36)。

8. 移行

用阿拉伯数字书写的数值,不能断开转行。年份、百分数的数字与百分号、数值与其单位符号等也不能断开转行。

9. 公差

书写数值及公差时应遵循:

a) 当中心值与其公差的单位相同、且上下公差数值也相同时,公差只书写一个,并在公差前面加上正负号"±",中心值与公差用圆括号"( )"括起,其后跟写单位符号;

b) 当中心值与其公差的单位相同、而上下公差数值不相等时,其上、下公差分别书写在中心值的右上角和右下角,其后跟写单位符号;

c) 当中心值的上公差数值或下公差数值为 0 时,0 前面不加正负号;

d) 上下公差数值的有效数字不能省略；

e) 当中心值与其公差是百分数时,中心值与公差用圆括号"( )"括起,百分号"%"在圆括号后仅书写一次。

【例 6-36】

(80.5 ± 0.2) mm(不能书写成 80.5 ± 0.2 mm); $110.2^{+0.02}_{-0.01}$ mm(不能书写成 $110.2^{+0.02mm}_{-0.01mm}$); $105^{+0.2}_{0}$ mm(不能书写成 $105^{+0.2}_{-0}$ mm); $38^{0}_{-0.5}$ kg(不能书写成 $38^{+0}_{-0.5}$ kg); $22.5^{+0.20}_{-0.01}$ mm(不能书写成 $22.5^{+0.2}_{-0.01}$ mm); $(80\pm2)\%$(不能书写成 $80\pm2\%$)。

6.4.5 数值表述的有关问题

1. 数值的修约

在科学研究中,对实验测量和计算得出的数值进行处理时,常常会遇到一些准确度不等的数值。此时,就要对数值进行修约。数值的修约是指用修约值代替已知数值,该修约值来自选定的修约区间的整数倍。为避免多次修约和可能产生的误差,对一个已知数必须一次完成修约。

对于极大值或极小值,经单位换算后进行修约,应遵循"极小值只入不舍,极大值只舍不入"的原则。例如,某人的最低血压为 82mmHg,把单位换算为 MPa,保留 3 位有效数字。根据换算关系,82mmHg=10.932 404MPa,则应修约成 11.0MPa。

对于一般数值的修约,其原则是:4 舍 6 入 5 看右,5 右有数便进 1;5 右为 0 看左方,奇数进 1 偶舍去。

2. 数值的增减

要表示数值的扩大(如增加、上升、提高、延长)可用倍数或百分数。如扩大了 2 倍表示原值为 a 现值为 3a;增加到 3 倍表示原值为 a 现值为 3a;增长了 60%表示原值为 a 现值为 1.6a。

要表示数值的缩小(如减少、下降、降低、缩短)可用分数或百分数。如缩小了 1/4 表示原值为 a 现值为 0.75a;减少到 1/4 表示原值为 a 现值为 0.25a;降低了 40%表示原值为 a 现值为 0.6a;降低到 40%表示原值为 a 现值为 0.4a。

3. 数值的翻番

翻 n 番是指在持续增加的数值中,每一个现值都是相邻前值的 2 倍。如翻一番表示原值为 a 现值为 2a;翻两番表示原值为 a 现值为 4a;翻 n 番表示原值为 a 现值为 $2^n a$。

需要指出的是,口语中常见的"翻了 n 倍"的说法,其实就是"增加了 n 倍"的意思。此表述方式不科学,容易引起误解,在科技论文中最好不要采用。

4. 数值的成数

在口语中,用"成"表示数值的增减较为常见。一成表示 1/10,两成表示 2/10,等等。由于科技论文的科学性和严谨性,一般不用"成"来表示数值的增减。

5. 数值的概数

应当注意,表示概数的词不要重叠使用,表示概数的词不要与表示数值范围的数值连用。

6.5 标点符号

句子是语言运用的基本单位,它由词、词组(短语)构成,能表达一个完整的意思,如告诉别人一件事,提出一个问题,表示要求或者制止,表示某种感慨,表示对一段话的延续或省略。为了把意思表达清楚,一般常用的句子包括两部分:一部分是句子里说的"谁"或"什么"(主语部分);另一部分是句子里说的"是什么"、"怎么样"或"做什么"(谓语部分)。句子和句子中间有较大停顿,要用到标点符号。

标点符号是书面上用于标明句读和语气的符号。标点符号是辅助文字记录语言的符号,是书面语的有机组成部分,不仅具有表示语句的停顿、语气以及标示某些成分的特定性质和作用的功能,而且还有辅助修辞的作用。科技论文中标点符号的使用应遵循和按照国家标准《标点符号用法》(GB/T 15834—2011)进行规范使用。

6.5.1 标点符号的分类

我国常用的标点符号分为点号和标号两大类,共计 17 种。

1. 点号

点号的作用是点断,主要表示停顿和语气。点号分为句末点号和句内点号两种。

句末点号表示句末停顿和句子的语气,有句号、问号、叹号三种。句内点号表示句内各种不同性质的停顿,有逗号、顿号、分号、冒号四种。

2. 标号

标号的作用是标明,主要标示某些成分(主要是词语)的特定性质和作用。标号有引号、括号、破折号、省略号、着重号、连接号、间隔号、书名号、专名号、分隔号 10 种。

6.5.2 点号的用法

1. 句号

句号是句末点号的一种,主要表示句子的陈述语气,其符号形式为"。",英语中为".。"使用句号主要是根据语段前后有较大停顿、带有陈述语气和语调,并不取决于句子的长短。

句号主要用于以下场合:

a) 用于句子末尾,表示陈述语气;

【例 6-37】

北京是中华人民共和国的首都。

b) 有时,在祈使语气、感叹语气和反问语气比较舒缓时,句末也可以用句号。

【例 6-38】

① 我说道,"爸爸,你走吧。"他往车外看了看,说,"我买几个橘子去。你就在此地,不要走动。"(朱自清《背影》)

② 夜晚是美丽的,也是宝贵的,在这幽静的夜晚,多少勤奋的人们在不知疲倦地工作着,他们在为人类造福,在为四化奋战。此刻,我深深地感到,这些勤奋工作着的人们,是多么值得尊敬啊。(中国逻辑与语言函授大学教材《写作》)

③ 例如乡下顽童,常以纸上画一乌龟,贴于人之背上,最好是毫不理睬,若认真与他们辩论自己之非乌龟,岂非空费口舌。(鲁迅《致郑振铎》)

在科技论文中,某处是否使用句号,一般来讲其界限是清楚的,主要是看句子是否表达完。不过,句号的使用也有一定的灵活性。在某些情况下,可分可连的地方用句号或逗号都可以,如果着眼于分,就用句号,如果着眼于连就用逗号。

在科技写作中,常见的句号误用情形有:
a) 用得太少,即该用句号的地方不用句号,使语段的层次不清,影响表达效果;
b) 用得太多,即还没有完成一个完整意思的表达就用了句号,破坏了句子的整体性;
c) 混用,即属于其他语气的句子却用了句号,与其他标点符号相混。

【例 6-39】
张三的凳子坏了,坐上去不小心会跌倒,李四看到了,记在心上,他从家中带来了工具,放学后,大家都走了,他独自一人蹲在教室里,叮叮地修起来。

该例是由四句话组成的语段:第一句说张三的凳子坏了,会跌倒,到"跌倒"结束;第二句说李四记在心上,到"心上"结束;第三句讲李四拿来工具;第四句讲李四修凳子。但作者只在段尾用了一个句号,使四个句子各自失去了独立性,整段话层次不清。

【例 6-40】
春天。沙枣树伸展着粗糙的树枝。上面覆盖着一片片短小的叶子。叶子上一层细沙一样的东西晶莹发亮。

该例是一句话,结尾用一个句号就可以了,但作者多用了三个句号,前两个句号中断了句子的内部联系。

【例 6-41】
李勇朝我喊:"闪开"轰隆一声,架子倒塌了。

该例中"闪开"是命令语气,应该用感叹号。

2. 问号

问号是句末点号的一种,主要表示句子的疑问语气,其符号形式为"?"。使用问号主要是根据语段前后有较大停顿、带有疑问语气和语调,并不取决于句子的长短。

问号主要用于以下场合:
a) 凡是表疑问的句子,不论是询问,还是责问、反问、选择问、商量、设问或不需要回答而语气是疑问的句子,末尾都用问号;

【例 6-42】
① "真的吗?""真的。""对不对?""对!"。(特指问)
② 为什么不能去呢?(反问)
③ 把笔借给我,好吗?(商量)
④ 你怎么不说了呢?(询问)
⑤ 是谁创造了人类世界?是我们劳动群众。(设问)
⑥ 我?(独词问)
⑦ 我们是坐车去,还是走路去?(选择问)

b) 选择问句中,通常只在最后一个选项的末尾用问号,各个选项之间一般用逗号隔开;当选项较短且选项之间几乎没有停顿时,选项之间可不用逗号;当选项较多或较长,或有意突出每个选项的独立性时,也可每个选项之后都用问号;

【例 6-43】
① 诗中记述的这场战争究竟是真实的历史描述,还是诗人的虚构?
② 这是巧合还是有意安排?
③ (他看着我的作品称赞了我。)但到底是称赞我什么:是有几处画得好?还是什么都敢画?抑或只是一种对于失败者的无可奈何的安慰?我不得而知。

c) 在多个问句连用或表达疑问语气加重时,可叠用问号;通常应先单用,再叠用,最多叠用三个问号;在没有异常强烈的情感表达需要时不宜叠用问号;

【例6-44】

这就是你的做法吗?你这个总经理是怎么当的??你怎么竟敢这样欺骗消费者???

d) 在倒装问句中,谓语和主语之间用逗号隔开,问号放在句尾;

【例6-45】

去北京哪天动身啊,张主任?

e) 用于表示有怀疑或不确定的词语之后,该用法通常要将问号用圆括号"( )"括起来;

【例6-46】

……有所不为,为无不果(?);有所不学,学无不成。(王安石《祭沈文通》)

f) 问号也有标号的用法,即用于句内,表示存疑或不详;

【例6-47】

① 马致远(1250?—1321),大都人,元代戏曲家、散曲家。

② 钟嵘(?—518),颍川长社人,南朝梁代文学批评家。

g) 反问句末尾一般用问号,但反问句语气很重,感情强烈,末尾可用叹号;语气缓和,可看作陈述句,末尾可用句号。

【例6-48】

国家主席可以被活活整死,连在骨灰盒上署真名的权利都被剥夺;堂堂元帅在集会中竟遭无知学生的辱骂和问罪;……这哪还有什么尊重可言!

在科技写作中,常见的问号误用情形有:

a) 在含有"谁"、"什么"、"怎么样"、"什么时候"、"什么地点"、"为什么"等疑问词的陈述句末尾误用问号;

b) 在带有"是……还是"疑问结构的陈述句中误用问号。

【例6-49】

在设计课题研究方案之前,先……从中了解其调查内容是什么?对象是谁?运用了哪些调查手段?调查后得到了什么结果?分析后得出了什么结论?等等。

该例中,"其调查内容是什么"等5个含有疑问词的成分都不是独立句子,它们共同作"了解"的宾语,应将5个问号均改为逗号。

【例6-50】

是报考计算机专业,还是报考电气工程与自动化专业?小王一时拿不定主意。

该例是一个陈述句,其中的问号应改为逗号。

3. 叹号

叹号是句末点号的一种,主要表示句子的感叹语气,叹号的形式是"!"。使用叹号主要是根据语段前后有较大停顿、带有感叹语气和语调,并不取决于句子的长短。

叹号主要用于以下场合:

a) 用于表示感叹语气,有时也可表示强烈的祈使语气、反问语气等;

【例6-51】

① 我多么想看看她老人家呀!

② 你给我住嘴!

③ 谁知道他今天是怎么搞的!

b) 用于拟声词后,表示声音短促或突然;

【例 6-52】
① 咔嚓! 一道闪电划破了夜空。
② 咚! 咚咚! 突然传来一阵急促的敲门声。

c) 表示声音巨大或声音不断加大时,可叠用叹号;表达强烈语气时,也可叠用叹号,最多叠用三个叹号;在没有异常强烈的情感表达需要时不宜叠用叹号;

【例 6-53】
① 轰!! 在这天崩地塌的声音中,女娲猛然醒来。
② 我要揭露! 我要控诉!! 我要以死抗争!!!

d) 当句子包含疑问、感叹两种语气且都比较强烈时(如带有强烈感情的反问句和带有惊愕语气的疑问句),可在问号后再加叹号(问号、叹号各一个)。

【例 6-54】
① 我哪里比得上他呀!
② 这么点困难就能把我们吓倒吗?!

4. 逗号

逗号是句内点号的一种,表示句子或语段内部的一般性停顿,其符号形式是","。逗号把句子切分为意群,表示小于分号大于顿号的停顿。逗号在汉语及大多数外语中是使用频率最高的标点符号,其用途最广泛,用法最灵活,因此也最难掌握。

逗号主要用于以下场合:

a) 复句内各分句之间的停顿,除了有时用分号外,一般都用逗号;

【例 6-55】
① 学历史使人更明智,学文学使人更聪慧,学数学使人更精细,学考古使人更深沉。
② 要是不相信我们的理论能反映现实,要是不相信我们的世界有内在和谐,那就不可能有科学。

b) 在较长的主语后面,或虽不长但有必要强调的主语后面,或带着语气词的主语后面,常用逗号表示停顿;

【例 6-56】
① 因亏损严重,无力清偿到期债务的柳州铁路工程建筑公司,日前被柳州铁路法院宣告破产。
② 升学,是几乎所有的教师和家长都不敢小视的问题。
③ 她呀,已经毕业好几年了。

c) 句首的状语后面,一般要用逗号表示停顿;主语后谓语前的状语,如果较长,需要停顿,后面也用逗号;

【例 6-57】
① "八五"期间,我市增加了对能源工业的投入,推动了能源工业的技术进步。
② 大型电视系列剧《东周列国》在中央电视台播出后,加深了观众对这段历史的了解。

d) 如果宾语较长,特别是当宾语是主谓短语时,动词和宾语之间常用逗号;

【例 6-58】
① 有的考古工作者认为,南方古猿生存于上新世至更新世的初期和中期。
② 值得注意的是,这次检查发现的问题全部出在联营柜台上。

e) 带句内语气词的主语(或其他成分)之后,或带句内语气词的并列成分之间;

【例6-59】

① 他呢,倒是很乐意地、全神贯注地干起来了。

② (那是个没有月亮的夜晚。)可是整个村子——白房顶啦,白树木啦,雪堆啦,全看得见。

f) 较长的主语中间、谓语中间或宾语中间;

【例6-60】

① 母亲沉痛的诉说,以及亲眼见到的事实,都启发了我幼年时期追求真理的思想。

② 那姑娘头戴一顶草帽,身穿一条绿色的裙子,腰间还系着一根橙色的腰带。

③ 必须懂得,对于文化传统,既不能不分青红皂白统统抛弃,也不能不管精华糟粕全盘继承。

g) 前置的谓语之后或后置的状语、定语之前;

【例6-61】

① 真美啊,这条蜿蜒的林间小路。

② 她吃力地站了起来,慢慢地。

③ 我只是一个人,孤孤单单的。

h) 称呼语、插入语等特殊成分与句子中一般成分之间,常用逗号表示停顿;

【例6-62】

① 没事,老王,您就别说这些见外的话了。

② 对这种人,毫无疑问,我们只能诉诸法律。

③ 童年的往事,无论是苦涩的,还是充满欢乐的,都是永远值得回忆的。

i) 表示序次的词语如"首先、第一、其次、最后"等之后,可以用逗号表示停顿;

【例6-63】

① 为什么许多人都有长不大的感觉呢?原因有三:第一,父母总认为自己比孩子成熟;第二,父母总要以自己的标准来衡量孩子;第三,父母出于爱心而总不想让孩子在成长的过程中走弯路。

② 下面从三个方面讲讲语言的污染问题:首先,是特殊语言环境中的语言污染问题;其次,是滥用缩略语引起的语言污染问题;再次,是空话和废话引起的语言污染问题。

j) 并列的短语如果较长或者有两层的并列关系,第二层已经用了顿号,第一层就要用逗号,以体现出层次性;

【例6-64】

影片散文式的结构,如诗如画的景色,简洁、纯朴的对白,以及那深长的、带着淡淡忧伤的笛声,都深深地打动了观众的心。

k) 关联词语如"所以、可是、然而、否则、那么"等后面所引领的分句如果较长,这些关联词语后面可以用逗号表示停顿;

【例6-65】

① 民族文化素质中的"文化",当然包括并且在很大程度上反映为书本知识的多少,但是,从实践角度看,这仅仅是问题的一方面,而且不能说是根本的方面。

② 化石为人们认识生物进化提供了直接的、重要的证据。然而,化石在证明生物进化中的作用是相对的,它为人们认识地球上生物不断进化发展所起的作用存在着一定的局限性。

l) 语气缓和的感叹语、称谓语或呼唤语之后。

【例 6-66】

① 哎哟,这儿,快给我揉揉。

② 喂,你是哪个单位的?

5. 顿号

顿号是句内点号的一种,表示语段中并列词语之间或某些序次语之后的停顿,其符号形式是"、"。顿号在汉语中主要有两个用途:一是分隔同类的并列的事,通常是单字、词语或短句,当中的停顿较逗号短;二是分隔用汉字作为序号的序号和内文。

顿号主要用于以下场合:

a) 用于并列词语之间;

【例 6-67】

① 这里有自由、民主、平等、开放的风气和氛围。

② 造型科学、技艺精湛、气韵生动,是盛唐石雕的特色。

并列词语用顿号还是逗号分隔,有一定的灵活性。一般来说,字数少、连接紧密、结构整齐的多用顿号。表示含有顺序关系的并列各项间的停顿,用顿号,不用逗号。

【例 6-68】

① 桃树、杏树、梨树,你不让我,我不让你,都开满了花赶趟儿。(朱自清《春》)

② 我们经历了、参与了、看见了一次雄伟壮烈的事件,这次事件必将改变我们的生存现状并深刻地影响未来。(张贤亮《挽狂澜》)

③ 对于表示人、事物、行为之间的相互对待关系。

b) 用于需要停顿的重复词语之间;

【例 6-69】

他几次三番、几次三番地辩解着。

c) 用于某些序次语(不带括号的汉字数字或"天干地支"类序次语)之后;

【例 6-70】

① 我准备讲两个问题:一、逻辑学是什么? 二、怎样学好逻辑学?

② 风格的具体内容主要有以下四点:甲、题材;乙、用字;丙、表达;丁、色彩。

d) 相邻或相近两个数字连用表示概数通常不用顿号;若相邻两个数字连用为缩略形式,宜用顿号;

【例 6-71】

① 飞机在 6000 米高空水平飞行时,只能看到两侧八九公里和前方一二十公里范围内的地面。

② 这种凶猛的动物常常三五成群地外出觅食和活动。

③ 农业是国民经济的基础,也是第二、三产业的基础。

e) 标有引号的并列成分之间、标有书名号的并列成分之间通常不用顿号;若有其他成分插在并列的引号之间或并列的书名号之间(如引语或书名号之后还有括注),宜用顿号;

【例 6-72】

① 店里挂着"顾客就是上帝""质量就是生命"等横幅。

②《红楼梦》《三国演义》《西游记》《水浒传》,是我国长篇小说的四大名著。

③ 李白的"白发三千丈"(《秋浦歌》)、"朝如青丝暮成雪"(《将进酒》)都是脍炙人口的诗句。

6. 分号

分号是句内点号的一种,表示复句内部并列关系分句之间的停顿,以及非并列关系的多重复句中第一层分句之间的停顿,其符号形式是";"。分号是一种介于逗号和句号之间的标点符号。

分号主要用于以下场合:

a) 表示复句内部并列关系的分句之间的停顿;在单重复句中,分句不包含逗号时可以用逗号或分号分隔,包含逗号时宜用分号分隔;

【例6-73】

① 矿藏、水流、森林、山岭、草原、荒地、滩涂等自然资源,都属于国家所有,即全民所有;由法律规定属于集体所有的森林和山岭、草原、荒地、滩涂除外。(《中华人民共和国宪法》)

② 纵比,即以一事物的各个发展阶段作比;横比,则以此事物与彼事物相比。(宋庆龄《谈"比较"》)

b) 表示非并列关系的多重复句中第一层分句(主要是选择、转折等关系)之间的停顿;分号用以分隔多重复句第一层次的分句,无论该层次若干分句的逻辑关系是什么;

【例6-74】

① 有的学会烤烟,自己做挺讲究的纸烟和雪茄;有的学会蔬菜加工,做的番茄酱能吃到冬天;有的学会蔬菜腌渍、窖藏,使秋菜接上春菜。(吴伯箫《菜园小记》)

② 内容有分量,尽管文章短小,也是有分量的;如果内容没有分量,尽管写得多么长,愈长愈没有分量。(郭沫若《关于文风问题》)

c) 大句中被冒号、破折号、括号、引号分隔出来的并列分句有相对的独立性,中间可根据需要使用分号;

【例6-75】

① 他们思虑着:哪些溪涧在山洪到来时不好通过,就架起一座座石桥和板桥;哪些人家离河太远,就在散居的村舍边,挖下一口口水井;哪些水井靠近大路,又在水井上加井盖。(魏巍《依依惜别的深情》)

② 打猎的讲究不少:雉鸡、野兔要白天打,叫打坡;野猪、狐、獾、熊和狼要夜里打,叫打猎。(吴伯箫《猎户》)

d) 用于分项列举的各项之间,分项列举各项如果是分句,自然可以用分号;在单句中冒号引出的并列短语用于分项列举,为了使分项的性质显得突出,也可以用分号分隔。

【例6-76】

① 特聘教授岗位职责为:讲授本学科核心课程;主持国家重大科研项目研究;领导本学科学术梯队建设;带领本科学在其前沿领域赶超或保持国际先进水平。(《光明日报》1998-8-5)

② 北京城市规划设计研究院编制了王府井大街街景整治、道路铺装和绿化美化的整治规划方案,按照把王府井建成国际一流商业街的目标,遵循统一、人本、文化、简洁四条原则,即:体现商业街的完整和统一性,规划街道环境设计;贯彻以人为本,创造轻松舒适、独具特色的步行购物环境;综合运用多种手段,营造独特的商业文化氛围;将现代、简洁、朴素淡雅的原则,贯穿于整体风格和细部设计。(《北京晚报》1999-3-12)

7. 冒号

冒号是句内点号的一种,表示语段中提示下文或总结上文的停顿,其符号形式是":"。

冒号主要用于以下场合：

a) 用于提示性词语（如问/答、说、想、是、即、写道、认为、证明、表示、指出、例如等）之后，表示提示下文，引出宾语；如果不强调这类动词的提示作用，大都可以用逗号代替冒号；

【例 6-77】

① 莎士比亚说："书籍是全世界的营养品。"（叶文玲《我的"长生果"》）

② 由此可见，这种观点表明：人创造环境，同样环境创造人。（马克思和恩格斯《费尔巴哈》）

③ 大量的事实表明，环境污染已经成为社会公害。（于涌泉《为人类创造良好的环境——介绍环境科学》）

b) 用于总说性话语之后，引出分说；

【例 6-78】

① 我们一般提六门基础科学：天文，地学，生物，数学，物理，化学。（钱学森《现代自然科学中的基础科学》）

② 但一般来说，质量好的文化产品应该符合以下标准：先进的政治性、思想性；较高的知识性、学术性、艺术性；较高的文字质量和印刷装帧质量；鲜明的特色和风格。（《出版科学》1999/1）

c) 用于总括性话语之前，表示总结上文；

【例 6-79】

① 张华上了大学，李萍进了技校，我当了工人：我们都有美好的前途。

② 这就好比一人远远而来，最初我们只看到他穿的是长衣或短褂，然后又看清了他是肥是瘦，然后又看清了他是方脸或圆脸，最后，这才看清了他的眉目乃至音容笑貌：这时候，我们算把他全部看清了。（茅盾《谈〈水浒〉的人物和结构》）

d) 用在需要说明的词语之后，表示注释和说明；

【例 6-80】

① （本市将举办首届大型书市。）主办单位：市文化局；承办单位：市图书进出口公司；时间：8 月 15 日—20 日；地点：市体育馆观众休息厅。

② 生活教我认识了桥：与水形影不离的过河的建筑。（刘宗明《北京立交桥》）

e) 用于书信、讲话稿中称谓语或称呼语之后，表示提起下文；

f) 在采访、辩论、座谈、法庭审讯等言谈的记录中用于说话人名之后，以引出说话内容。

6.5.3 标号的用法

1. 引号

引号是标号的一种，标示语段中直接引用的内容或需要特别指出的成分。引号的符号形式有双引号""""和单引号''两种。左侧的为前引号，右侧的为后引号。

引号主要用于以下场合：

a) 标示语段中直接引用的内容；

【例 6-81】

① 丫姑折断几枝扔下来，边叫我的小名儿边说："先喂饱你！"

② "哎呀，真是美极了！"皇帝说，"我十分满意！"

③ "怕什么！海的美就在这里！"我说道。

　　b）标示语段中间接引用的内容；

【例 6-82】

① 李白诗中就有"白发三千丈"这样极尽夸张的语句。

② 现代画家徐悲鸿笔下的马,正如有的评论家所说的那样,"形神兼备,充满生机"。

　　c）标示需要着重论述或强调的内容；

【例 6-83】

① 这里所谓的"文",并不是指文字,而是指文采。

② 从山脚向上望,只见火把排成许多"之"字形,一直连到天上。

　　d）标示语段中具有特殊含义而需要特别指出的成分,如别称、简称、反语等；

【例 6-84】

① 人类学上常把古人化石统称为尼安德特人,简称"尼人"。

② 他们(指友邦人士)的维持他们的"秩序"的监狱,就撕掉了他们的"文明"的面具。

　　e）当引号中还需要使用引号时,外面一层用双引号,里面一层用单引号；

【例 6-85】

我听见先生对我说："唉,总要把学习拖到明天,这正是阿尔萨斯人最大的不幸。现在那些家伙就有理由对我们说了：'怎么？你们还自己说是法国人呢,你们连自己的语言都不会说,不会写！……'不过,可怜的小弗郎士,这也并不是你一个人的过错。"

　　f）独立成段的引文如果只有一段时,段首和段尾都用引号；不止一段时,每段开头仅用前引号,只在最后一段末尾用后引号；

　　g）在书写带月、日的事件、节日或其他特定意义的短语(含简称)时,通常只标引其中的月和日；需要突出和强调该事件或节日本身时,也可连同事件或节日一起标引。

　　h）应当注意,对于直接引用,点号应置于后引号之前；对于间接引用,点号应置于后引号之后。

2. 括号

括号是标号的一种,标示语段中的注释内容、补充说明或其他特定意义的语句；括号的主要符号形式是圆括号"（ ）",其他符号形式还有方括号"[ ]"、六角括号"〔 〕"和方头括号"【 】"。

括号主要用于以下场合：

　　a）标示注释内容或补充说明、订正或补加的文字、序次语、引语的出处、汉语拼音注音等,使用圆括号；

【例 6-86】

① 我校拥有特级教师(含已退休的)17人。

② 正在紧张施工的京广铁路武(汉)广(州)段……也取得了新的进展。(《光明日报》1999-1-5)

③ 思想有三个条件：(一)事理,(二)心理,(三)伦理；言语也有三个条件：(一)声音,(二)声音的记号——文字,(三)声音和声音连接关系——文法。(《陈望道语文论集》)

④ "的(de)"这个字在现代汉语中最常用。

b) 标示补缺或订误、标注国际音标等,使用方括号;

【例 6-87】

① 所举的例证有司马迁"成《史记》百三十篇,并自抄正副两册,一藏京师,一藏名山,以待传播于世,他所做的虽[显?]然不仅是写作"(《出版发行研究》1995 年 3 期),《编辑学刊》1995 年 6 期)

② 北京话能做介音的因素有[i]、[u]、[y]三个……(罗常培、王均《普通语音学纲要》)

c) 标示公文发文字号中的发文年份、作者国籍或所属朝代时,可用六角括号;

【例 6-88】

① 国发〔2016〕5 号文件;

② 〔英〕赫胥黎《进化论与伦理学》。

d) 报刊标示电讯、报道的开头,可用方头括号。

【例 6-89】

【新华社北京消息】。

应当注意,除科技书刊中的数学、逻辑公式外,所有括号(特别是同一形式的括号)应尽量避免套用。必须套用括号时,宜采用不同的括号形式配合使用。

3. 破折号

破折号是标号的一种,标示语段中某些成分的注释、补充说明或语音、意义的变化,其符号形式是"——"。

破折号主要用于以下场合:

a) 引出对概念内涵的具体解释、总括性的说明、对事情原因的解释、补充说明的话;

【例 6-90】

① 文中指出了战前的政治准备——取信于民,叙述了利于转入反攻的阵地——长勺,叙述了利于开始反攻的时机——彼竭我盈之时,叙述了追击开始的时机——辙乱旗靡之时。(毛泽东《中国革命战争的战略问题》)

② ——凡此种种,都可以说某些歌剧中缺乏革命浪漫主义的具体表现。(贺敬之《谈歌剧的革命浪漫主义》)

③ 鲁大海,你现在没有资格跟我说话——矿上已经把你开除了。(曹禺《雷雨》)

④ 灯光,不管是哪个人的家的灯光,都可以给行人——甚至像我这样的一个异乡人——指路。(巴金《灯》)

b) 表示突然转变话题或突出语意转折;

【例 6-91】

① 我偷偷睁眼看了看女医生,见她皱着眉头,脸色很紧张地说:"现在还不能判断,叫她冷静一会儿再说。大家都去学习去,——提壶开水来。"(刘真《核桃的秘密》)

② 让他一个人留在房里总共不过两分钟,等我们再进去的时候,便发现他在安乐椅上安静地睡着了——但已经永远地睡着了。(恩格斯《在马克思墓前的讲话》)

c) 强调被引出的下文;

【例 6-92】

① 在这一刻满屋子人的心都是相同的,都有一样东西,这就是——对死者的纪念。(巴金《永远不能忘记的事情》)

② 在几千公里的铁路上,在几百公里的公路上,我从车窗望出去,我的眼睛在到处寻

觅——森林!(泰似《幼林》)

提起下文主要是冒号功能,用破折号来代替是为了使语气更强烈,或阅读更醒目。

d) 用于歇后语,引出语底;

【例 6-93】

① 别看他们闹得这么凶,可是他们是兔子的尾巴——长不了。(胡丹佛《把眼光放远一点》)

② 赵庄的人们这时都说开了,有的说:"把田村家得罪上来,咱们也没有取上利。阉猪割耳朵——两头受罪。"(马烽《我的第一个上级》)

e) 标示话语的中断或间隔;

【例 6-94】

① "可怜的妈妈,"箍桶匠说,"你不知道我多爱你。——还有你,我的儿!"(巴尔扎克《守财奴》)

② 这时,我忽然记起哪本杂志上的访问记——"哦!您,您就是——"(阿累《一面》)

f) 标示插入语;

【例 6-95】

这简直就是——说得不客气点——无耻的勾当!

g) 用于副标题之前。

【例 6-96】

① 飞向太平洋

——我国运载火箭发射目击记(《人民日报》1980.5.23)

② 伤逝

——涓生的手记(《鲁迅全集》)

4. 省略号

省略号是标号的一种,标示语段中某些内容的省略及意义的断续等,其符号形式是"……"。

省略号主要用于以下场合:

a) 标示引文的省略;

b) 标示列举或重复词语的省略;

c) 标示语意未尽;

d) 标示说话时断断续续;

e) 标示对话中的沉默不语;

f) 标示特定的成分虚缺;

g) 在标示诗行、段落的省略时,可连用两个省略号(即相当于十二连点)。

【例 6-97】

① 我们齐声朗诵起来:"……俱往矣,数风流人物,还看今朝。"

② 对政治的敏感,对生活的敏感,对性格的敏感,……这都是作家必须要有的素质。

③ 在人迹罕至的深山密林里,假如突然看见一缕炊烟,……

④ 她磕磕巴巴地说:"可是……太太……我不知道……你一定是认错了。"

⑤ "还没结婚吧?""……"他飞红了脸,更加忸怩起来。

⑥ 只要……就……

⑦ 从隔壁房间传来缓缓而抑扬顿挫的吟咏声——
　床前明月光,疑是地上霜。
　……………

省略号前面的标点(成对的前引号、前括号、前书名号除外)若是句号、问号或叹号,说明前面是完整的句子,则该句末点号应予保留;若是顿号、逗号或分号,则该句中点号不予保留。

省略号后面的标点(成对的后引号、后括号、后书名号除外)一律不保留,有话接着说,无话就以省略号结束。

注意,在科技论文中一些特殊场合,如省略阿拉伯数字和外文字母时,使用3个点的省略号,占一个汉字位置。

【例 6-98】
① $i=1, 2, 3, \cdots, m; j=1, 2, 3, \cdots, n$。
② $a_1, a_2, a_3, \cdots, a_n$。

5. 着重号

着重号是标号的一种,标示语段中某些重要的或需要指明的文字,其符号形式是"．",标注在相应文字的下方。

着重号主要用于以下场合：
a) 标示语段中重要的文字;
b) 标示语段中需要指明的文字。

【例 6-99】
① 诗人需要表现,而不是证明。
② 词着急、子弹、强调中加点的字,除了在词中的读法外,还有哪些读法?

6. 连接号

连接号是标号的一种,标示某些相关联成分之间的连接,其符号形式有短横线"-"、一字线"—"和波纹线"～"三种。

短横线连接号的主要使用场合：
a) 标示复合名词的连接;

【例 6-100】
牛顿-莱布尼茨公式;焦耳-楞次定律;吐鲁番-哈密盆地。

b) 标示化合物的汉语名称与其前面符号之间或位序之间的连接;

【例 6-101】
N-乙烯基-丁内酰胺;3-戊酮。

c) 用于插图、附表、公式、品种等的编号;

【例 6-102】
图 5-6;表 3-8;公式(6-10);大肠杆菌 K-12。

d) 用于国际标准书号、国际标准刊号、产品型号等的连接;

【例 6-103】
ISBN 978-7-81102-473-9;ISSN 1005-0590;WZ-10 直升机。

一字线连接号的主要使用场合：
a) 标示方位名词的连接,表示相关或走向;

【例 6-104】

华东—华北—东北平原地区;西北—东南走向。

b) 标示植物的属(或种)的分布区类型;

【例 6-105】

北温带—北极分布;阿尔泰—蒙古—达乌里分布。

c) 标示相关项目(如时间、地域等)的起止。

【例 6-106】

2016 年 3 月 10 日—15 日;北京—上海高速铁路。

波纹线连接号的主要使用场合:

a) 标示数值范围(由阿拉伯数字或汉字数字构成)的起止;

【例 6-107】

30~40g;35~50mA;25%~40%。

b) 用于化学式中的连接,表示高能键。

【例 6-108】

A—P~P~P(三磷酸腺苷的分子式)。

7. 间隔号

间隔号是标号的一种,标示某些相关联成分之间的分界,其符号形式是"·"。

间隔号主要用于以下场合:

a) 标示外国人名或少数民族人名内部的分界;

【例 6-109】

① 阿尔伯特·爱因斯坦(1879—1955),物理学家,生于德国。……因理论物理学方面的贡献,特别是发现光电效应定律,获 1921 年诺贝尔物理学奖。(《辞海》缩印本)

② 帕巴拉·格列朗杰,藏族,第十一届全国政协副主席。

b) 标示书名与篇(章、卷)名之间的分界;

【例 6-110】

① 关于铁券的历史沿革,《中国大百科全书·中国历史 III》中有记载。

②《孟子·离娄下》中云:"仁者爱人,有礼者敬人;爱人者人常敬之,敬人者人常敬之。"

c) 标示词牌、曲牌、诗体等与题名之间的分界;

【例 6-111】

①《七律·和郭沫若同志》是毛泽东同志于 1961 年 11 月 17 日创作的。

②《念奴娇·赤壁怀古》是北宋文学家苏轼所作的一首词。

d) 标示标题或栏目名称中并列词语之间的分界;

【例 6-112】

《中华读书报·书评周刊》;科技书刊标准化:成绩·问题·展望 天·地·人。

e) 以月、日为标志的事件或节日,用汉字数字表示时,只在一、十一和十二月后用间隔号;当直接用阿拉伯数字表示时,月、日之间均用间隔号。

【例 6-113】

"一二·九"运动;"9·11"恐怖袭击事件;"3·15"消费者权益日。

8. 书名号

书名号是标号的一种,标示语段中出现的各种作品的名称,其符号形式有双书名号"《 》"

和单书名号"〈 〉"两种。

书名号主要用于以下场合：

a) 标示书名、卷名、篇名、刊物名、报纸名、文件名等；

【例 6-114】

《红楼梦》(书名)；《史记·项羽本记》(卷名)；《论雷峰塔的倒掉》(篇名)；《兵工学报》(刊物名)；《人民日报》(报纸名)。

b) 标示电影、电视、音乐、诗歌、雕塑等各类用文字、声音、图像等表现的作品的名称；

【例 6-115】

《速度与激情4》(电影名)；《芈月传》(电视剧名)；《双节棍》(歌曲名)；《沁园春·雪》(诗词名)；《东方欲晓》(雕塑名)。

c) 标示全中文或中文在名称中占主导地位的软件名；

【例 6-116】

《会声会影 X8》；《金山词霸》。

d) 标示作品名的简称。

【例 6-117】

我读了《念青唐古拉山脉纪行》一文(以下简称《念》)，收获很大。

应当注意,当书名号中还要用书名号时,里面一层用单书名号,外面一层用双书名号。

9. 专名号

专名号是标号的一种,标示古籍和某些文史类著作中出现的特定类专有名词。专名号的符号形式是一条直线"—",标注在相应文字的下方。

专名号主要用于标示古籍、古籍引文或某些文史类著作中出现的专有名词,主要包括人名、地名、国名、民族名、朝代名、年号、宗教名、官署名、组织名等。

【例 6-118】

① 孙坚人马被刘表率军围得水泄不通。(人名)

② 于是聚集冀、青、幽、并四州兵马七十多万准备决一死战。(地名)

③ 当时乌孙及西域各国都向汉派遣了使节。(国名、朝代名)

④ 从咸宁二年到太康十年,匈奴、鲜卑、乌桓等族人徙居塞内。(年号、民族名)

现代汉语文本中的上述专有名词,以及古籍和现代文本中的单位名、官职名、事件名、会议名、书名等不应使用专名号。必须使用标号标示时,宜使用其他相应标号(如引号、书名号等)。

10. 分隔号

分隔号是标号的一种,标示诗行、节拍及某些相关文字的分隔,其符号形式是"/"。

分隔号主要用于以下场合：

a) 分隔供选择或可转换的两项,表示"或"；

【例 6-119】

① 此时,请按"放大/缩小"键。

② 最后,摁下"启动/停止"按钮。

b) 分隔组成一对的两项,表示"和"；

【例 6-120】

① 北京—沈阳动车组的车次有 D1/D2,D3/D4,D5/D6,D23/D24 等。

② 羽毛球女双决赛中国组合杜婧/于洋两局完胜韩国名将李孝贞/李敬元。

c）分隔层级或类别；

【例6-121】

我国的行政区划分为：省（直辖市、自治区）/省辖市（地级市）/县（县级市、区、自治州）/乡（镇）/村（居委会）。

d）诗歌接排时分隔诗行（也可使用逗号和分号），标示诗文中的音节节拍。

【例6-122】

① 春眠不觉晓/处处闻啼鸟/夜来风雨声/花落知多少。

② 横眉/冷对/千夫指,俯首/甘为/孺子牛。

6.6 插　　图

插图是科技论文写作中常用的辅助表达方式，用于展示事物的特征和变化趋势。插图可以配合论文的内容、补充文字或数学式等所不能表达清楚的问题，利于节约、活跃和美化版面，使读者阅读论文时有赏心悦目之感，提高读者的阅读兴趣和效率。

6.6.1　插图的特点

1. 图形的示意性

科技论文中的插图主要用于辅助文字表达，特别是用来表达用文字叙述难以讲清楚的内容。为了简化图面，突出主题，这种表达往往是示意性的，通常不使用机械制图中的总图、装配图和零（部）件图，不使用建筑制图中的设计图和施工图，一般也不采用具体结构图，而是采用结构示意图；函数曲线图也不像供设计或计算用的手册中的那样精确、细致，大多采用简化坐标图的形式。

2. 内容的科学性

科技论文的插图要求真实地反映事物的本质，注重科学性和严肃性，不能臆造和虚构，不能未经实验或实践而"创造"或"虚构"出来；整幅插图及其各个细节，必须反映事物的真实形态、变化规律、有序性和数量关系，不允许随意作有悖于事物本质特征的取舍和臆造。

3. 取舍的灵活性

科技论文的插图既可以是原始记录图、实物照片图和显微相片图，又可以是数据处理后的综合分析图，其取舍范围较为广泛，其类型选用完全取决于内容表达；凡是用文字能方便地表达清楚的内容，就不要用插图表达；为了突出主题、节约版面和减少制图时间，凡是能用局部或轮廓符号表达的就不用整图、照片图等写实图。

4. 表达的规范性

插图是形象语言，语言本身是交流思想的工具，要交流思想，论文作者、编者和读者就应有共同语言，在设计和绘制插图时要讲求规范，否则就会使人费解甚至无法理解，从而使插图失去了存在的必要。

5. 印制的局限性

受到制版技术和印制成本的限制，通常多采用线条图且单色（黑色）印刷，很少用套色图，几乎不用彩色照片图（非用不可时要制成插页）。

6.6.2 插图的分类

科技论文的插图大体分为两大类,即线条图和照片图。

1. 线条图

线条图是指用线条勾画出来的各类图形,具有含义清晰、易于描绘和制版简便的特点,是科技论文中最常用的一类插图。

线条图可以分为函数曲线图、散点图、等值线图、直线图、直方图、构成图、记录谱图、地图和示意图等,而示意图又包括结构示意图、工作原理图(或流程图)、系统方框图、计算机程序图、网络图等。其中,函数曲线图的规范化要求最全面,其应用也最多最广泛。

2. 照片图

照片图是对实物照片或显微照片的翻版,具有形象逼真、立体感强的特点,大多用于需要分清事物的深浅差别、明暗对比和层次变化,反映物体外观形貌或内部显微结构的场合。照片图又分为黑白照片图(灰度图)和彩色照片图。

1) 黑白照片图(灰度图)

黑白照片图因描述效果能够满足一般要求,且制版方便、成本较低,故在科技论文中采用较多。常见的黑白照片图有实物照片图、红外热图和显微照片图。

实物照片图主要用于反映实际物体的外部形态、空间位置等。在拍摄照片和加工底图时应注意:

  a) 幅面应合适,即拍摄时要根据被摄对象的纵横比例大小来确定是拍横幅照片还是拍竖幅照片,制版时应对主体对象上下左右的"多余"部分做适当裁剪;
  b) 主体应突出,主体对象应位于画面中的主要位置,起点缀作用的陪衬对象应位于次要位置,且陪衬对象不应过多,以免喧宾夺主;
  c) 稳定感要强,通常主体对象上的竖线应与照片的底边线垂直,以免画面给人不稳定的感觉;若照片的稳定感不强,应予以重拍或矫正。

冶金、材料、地质类专业的金相图、岩相图,医学、农学类专业的病理切片组织图等大多属于显微照片(或电子显微照片)。在编排时,一是要编排好图序,必要时还应标示方位;二是以图示法表示比例尺,即在照片右下角以长度1cm的线段表示图中实物的实际尺寸 $x\mu m$。比例尺与放大倍数的换算关系如下:

$$x = 10000/放大倍数$$

需要指出的是,不应在图注中以乘号"×"的形式(如"×500")表示图片的放大倍数,以免印刷时因缩放照片而导致比例尺失真。

2) 彩色照片图

彩色照片图常见的有实物照片图、假彩色红外热图和微光图像。彩色照片图色彩丰富,使主体对象的层次更分明,形象更逼真,表达效果更为理想。但由于彩色照片图的制版和印刷成本很高,故应考虑是否有必要采用彩色照片图。

6.6.3 插图的设计要求

1. 精选插图

一是能用简单文字叙述清楚的内容就不要插图;二是可用可不用或仅是为了增加感性认识的图应尽量不用;三是分析比较同类插图,看能否合并甚至删减,且插图中不必要的部分应予删除。

2. 认真构思

应对各种表达方式的插图进行认真比较,从中遴选最合适的。采用分图时,分图之间应联系密切、排列紧凑、大小匀称。

3. 精心设计

插图大小适中,线条均匀,主辅线分明。图幅大小取决于插图的复杂程度,复杂的图可适当大一些,简单的图可以小一些。图幅的长宽比应适当,以黄金分割的矩形为宜。一般而言,图幅最大不能超过论文的版心尺寸。

4. 符合标准

插图的画法及其图形符号应符合有关的国家标准。无标准规定的应以习惯画法为准。插图中的名词术语、量名称、量符号、计量单位等要符合国家标准,并与正文相统一。

5. 图文呼应

图文呼应就是要做到"文引图,图就位,图配文"。文引图就是图前必须有引文,即用引文引出插图,如"图×表示……"、"图×是……"、"图×给出了……"、"……如图×所示"等。图就位就是插图安排在段落之间,通常编排在文中第一次提到该图的段落之后,且最好排在同一版面内,便于查阅。图配文就是要有序叙述图中每一部件的功能,即图中出现的符号文中必有说明,这也就是图配文的基本原则——"图中符,文中字"。图配文一般置于图下的段落中,若版面难以安排,也可置于引文之后。必须注意,图配文不是图注的翻版,而是图示系统功能的简要描述。

6. 图幅大小

为了印刷制版方便,插图的图幅宽度最好不超过6cm(半栏排)或不超过13cm(通栏排)。

6.6.4 函数曲线图的设计规范

函数曲线图具有说明性强、图面简洁、篇幅较小、绘制容易、使用方便等优点,它一般由图身(包括坐标轴、标目、标值、标值线、曲线等)、图序、图题、图注等构成,如图6-1所示。

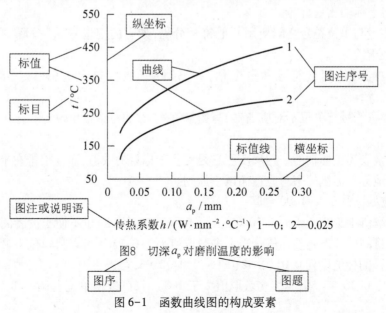

图6-1 函数曲线图的构成要素

1. 坐标轴

平面函数曲线图要有相互交叉的水平线和垂直线构成的坐标轴。水平线称为横坐标或横轴,代表自变量;垂直线称为纵坐标或纵轴,代表因变量;两轴的交点称为原点。坐标轴用细实线绘制,线宽一般为 $b/2(b=0.25\sim0.70\text{mm})$。

2. 标目

标目是函数曲线图的必备项,用于说明坐标轴的物理意义,通常由量的名称或符号与相应的单位构成。量名称或符号与量的单位之间用符号斜杠"/"隔开,如 L/m、U/V、p/MPa 等。标目应与被说明的坐标轴平行,即横坐标的标目字头朝上、从左到右、居中编排在横坐标与其标值的下方,纵坐标的标目字头朝左、自下而上、居中编排在纵坐标与其标值的外侧,如图 6-1 所示。非定量的且只有一个字母的简单标目(如 x、y 等),也可以直接编排在坐标轴顶端的外侧,如图 6-2(a)所示。一般标目的字号应比正文字号小一号。

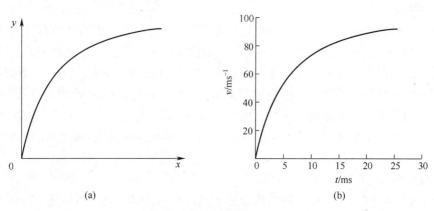

图 6-2　坐标轴增量方向表示示例
(a)定性变量;(b)定量变量。

在科技书刊中,标目表达与书写不规范的情况主要表现为:

a) 标目编排位置有误,如有的将标目编排在坐标轴的顶端、有的将纵坐标的标目字头编排成与坐标轴相垂直等;

b) 标目中量与单位符号之间使用其他符号分隔,如有的用逗号","分隔、有的用圆括号"()"分隔等;

c) 标目中同时使用量符号和量名称,如书写成"质量热容 $c/(\text{J}(\text{kg}\cdot\text{K}))$"、"电流 I/mA"等;

d) 标目中量符号与单位不对应,有的写错量符号、有的写错量单位等。

3. 标值

标值是定量表述坐标轴的一种尺度。它是对应于标目的数值,通常编排在坐标轴的外侧,紧靠标值线的地方。标值的书写应遵循以下原则。

1) 标值应尽量在 0.1~1000 之间

当大多数取值小于 0.1 或大于 1000 时,既不利于简化图示,也不便于读者阅读,应通过更换词头改变标目的单位来调整标值。当大多数取值小于 0.1 时,可以将单位下调一级,如单位为"s"的时间"t"的标值序列 0.01、0.02、0.03、0.04、0.05,可以更改为单位为"ms"的时间"t"的标值序列 10、20、30、40、50;当大多数取值大于 1000 时,可以将单位上调一级,如单位为"s"

的时间"t"的标值序列 3600、7200、10800、14400、18000,可以更改为单位为"min"的时间"t"的标值序列 60、120、180、240、300。一般标值的字号应比正文字号小一号。

2) 标值不宜标注过密

若标值标注过密极易产生各个标值前后相接的现象,可能致使辨识不清。解决标值标注过密的问题有两种方法,一是间隔若干个标值线标注一个标值,二是将标值线之间的距离加大。

3) 标值应进行圆整化

若出现非圆整的标值,应将其进行圆整化。如应将标值序列 13.3、26.6、39.9、53.2 圆整成 10、20、30、40、50、60 或圆整成 15、25、35、45、55,同时相应地移动标值线。

4) 坐标原点标值的标注

当横坐标与纵坐标起点即坐标原点的标值不同时,应当分别书写;当横坐标与纵坐标起点即坐标原点的标值相同时,无需将纵、横坐标的两个相同标值重复书写,而只需书写一个即可,且置于原点处,使纵、横坐标轴共用;当坐标原点的标值为零时,不论其标值序列是几位数,其标值都书写为"0",而不书写成"0.0"或"0.00"等。

5) 插图的纵横比要合适

尽管纵、横坐标轴上标值的间距可以任意选择,但不同的选择会使同一条曲线具有不同的形状,同一条直线会具有不同的斜率。一般而言,一幅插图的幅面纵横比约为 2:3 时较为合适。因为这样的纵横比接近于黄金分割位,绘制出的曲线看上去更美观些。

4. 标值线

标值线应绘制在坐标轴的内侧,且应垂直于相应的坐标轴。标值线应均匀分度,用细实线绘制,线宽一般为 $b/2(b=0.25\sim0.70\text{mm})$。

5. 坐标轴增量方向

表示坐标轴增量方向有两种方法。当坐标轴表述的是定性变量,且未给出具体的标值时,坐标轴的顶端按增量方向画出对应箭头。当坐标轴表述的是定量变量,又给出了具体的标值,则该标值的大小已经表明了横轴、纵轴的增量方向,故在坐标轴的顶端无需再绘制表示增量方向的箭头。坐标轴增量方向表示示例如图 6-2 所示。

6. 曲线

根据数据点描绘出的反映函数关系的线条叫曲线。对于曲线的描绘要求是:尽量接近所有的数据点,而不是通过所有的数据点;应是一条平滑的曲线,而不是折线。曲线一般应绘制成实线,线宽为 $b(b=0.25\sim0.70\text{mm})$,如图 6-3 所示。

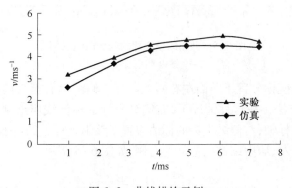

图 6-3 曲线描绘示例

7. 函数曲线的覆盖率

绘制函数曲线图时,应使函数曲线的覆盖率适中,图内空白不要太大。一般来讲,曲线占图形区域的 2/3 为佳。遇到图内空白过大时,应视情况选取适宜的坐标原点。也就是说,横坐标(或纵坐标)的坐标起点不一定非要选在"0"点。如图 6-4 所示,若将图(a)的纵坐标起点选取在"40"点,则变成图(b)所示的图形,这样既美观又节省版面。

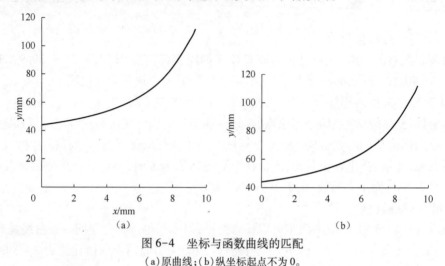

图 6-4 坐标与函数曲线的匹配
(a)原曲线;(b)纵坐标起点不为 0。

8. 函数曲线的叠放

当某一自变量相同,但因各自有另一些参变量(或条件)不同而得到一族不同的函数曲线时,为了增强对比效果和节省版面,通常可以采取函数曲线叠放的方法。

纵横坐标皆共用,即将这些函数曲线绘制在同一个坐标系中,如图 6-5 所示。

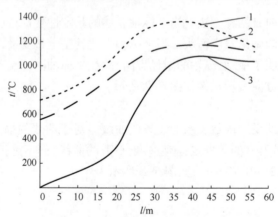

图 6-5 共用纵横坐标的函数曲线示例
1—炉气温度;2—炉壁内表面温度;3—钢坯表面温度。

横坐标共用,而纵坐标分置于图面左右两侧。当一幅图上有至少两类函数关系不同的曲线时,可以采用这种方法。在这种情况下,右侧纵坐标的标值线应绘制在右侧纵坐标轴的内侧,且应垂直于该纵坐标轴;右侧纵坐标的标值应置于该纵坐标轴的右侧,并与标值线相对应;标目自下而上、字头朝左、居中编排在标值的右侧,如图 6-6 所示。

9. 图例

用不同形状的点代表不同组数据点的不同含义,称为图例。若图例的文字说明较少,图内

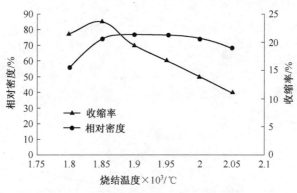

图 6-6　纵坐标轴分立的函数曲线示例

的空白较大,可以将图例放在插图中,如图 6-3、图 6-6 所示;若图例的文字说明较多,图内的空白又较小,可以将图例编排在图身之下、图题之上。图例可以采用实线、虚线、点划线、双点划线等加以区分,也可以用 1、2、3、…加以区分,如图 6-5 所示。图例文字的字号一般比正文小一号。

10. 图注或说明语

图注应编排在图题的下方。若插图中只有 1 个注时,应在图注的第 1 行文字前标明字样"注:";若插图中有多个注时,应分别标明字样"注 1:"、"注 2:"等,每幅图的图注应单独编号。

对于插图中的各个组成单元的图注序号的说明语,居中编排在图注的上方。说明语与图注序号之间用符号"—"分隔,说明语后用分号";",最后一个说明语后不加任何符号。

11. 图序

图序是指按照插图在正文中出现的先后顺序所编排的序号。对于学位论文,图序的编写规则与格式参见本书 2.2.3 节。对于学术论文,图序的编写规则与格式参见本书 3.2.3 节。对于科技报告,图序的编写规则与格式参见本书 4.2.3 节。

12. 图题

图题是指插图的名称。图题应简短精炼、准确得体,一般不宜超过 15 个字,但是也要避免为追求形式上的简洁而选用过于简单、泛指的图题,如"函数曲线图"、"流程图"、"示意图"等,而应具体化。要求图题具有较好的说明性与专指性,如"气室压力曲线图"、"内弹道计算流程图"、"起升机构示意图"等。

对于一幅插图,有时可能有多个相对独立的分图,每个分图应有分图序和分图题。一般而言,一幅插图只能进行一个层次的细分,分图序可以采用(a)、(b)、(c)、…进行编号,且居中置于相对应的分图之下。同时,每个分图应有对应的分图题。分图题可以置于图题之上,如图 6-4 所示;也可以置于分图序之后,如图 6-7 所示。

图题与图序之间空一个汉字位,居中编排在整幅图的下方。图题字数较多时,应转行编排。图题一般用黑体,分图题一般用宋体,字号应比正文小一号。

6.6.5　机械结构示意图的设计规范

机械结构示意图是指将复杂的机器、仪器和设备的结构及工作原理等用简单的符号和线条绘制成的图样。机械结构示意图具有简洁明了、示意性强、易于理解等特点,可以用较少的线条、符号、说明文字等有重点地把描述图像勾画出来。在科技论文中,机械结构图的使用是非常广泛的。

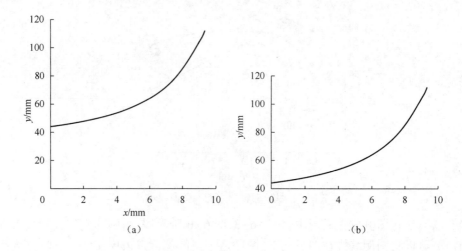

图 6-7　分图题编排示例
(a)定性变量;(b)定量变量。

机械结构示意图一般由图身、图序图题、图注等构成,如图 6-8 所示。

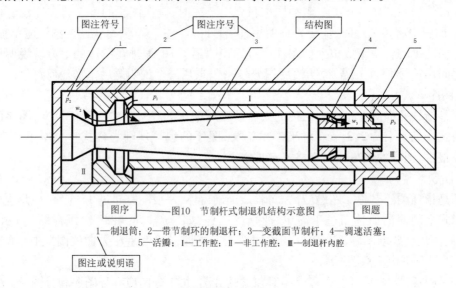

图 6-8　机械结构示意图示例

1. 结构图

结构图是示意性的,所以绘制的要求是:简单明了地表达结构组成的各个部件以及相互关系;无需像机械制图标准那样严格,不影响表达基本工作原理的一些细枝末节可以去除,达意即可。绘制结构图时,各个组成单元的轮廓线用粗实线绘制,线宽一般为 $b(b=0.25\sim0.70\mathrm{mm})$;中心线、剖面线等用细实线绘制,线宽一般为 $b/2$。

2. 说明语

对于插图中的各个组成单元的图注序号的说明语,居中编排在图题的下方。说明语与图注序号之间用符号"—"分隔,说明语后用分号";",最后一个说明语后不加任何符号。也可以不用图注序号,而直接用说明语替代图注序号编排在相应的位置,如图 6-9 所示。

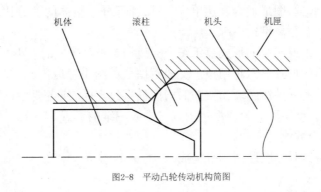

图2-8 平动凸轮传动机构简图

图 6-9 插图组成单元说明语示例

6.6.6 柱形图的设计规范

柱形图又称条形统计图,也称条状图,是以长方形的长度为变量的统计图。常用于比较两个或以上的值。

柱形图常见的有垂直柱形图、水平柱形图、簇状柱形图、堆叠柱形图。垂直柱形图是最常见的柱形图;水平柱形图一般按照数值的大小排列;簇状柱形图用于多组数据的比较,强调一组数据内部的比较;堆叠柱形图用于多组数据的比较,更加强调一组数据中部分与整体的关系。

柱形图一般由图身(包括坐标轴、标目、标值、数据系列等)、图例、图序和图题等构成,如图 6-10 所示。

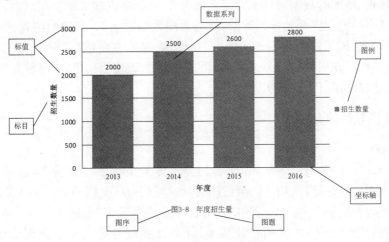

图 6-10 柱形图的构成要素

柱体的宽度要适中,太窄了会导致视线集中在空白区域,偏离重点。柱体之间的间距一般为柱体宽度的 1/2。纵坐标轴一般以零为起点,体现数据的真实性,否则有可能产生误导。

使用过多的颜色,尤其是很鲜艳的颜色,会令人感到杂乱,难以找到重点。一般同一变量使用同一颜色,需要强调的数据可以采用加深颜色的方法。

6.6.7 饼图的设计规范

饼图是以圆心角的度数来表达数值大小的统计图。饼图显示一个数据系列中各项数据大小占数据总和的比例。饼图最适合表达单一主题,即部分占整体的百分比。常见的饼图有基本型饼图、复合型饼图、分离型饼图等。

基本型饼图以二维或三维的形式显示每个数值相对于总数值的大小。复合型饼图是以复合饼图或复合条饼图的形式显示将用户定义的数据从饼图中提取出来,并组合显示到辅助饼图或辅助堆积条形图的一种饼图。当饼图的扇面数量过多时,或者要使饼图中的小扇面更易于查看,可以采用复合型饼图。分离型饼图以二维或三维的形式显示每一数值相对于总数值的大小,同时强调每个数值。

饼图一般由图身、图例、图序图题等构成,如图 6-11 所示。

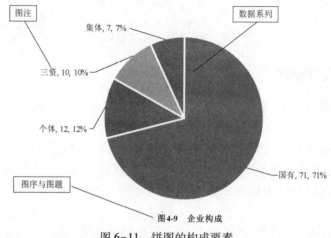

图 6-11　饼图的构成要素

根据定位理论,饼图的数据项以不大于 5 项为宜,数据项太多会影响注意力。按照时钟表盘的刻度,从 12 点钟的位置开始排列数据,最重要的数据紧靠 12 点钟的位置,即最大占比部分放在 12 点钟位置,然后按数据占比大小顺时针或逆时针方向依次排列。最好不要使用图例,可将图注直接标注在扇面内或旁边。扇面的边框线推荐使用白色,具有较好的切割感。当数据项较多时,建议采用复合型饼图。

6.6.8　科技绘图软件简介

1. AutoCAD

AutoCAD(Autodesk Computer Aided Design)是由美国 Autodesk(欧特克)公司于 1982 年开发的自动计算机辅助设计软件,用于二维绘图、详细绘制、设计文档和基本三维设计,现已经成为国际上广为流行的绘图工具。AutoCAD 具有良好的用户界面,通过交互菜单或命令行方式便可以进行各种操作。它的多文档设计环境,让非计算机专业人员也能很快地学会使用。AutoCAD 具有广泛的适应性,它可以在各种操作系统支持的微型计算机和工作站上运行。

主要功能:二维绘图、三维绘图、编辑图形等。

其优势及特点:

a) 完善的绘图功能:可以创建直线、圆、椭圆、多边曲线等平面图形,也可以创建三维实体和及表面模型并对实体本身进行编辑;

b) 交互性强:多种图形格式的转换,具有较强的数据交换能力;

c) 可以进行二次开发:允许用户定制菜单和工具栏,并能利用内嵌语言进行二次开发。

AutoCAD 官网:http://www.autodesk.com/

2. MS-visio

MS-visio 是 Microsoft(微软)公司 Office 办公系列中的一款流程图和矢量绘图软件,它有助于创建、说明和组织复杂设想、过程与系统的业务和技术图表,广泛应用于电子、机械、通信、建筑、软件设计和企业管理等众多领域。

主要功能:绘制流程图、工程图、地图和平面布置图、网络图、软件和数据库图等。

其优势与特点:

a) 迅速创建专业图表:通过一套预先制作的入门图表和上下文相关技巧与提示,轻松地创建图表;充分利用更新的模板和不计其数的形状;使用智能形状提高工作效率,并充分利用新主题和效果快速自定义和完成具有专业外观的图表;

b) 通过数据链接使图表更加生动:将数据连接到组织结构、IT 网络、制造工厂或复杂业务流程的可视化,以让用户一眼看出性能状况;使用图标、颜色和文本等数据图形来简化和强化复杂信息的可视化;

c) 拥有与 MS-office 非常相近的操作界面,具有任务面板、个人化菜单、可定制的工具条以及答案向导帮助,非常便于与 Office 系列中的其他产品协调工作。

MS-visio 官网:https://products.office.com/zh-cn/visio/microsoft-visio-top-features-diagram-software

3. SolidWorks

SolidWorks 是由美国 SolidWorks 公司于 1995 年推出的世界上第一个基于 Windows 的一种三维机械设计软件,是一个以设计功能为主的 CAD/CAE/CAM 软件,在国际上得到广泛应用。

主要功能:三维实体建模、装配校验、运动仿真、有限元分析、加工仿真、数控加工及加工工艺制定等。

其优势及特点:

a) 功能强大:具有三维实体建模、产品智能化装配、运动模拟等功能,还具有快速的有限元分析功能;

b) 易学易用:用户界面人性化,具有特征管理树功能;基于 Windows 操作平台,易于操作,更符合人们的使用习惯;

c) 技术创新:使用了 Windows OLE 技术、直观式设计技术、先进的 Parasolid 内核以及良好的与第三方软件的集成技术。

SolidWorks 官网:http://www.solidworks.com/

4. Solid Edge

Solid Edge 是 Siemens PLM Software 公司旗下的三维机械 CAD 软件,采用自己拥有专利的 Parasolid 作为软件核心,将普及型 CAD 系统与世界上最具领先地位的实体造型引擎结合在一起,是基于 Windows 平台、功能强大且易用的三维 CAD 软件。

主要功能:建模核心、钣金设计、大型装配设计、产品制造信息管理、生产出图、价值链协同、有限元分析和产品数据管理等。

其优势及特点:

a) 友好的用户界面:采用一种称为 SmartRibbon 的界面技术,它会在每一步给用户详细的提示同时显示下一步操作,就如同智能导航一样;

b) 提供许多高效、独特的工具:内置标准零件库集标准零件设计、标准管理于一体,在装配环境中自动完成装配,大大提高了标准零件的设计速度,简化了设计师的操作步骤;工程参考手册融设计、计算和造型于一身,提供复杂零件的在线参考工具,自动生成三维零件;内嵌有限元分析软件允许用户在设计环境中对零件进行应力应变或模态分析;运动模拟具有仿真功能,使零件运动与实际机器完全一致;

c) 工作效率高:各种命令的设计简洁清晰,使得操作过程自然流畅。用户无需牢记命令的细节,就能在动态工具条的引导下轻松设计;采用了STREAM/XP技术,将逻辑推理、设计几何特征捕捉和决策分析融入到产品设计的各个过程中,能减少鼠标和键盘操作量达45%~57%,提高效率36%。

Solid Edge 官网:http://www.plm.automation.siemens.com/en_us/products/solid-edge/index.shtml

5. MATLAB

MATLAB是由美国MathWorks公司开发的一款商业数学软件,主要包括MATLAB和Simulink两大部分。MATLAB是matrix和laboratory两个英文单词的组合,意为矩阵工厂(矩阵实验室)。它主要面对科学计算、可视化以及交互式程序设计的高科技计算环境。它将数值分析、矩阵计算、科学数据可视化以及非线性动态系统的建模和仿真等诸多强大功能集成在一个易于使用的视窗环境中,为科学研究、工程设计以及必须进行有效数值计算的众多科学领域提供了一种全面的解决方案,并在很大程度上摆脱了传统非交互式程序设计语言(如C、Fortran)的编程模式,代表了当今国际科学计算软件的先进水平。

主要功能:数值分析、数值和符号计算、工程与科学绘图、控制系统的设计与仿真、数字图像处理、数字信号处理、通信系统设计与仿真、财务与金融工程、创建用户界面、连接其他编程语言程序等。

其优势与特点:

a) 高效的数值计算及符号计算功能,能使用户从繁杂的数学运算分析中解脱出来;
b) 具有完备的图形处理功能,二维、三维可视化、图像处理、动画和表达式作图等,实现计算结果和编程的可视化;
c) 功能丰富的应用工具箱(如信号处理工具箱、通信工具箱等),为用户提供了大量方便实用的处理工具;
d) 友好的用户界面及接近数学表达式的自然化语言,使学习者易于学习和掌握。

Matlab 官网:http://cn.mathworks.com/

6. Mathematica

Mathematica是由美国Wolfram Research公司研制的一种数学软件,很好地结合了数值和符号计算引擎、图形系统、编程语言、文本系统和与其他应用程序的高级连接。它的发布标志着现代科技计算的开始,之所以有如此高的评价是因为它发明了一种新的计算机符号语言。这种语言能仅仅用很少量的基本元素制造出广泛的物体,满足科技计算的广泛性,这在人类历史上还是第一次。自从1988发布以来,它已经对如何在科技和其他领域运用计算机产生了深刻的影响。

主要功能:符号运算、数值计算、绘制图形、编写程序等。

其优势与特点:

a) 可以处理有理式的各种演算、求有理式与超越方程的精确解、一般表达式的向量与矩阵的各种运算、一般表达式的极限、导数、积分、幂级数的展开和微分方程的求解等,它还提供了实现自动化并且日益完善的高级环境；

b) 可以绘制点图、一元和二元显函数图形、参数方程确定的曲线与曲面图形、函数 $z = f(x,y)$ 的立体图形等，可以根据需要自由选择画图的范围和精确度；可以实现统计、金融、数据、地理图形的可视化。

Mathematica 官网：http://www.wolfram.com/mathematica/

7. Maple

Maple 是由加拿大 Waterloo 大学研发，是目前世界上最为通用的数学和工程计算软件之一，在数学和科学领域享有盛誉，有"数学家的软件"之称。广泛地应用于科学、工程和教育等领域。Maple 系统内置高级技术解决建模和仿真中的数学问题，包括世界上最强大的符号计算、无限精度数值计算、创新的互联网连接、强大的 4GL 语言等，内置超过 5000 个计算命令，数学和分析功能覆盖几乎所有的数学分支，如微积分、微分方程、特殊函数、线性代数、图像声音处理、统计、动力系统等。

主要功能：符号计算、数值处理、二维及三维绘图、动画制作、编程等。

其优势与特点：

a) 具有很强的数据可视化能力，二维和三维数据可视化、图像处理、动画制作等；
b) 提供了一种结构化的内部编程语言；
c) 将函数或指令放在不同的函数库中，节约了内存；
d) 具有非常方便的在线帮助系统。

Maple 官网：http://www.maplesoft.com/

8. Origin

Origin 是由 OriginLab 公司出品的专业函数绘图软件，是公认的简单易学、操作灵活、功能强大的软件，既可以满足一般用户的制图需要，也可以满足高级用户数据分析、函数拟合的需要。与上文提到的几款数学类软件相比，它不需要含有大量函数和命令的计算机编程。

主要功能：数据分析、函数绘图等。

其优势及特点：

a) 无论是数据分析还是图形绘制都有相应的模块和菜单，这些模块和菜单会让用户的制图过程简单高效；数据分析主要包括统计、信号处理、图像处理、峰值分析和曲线拟合等，准备好数据后，进行数据分析时，只需选择所要分析的数据，然后再选择相应的菜单命令即可；绘图是基于模板的，它提供了几十种二维和三维绘图模板，而且允许用户自己定制模板；用户可以自定义数学函数、图形样式和绘图模板；可以和各种数据库软件、办公软件、图像处理软件等方便地连接。

b) 可以导入包括 ASCII、Excel 在内的多种数据，也可以把 Origin 图形输出到多种格式的图像文件，譬如 JPEG、GIF、EPS、TIFF 等。

c) 支持编程，以方便拓展 Origin 的功能和执行批处理任务，有两种编程语言——LabTalk 和 Origin C 可供使用。

Origin 绘图软件官网：http://www.originlab.com/

9. Sigmaplot

Sigmaplot 是一款专业的科研绘图软件。适用于拥有精细绘制含大量数据的科技性文，用已知数据绘制 XY、XYZ 图形。Science、Nature 中大部分图表就是出自这个软件。

主要功能：数据分析、绘图等。

特点及优势：
a) 精密制图：允许用户自行建立所需的特色，用户可以插入多条水平或垂直轴，指定 Error bar 的方向等；
b) 可视效果好：用 SigmaPlot 画图完毕后，可连接给其他软件展示，可输出成 EPS、TIFF、JPEG 等图形格式；提供图形资料库，可以让用户的图形看起来更专业；
c) 数据分析：提供的分析工具，涵盖从基本的统计到高等数学在内的各类计算；SigmaPlot 可结合 Excel 的分析功能。

Sigmaplot 官网：http://www.sigmaplot.com/

6.7 表　　格

表格，又称为表，既是一种组织整理数据的手段，又是一种可视化的交流模式。表格具有简洁、清晰和准确的特点，且逻辑性和对比性很强，故在科学研究以及数据分析中得到了广泛的应用。

6.7.1　表格的分类

表格在排版上一般可分为有线表、无线表和系统表三大类。

1. 有线表

有线表分为卡线表和三线表两种。卡线表是由行线和栏线相互分隔而成的表格。三线表是在卡线表的基础上经简化和改造而成的，一般只有顶线、底线和栏目线。

2. 无线表

无线表是一种不使用线条来分隔表中的文字、数字和符号的表格。

3. 系统表

系统表，又称分类表或挂线表，是用直线或花括号把文字连贯起来，使读者易于看出各项目之间关系的一种有条理的表格。

6.7.2　表格的设计要求

1. 合理取舍

凡是已用文字或插图表述清楚的内容，就无需再用表格，切忌同一组数据既用插图又用表格，造成表格的内容与插图或文字叙述相互重复。当需要精确表示数据时，宜用表格；当需要宏观反映趋势或规律时，宜用插图；当表格的内容比较简单，能用简洁的文字叙述时，就不必采用表格。

2. 科学设计

一个表格只能表达一个主题，不要将不同性质的数据放在同一表格中。表格的设计应简洁明了，具有足够的信息量，使读者只读表格而无需同时再看文字叙述或插图就能获得由表格表述的全部内容。表格中的数据要精选并合理组织，应选择最有价值、最具典型性和代表性的数据。

3. 表文呼应

表文呼应就是要做到"文引表、表就位、表配文"。文引表就是表前必须有引文，即要用引文引出表格，如"表×表示……"、"表×是……"、"表×给出了……"、"……见表×"等。表就位就是表格要编排在引文的下方。表配文就是必要时可对表格作简要说明,如"从表×可以看出……"等。表配文要遵循"表自明,文适度"的原则,表格必须具有自明性,对表格的文字说明要适度,不可用文字简单重复表格中的内容。

4. 优化版面

当一页内多于 2 个表格时,应注意各自的排版尺寸以及相互配合,力求最佳的版面设计效果。为了印刷制版方便,表格的宽度最好不超过 6cm(半栏排)或不超过 13cm(通栏排)。

6.7.3 三线表的设计规范

三线表是有线表的一种,它是在卡线表的基础上,表头取消了斜线,省略了横竖分隔线,通常三线表只有 3 条行线,即顶线、栏目线和底线(无竖线和斜线)。三线表一般由表序、表题、项目栏(表头)、说明栏(表身)和表注等构成,如图 6-12 所示。当然,三线表并不一定只有 3 条线,必要时可以添加辅助线,但无论添加多少辅助线,仍称作三线表。

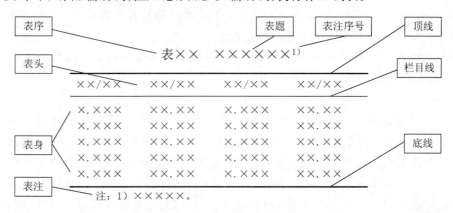

图 6-12 三线表的构成要素

1. 表序

表序是指按照附表在正文中出现的先后顺序所编排的序号。对于学位论文,表序的编写规则与格式参见本书 2.2.3 节。对于学术论文,表序的编写规则与格式参见本书 3.2.3 节。对于科技报告,表序的编写规则与格式参见本书 4.2.3 节。

2. 表题

表题是指表的名称。表题应简短精炼、准确得体,避免使用诸如"参数表"、"计算结果"等泛指性的词语作表题,而应使用具体化的、特指性的词语,如"轧机设备参数"、"自动机动力学计算结果"等。

表序与表题之间空一个汉字位,居中编排在顶线上方,字号应比正文小一号。

3. 表线

三线表的顶线和底线用粗实线绘制,线宽一般为 b($b = 0.25 \sim 0.70$mm);栏目线用细实线绘制,线宽一般为 $b/2$。

4. 表头

顶线与栏目线之间的部分叫做表头,也叫项目栏。表头中一般设置若干个栏目,各个栏目均应标明量名称(或量符号)及单位。量名称(或量符号)与单位之间用斜线"/"分隔,如"质量热容/($J \cdot kg^{-1} \cdot K^{-1}$)"或"$c/(J \cdot kg^{-1} \cdot K^{-1})$"。若表格内各个栏目的单位(包括词头)都相同,则应将共同的单位编排在表格顶线之上的右方(右端空 1 个汉字位),共同的单位前不加任何字样。

5. 表身

三线表的表身是指表格的栏目线与底线之间的部分,它是三线表的主体。

同一栏数值的有效位数应相同,且以个数位(或小数点,或"~"等符号)为基准上下行对齐;小数点前的"0"不应省略;小数点前或小数点后每隔3位数均应留1个西文字符空位。

相邻栏或相邻行内的字符相同时,不能用"同左"、"同上"、"同前"、"ibid"等字样或"""等符号代替,而应填入具体的字符。

表身中"空白"表示未测或未发现,"—"或"…"表示无此项,"0"表示实际结果为零。

6. 表注

表注是指对表格中某些内容的注释和补充,或对整个表格的总体说明。《科学技术报告、学位论文和学术论文的编写格式(GB 7713—87)》规定,必要时应将表格中的符号、标记、代码和需要说明事项,以最简练的文字横排于表题下作为表注,也可以附注于表下。

表格内附注的标注序号,通常用阿拉伯数字加右半圆括号置于被标注对象的右上角,而不能用星号"*",以免与数学上的某些符号相混。

若表注为两条以上,则应分别编排表注序号,并按顺序编排在表格底线下方。

7. 表格排版的技术处理

1) 续表

当一个表格的横向尺寸大于版面宽度的 1/2 甚至 2/3(但不超过版面宽度),纵向尺寸较长且在一页之内编排不下,又无法采用栏目互换或竖表转栏的方式排版时,则应采用续表的形式排版。续表的处理方法是:在表格出现的首页上选择合适的地方断开,并以细实线封底;在下一页表格的上方应重复表序,但表序后应加带圆括号的汉字"(续)",例如,表 2-4(续)、表 5-3(续)。续表的表序一般靠右编排(右端空 1 个汉字位),表题可省略。另外,续表应重复表头。

2) 卧排表

当一个表格的横向尺寸超过版面宽度(但小于版面高度)时,则可以考虑用卧排表的形式排版。无论是在单页码上还是在双页码上,卧排表均采用"顶左底右"的排法,即表顶朝向左边,表底朝向右边。若卧排表较长,也可以采用续表的方法处理。

3) 合页表

当一个表格的横向尺寸相当于版面宽度的 1.8 倍左右,而纵向尺寸相当于版面高度的 0.9 倍左右时,则应考虑将表格排在相邻的两个页码上。这种表格称为合页表,或对页表,或和合表。合页表采用"双跨单"的排法,即表格的左半部分排在双页码上,右半部分排在单页码上,以保证表格相对读者而言处于同一视面上。

合页表的表序与表题应排在双、单两页的中间。如有表注时,表注应跨排在两页上。当表注的行数超过两行时,应将其均分,或者使双页码表注比单页码表注多出一行,并各自分排在两页上。合页表的一般形式见图 6-13。

4) 插页表

当一个表格的横向和纵向都超过版面尺寸很多,上述处理办法均无能为力时,则只能采用插页表。插页表通常插装在其所属的双页码之后、单页码之前。为使文表互见、便于阅读,最好在正文的相应位置注明"后有插表"字样,并在插页表上标注"插在×页之后"字样。为了方便装订和读者阅读,插页表的高度最好不超过论文开本的高度,其宽度最好为开本宽度的 2~3

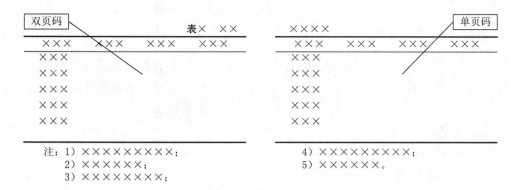

图 6-13 合页表编排格式示例

倍。这样,表格的一边折叠 2~3 次即可。

插页表的优点是不受版面尺寸的限制,但缺点一是易装错位置且不便于装订,二是读者多次翻阅后易使折叠处破损。因此,除非极为特殊的情况,一般应尽量避免使用插页表。

5) 栏目互换

第一,当表格的横向较长(但不超过版面高度),而纵向超过版面宽度 1/2 时,可以将横向栏目与竖向栏目互换位置,使横向栏目改造成竖向栏目;第二,当表格的纵向较长(但不超过版面宽度)时,可以互换表格的竖向栏目与横向栏目,将竖向栏目改造成横向栏目。

6) 横表分段

当表格纵向较短,而横向超出版面宽度,无法通过栏目互换进行技术处理时,通常将表格从横向切断,然后将右侧部分移至下方,转排成上下叠放的多段,段与段之间用双细实线分隔,每段的竖向栏目应重复排出,其格式示例见表 6-5。

表 6-5 HQ685 钢化学成分的质量分数

钢 种	$w(C)$	$w(P)$	$w(S)$	$w(N)$	$w(Si)$	$w(Mn)$	$w(Al)$
HQ685A	0.109	0.016	0.0206	0.0109	0.323	1.524	0.018
HQ685B	0.099	0.012	0.0172	0.0107	0.313	1.626	0.053
钢 种	$w(V)$	$w(Ti)$	$w(Nb)$	$w(Mo)$	$w(Ni)$		
HQ685A		0.016	0.034	0.283	0.30		
HQ685B	0.081	0.018	0.038	0.278			

7) 竖表转栏

当表格横向不超过版面宽度 1/2,而纵向较长,无法通过栏目互换进行技术处理时,通常将表格从纵向切断,然后将下边部分移至右侧,转排成左右平行的多栏,栏与栏之间用双细实线分隔,每栏的横向栏目应重复排出,其格式示例见表 6-6。

表 6-6 待装货物的尺寸

编号	长	宽	高	编号	长	宽	高	编号	长	宽	高
H01	900	600	370	H06	540	700	1 300	H11	1 900	1 200	1 100
H02	1 440	460	660	H07	1 200	1 110	2 200	H12	2 000	1 650	1 200
H03	660	950	600	H08	2 300	1 220	1 200	H13	2 220	1 800	1 000
H04	1 320	660	930	H09	1 400	1 300	2 240	H14	1 700	1 200	600
H05	960	330	350	H10	700	500	500	H15	1 750	560	680

6.7.4 无线表的设计规范

无线表与三线表相似,只是没有三线表中的顶线、底线和栏目线。无线表的设计规范是:项目间应对齐,项目数量不宜过多(一般以 10 项以内为宜)。其格式示例见表 6-7。

表 6-7 物镜类型及其对应参数

物镜类型	放大倍率	数值孔径
CPC10/0.25	10	0.25
CPC25/0.4	25	0.40
CPC40/0.6	40	0.60

6.7.5 系统表的设计规范

系统表通常用于表述隶属关系的多层次项目。系统表不论横排还是竖排,都是只用横线、竖线或花括号把文字连贯起来。其格式示例见表 6-8 和表 6-9。

表 6-8 计算机结构组成

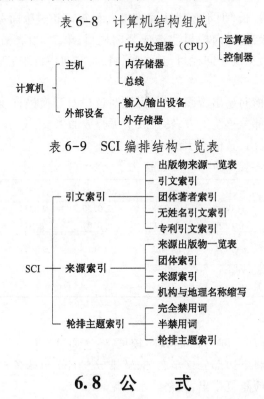

表 6-9 SCI 编排结构一览表

6.8 公 式

数学公式作为科技论文内容的重要组成部分,一般用于表达特定的科学内容。数学公式的表达方式是否科学、合理,关系到它所承载的专业内容的表述是否准确、到位,乃至关系到科技论文的质量能否满足读者的需要。

6.8.1 公式的构成

公式由式体、式号和式注三要素构成,如图 6-14 所示。

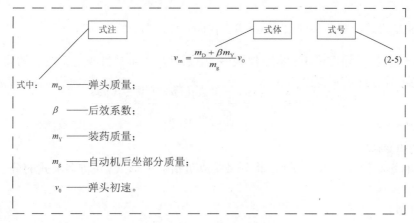

图 6-14 公式的构成

6.8.2 数学公式的编排规范

1. 式体

一般而言,对于较短的公式,式体单独占一行,居中编排。对于较长的公式,式体可转行占多行,第一行式子居中编排,转行的式子与第一行等号后的式子齐肩编排。

1) 公式的转行

公式转行的一般规则是:优先在"="、"≈"、">"、"<"、"≥"、"≤"等关系符号之后转行;其次可以在"+"、"−"、"×"、"÷"等运算符号之后转行。转行时,在上述符号之后断开,而在下一行开始处不应重复这一符号。

【例 6-123】

$$F(x) = P(x) + \int_{-b}^{0} f(x)\mathrm{d}x + \int_{0}^{b} g(x)\mathrm{d}x - \\ \int_{0}^{\infty} h(x)\mathrm{d}x = 0$$

对于较长的分式,当分子、分母均由相乘的因子构成时,可在适当的相乘因子处转行,同时在上行末尾加上乘号"×"。

【例 6-124】

$$G(a,b) = \frac{[g(-a+b)g'(a+b) + g(a+b)g'(-a+b)][F(a+b) - F(-a+b)]}{[f(a+b) - 2f(-a+b)][f(a+b) + 3f(-a+b)]}$$

可以排成

$$G(a,b) = \frac{g(-a+b)g'(a+b) + g(a+b)g'(-a+b)}{f(a+b) + 3f(-a+b)} \times \\ \frac{F(a+b) - F(-a+b)}{f(a+b) - 2f(-a+b)}$$

当分子、分母均为多项式时,可在"+"、"−"号后断开并各自转行,同时在上一行式尾和下一行式首处分别加上符号"→"和"←"。

【例 6-125】

$$\frac{W_n(\mathrm{j}\omega) + W_{n+1}(\mathrm{j}\omega) + W_{n+2}(\mathrm{j}\omega) + W_{n+3}(\mathrm{j}\omega) + W_{n+4}(\mathrm{j}\omega)}{\int_{x_0}^{x} \mathrm{d}x + \iint e^{-m_1 x} x (\mathrm{d}x)^2 + \iiint e^{-m_1 x} x (\mathrm{d}x)^3}$$

可以排成

$$\frac{W_n(\mathrm{j}\omega) + W_{n+1}(\mathrm{j}\omega) +}{\int_{x_0}^{x} \mathrm{d}x + \iint e^{-m_1 x} x\,(\mathrm{d}x)^2 +} \rightarrow$$

$$\leftarrow \frac{W_{n+2}(\mathrm{j}\omega) + W_{n+3}(\mathrm{j}\omega) + W_{n+4}(\mathrm{j}\omega)}{\iiint e^{-m_1 x} x\,(\mathrm{d}x)^3}$$

2) 公式的变换

对于多项分式,可以去掉分式线,将分母排成负指数的形式,并将多项式的分子或分母加上括号。

【例 6-126】

$$\frac{(x-a)(y-b)(z-c)}{(x^2+y^2+z^2+axy+byz+czx+a^2+b^2+c^2)^2}$$

可改排成

$$(x-a)(y-b)(z-c)(x^2+y^2+z^2+axy+byz+czx+a^2+b^2+c^2)^{-2}$$

对于根式,可以去掉根式符号,将被开方的多项式排成指数形式。

【例 6-127】

$$\sqrt[n]{a_0 + a_1 x + a_2 x^2 + a_3 x^3 + \cdots + a_n x^n}$$

可改排成

$$(a_0 + a_1 x + a_2 x^2 + a_3 x^3 + \cdots + a_n x^n)^{1/n}$$

对于指数函数,可以将 e^x 写成 $\exp x$ 的形式。

【例 6-128】

$$y = e^{\frac{ax+b}{ax^2+bx+c}}$$

可改排成

$$y = \exp\left(\frac{ax+b}{ax^2+bx+c}\right)$$

对于矩阵(行列式),如果其中的诸元素式子较长无法排下时,可以用其他字符来代替元素式子,从而使矩阵(行列式)得到简化。

【例 6-129】

$$A = \begin{bmatrix} a_{11}+b_{11}+c_{11}+d_{11} & a_{12}+b_{12}+c_{12}+d_{12} \\ a_{21}+b_{21}+c_{21}+d_{21} & a_{22}+b_{22}+c_{22}+d_{22} \end{bmatrix}$$

可以改排成

$$A = \begin{bmatrix} A_{11} & A_{12} \\ A_{21} & A_{22} \end{bmatrix}$$

式中:$A_{11} = a_{11}+b_{11}+c_{11}+d_{11}$;$A_{12} = a_{12}+b_{12}+c_{12}+d_{12}$;$A_{21} = a_{21}+b_{21}+c_{21}+d_{21}$;$A_{22} = a_{22}+b_{22}+c_{22}+d_{22}$。

3) 文字行中的公式

对于简单的、叙述性的公式,可以串排在正文的文字行中,而无须单独占行。若是简单的公式,则可将横分式线改排成斜分式线,例如将 $\frac{m}{n}$ 改排成 m/n;若分子或分母是多项式,则多项式的分子或分母应加上括号,以保持原意,例如将 $\dfrac{m_1x+n_1y+p_1z}{m_2x+n_2y+p_2z}$ 改排成 $(m_1x+n_1y+p_1z)/(m_2x+n_2y+p_2z)$。

2. 式号

科技论文中的公式一般不编排序号,但重要的、或带有结论性的、或后文将要重新提及的数学公式应当编号。对于学位论文,公式的编号规则参见本书 2.2.3 节;对于学术论文,公式的编号规则参见本书 3.2.3 节;对于科技报告,公式的编号规则参见本书 4.2.3 节。

若公式只占一行时,式号应该与式体同行,排在右顶格处。式号与式体之间不用连线或点线。

【例 6-130】

$$\left(m_0 + \dfrac{k_1^2}{\eta_1}m_1\right)\dfrac{\mathrm{d}v}{\mathrm{d}t} = F - \dfrac{k_1}{\eta_1}F_1 \tag{6-3}$$

若公式较长需要转行时,式号标注在续行的最后一行,靠右顶格编排。

【例 6-131】

$$\begin{aligned}
f(x,y) = & f(0,0) + \dfrac{1}{1!}\left(x\dfrac{\partial}{\partial x} + y\dfrac{\partial}{\partial y}\right)f(0,0) + \\
& \dfrac{1}{2!}\left(x\dfrac{\partial}{\partial x} + y\dfrac{\partial}{\partial y}\right)f(0,0) + \mathrm{K} + \\
& \dfrac{1}{n!}\left(x\dfrac{\partial}{\partial x} + y\dfrac{\partial}{\partial y}\right)f(0,0) + \mathrm{K}
\end{aligned} \tag{6-4}$$

当两个以上的公式上下并列排出且共用一个公式编号时,公式编号应编排在这一组公式上下对称线的右顶格处。

【例 6-132】

$$\begin{cases} \dfrac{\mathrm{d}v}{\mathrm{d}t} = \dfrac{F'_\mathrm{A} - F_\mathrm{r}}{m'_\mathrm{A}} \\ \dfrac{\mathrm{d}x}{\mathrm{d}t} = v \end{cases} \tag{6-5}$$

3. 式注

公式中各符号的意义和计量单位的注释称为公式标注。公式标注编排于公式的下方,根据符号在公式中的位置,按先上后下、先左后右的顺序进行标注。在前面的公式中已标注过的符号,后面的公式中再出现时不必再标注。

公式标注有两种方式:一是采用不转行逐个标注法,另起行左顶格以"式中:"开始,对公式中的符号进行逐个注释。符号注释的格式为"△为××××",各符号标注之间用分号";",最后用句号"。"。二是采用逐个转行标注法,另起行左顶格以"式中:"开始,对符号进行逐个符号注释。符号注释的格式为"△——××××"。除第 1 个符号注释接排在"式中:"之后外,其余每个符号注释均应另行起排。每个符号注释均从第 3 个汉字位置起排,行末用分号";",最后一个符号注释行末用句号"。"。若符号注释文字需转行时,应从第 7 个汉字位置起排。

【例 6-133】

$$P_\mathrm{m} = kTB_\mathrm{n}F$$

式中:k 为玻耳兹曼常数;T 为工作温度;B_n 为等效噪声带宽;F 为噪声系数。

【例 6-134】

有限长相参脉冲串信号的表达式为

$$s(t) = \left[\sum_{n=0}^{N-1} A\mathrm{rect}\left(\frac{t-nT_r}{T}\right)\right]\cos(2\pi f_0 t)$$

式中：N——脉冲数；
　　　n——脉冲序号；
　　　A——幅值；
　　　T_r——重复周期；
　　　T——脉冲宽度；
　　　f_0——载波频率；
　　　rect——矩形函数。

4. 式文呼应

式文呼应就是要做到"文引式、式就位、式配文"。

文引式就是式前必须有引文，通常有单字"令、设、有、而、当、则、若、但、即、或、和、及、故"等，双字"因为、所以、由于、因此、因而、于是、从而、使得、可得、解得、求得、亦即、这里、其中、假设、假定"等，三字及以上"化简得、微分得、积分得、由此得、因而得、其解为、由此可得、此式变为、此式的解为、……的表达式为、如式(××)所示"等。

式就位就是式体就近安排在引文的下方，而式注应位于式体的下方。

式配文就是必要时对公式加以说明，如"式(××)表明、式(××)表示、式(××)是……"等。

6.8.3 公式编辑器软件简介

1. Mathtype

MathType 是由美国 DesignScience 公司开发的一个强大的数学公式编辑器，它同时支持 Windows 和 Macintosh 操作系统，与常见的文字处理软件和演示程序配合使用，能够在各种文档中加入复杂的数学公式和符号。

MathType 与 Office 文档完美结合，兼容最新版的 Office，并且显示效果很好，比 Office 自带的公式编辑器要强大很多；除此之外，还兼容 800 多个软件应用程序和网站。Mathtype 能在各种文档中加入复杂的数学公式和符号，可用在编辑数学试卷、书籍、报刊、论文、幻灯演示等方面，是编辑数学资料的得力工具。Mathtype 是一种"所见即所得"的工作模式，可以将编辑好的公式保存成多种图片格式或透明图片模式，可以很方便地添加或移除符号、表达式等模板，也可以很方便地修改模板。MathType 中的 Translator 支持一键转换为 Latex、Amslatex 等代码，并提供常用数学公式和物理公式模板，只需单击一次，这个公式便跃然纸上。

Mathtype 官网：http://www.mathtype.cn/

2. ChemDraw

ChemDraw 是由美国 CambridgeSoft 公司开发的一款化学结构绘制软件，它是世界上使用最多的大型软件包 ChemOffice 中的一个组件，其他两个组件为 Chem3D（分子结构模型）和 ChemFinder（化学数据库信息）。由于它内嵌了许多国际权威期刊的文件格式，近几年来已成为化学界出版物、稿件、报告、CAI 软件等领域绘制结构图的标准。

ChemDraw 是全球领先的科学绘图工具，可以准确处理和描绘有机材料、有机金属、聚合材料和生物聚合物（包括氨基酸、肽、DNA 及 RNA 序列等），以及处理立体化学等高级形式。

提供完美的绘图解决方案,包括绘制化学结构及反应式,并且可以获得相应的属性数据、系统命名及光谱数据。可变附着点、R基团、环/链大小、原子/键/环类型和通用原子,无论化合物在商用、公共或内部数据库中以何种方式进行存储,均可实现快速检索。与许多第三方产品兼容,使用简便且输出质量高,结合了强大的化学智能技术,受到成千上万用户的喜爱。

ChemDraw 官网:http://www.chemdraw.com.cn/

6.9 参 考 文 献

6.9.1 参考文献的类型

根据《文献类型与文献载体代码(GB3469—1983)》规定,参考文献的文献类型标志代码见表6-10。

表6-10 文献类型代码表

序号	名 称	标志代码	序号	名 称	标志代码
1	专著	M	16	图表	Q
2	报纸	N	17	古籍	O
3	期刊	J	18	乐谱	I
4	会议录	C	19	缩微胶卷	U
5	汇编	G	20	缩微平片	F
6	学位论文	D	21	录音带	A
7	科技报告	R	22	唱片	L
8	技术标准	S	23	录像带	V
9	专利文献	P	24	电影片	Y
10	产品样本	X	25	幻灯片	Z
11	中译本	T	26	其他	E
12	手稿	H	27	数据库	DB
13	参考工具	K	28	计算机程序	CP
14	检索工具	W	29	电子公告	EB
15	档案	B			

6.9.2 参考文献的载体

根据《文献类型与文献载体代码(GB 3469—1983)》规定,参考文献的文献载体标志代码见表6-11。

表6-11 文献载体代码表

序号	名 称	标志代码
1	印刷本	P
2	缩微制品	M
3	录音制品	A
4	录相制品	V

(续)

序号	名称	标志代码
5	机读磁性制品	R
6	其他	E
7	磁带	MT
8	磁盘	DK
9	光盘	CD
10	联机网络	OL

6.9.3 参考文献的著录方法

根据《文后参考文献著录规则(GB/T 7714—2005)》的规定,有"顺序编码制"和"著者出版年制"两种参考文献著录方法。

1. 顺序编码制

一种文后参考文献的标注体系,即引文采用序号标注,参考文献表按引文的序号排序。

2. 著者出版年制

一种文后参考文献的标注体系,即引文采用著者出版年标注,参考文献表按著者字顺和出版年排序。

6.9.4 参考文献的著录项目和著录格式

目前,我国大多数的学术期刊采用顺序编码制,只有少量的学术期刊采用著者出版年制。在此,重点介绍顺序编码制。

1. 专著(图书、会议录(论文集)、科技报告、学位论文、标准)

1) 著录项目

著录项目包括:

a) 主要责任者;

b) 题名项;

 (a) 题名;

 (b) 其他题名信息;

 (c) 文献类型标志(电子文献必备,其他文献任选)。

c) 其他责任者(任选);

d) 版本项;

e) 出版项;

 (a) 出版地;

 (b) 出版者;

 (c) 出版年;

 (d) 引文页码;

 (e) 引用日期(联机文献必备,其他电子文献任选)。

f) 获取和访问路径(联机文献必备)。

2) 著录格式

[序号]主要责任者. 题名:其他题名信息[文献类型标志]. 其他责任者. 版本项. 出版

地:出版者,出版年:引文起始页码-终止页码[引用日期].获取和访问路径.

【例6-135】 图书著录格式示例。

[1] 唐绪军.报业经济与报业经营[M].北京:新华出版社,1999:117-121.

[2] 蒋有绪,郭泉水,马娟,等.中国森林群落分类及其群落学特征[M].北京:科学出版社,1998.

[3] 广西壮族自治区林业厅.广西自然保护区[M].北京:中国林业出版社,1993.

[4] 赵凯华,罗蔚茵.新概念物理教程:力学[M].北京:高等教育出版社,1995.

[5] 赵耀东.新时代的工业工程师[M/OL].台北:天下文化出版社,1998[1998-09-26].http://www.ie.nthu.edu.tw/info/ie.newie.htm(Big5).

[6] Gill R. Mastering English Literature[M]. London: Macmillan, 1985.

[7] Crawfprd W, Gorman M. Future libraries: dreams, madness, & reality[M]. Chicago: American Library Association, 1995.

[8] International Federation of Library Association and Institutions. Names of persons: national usages for entry in catalogues[M]. 3rd ed. London: IFLA International Office for UBC, 1977.

【例6-136】 会议录(论文集)著录格式示例。

[1] 辛希孟.信息技术与信息服务国际研讨会论文集:A集[C].北京:中国社会科学出版社,1994.

[2] 中国力学学会.第3届全国实验流体力学学术会议论文集[C].天津:[出版者不详],1990.

[3] Rosenthall E M. Proceedings of the Fifth Canadian Mathematical Congress, University of Montreal, 1961[C]. Toronto: University of Toronto Press, 1963.

[4] Ganzha V G, Mayr E W, Vorozhtsov E V. Computer algebra in scientific computing: CASC 2000: proceedings of the Third Workshop on Computer Algebrain Scientific Computing, Samarkand, October 5-9, 2000[C]. Berlin: Springer, c2000.

【例6-137】 科技报告著录格式示例。

[1] 冯西桥.核反应堆压力管道和压力容器的LBB分析[R].北京:清华大学核能技术设计研究院,1997.

[2] U. S. Department of Transportation Federal Highway Administration. Guidelines for handling excavated acid-producing materials, PB 91-194001[R]. Springfield: U. S. Department of Commerce National Information Service, 1990.

[3] World Health Organization. Factors regulating the immune response: report of WHO Scientific Group[R]. Geneva: WHO, 1970.

【例6-138】 学位论文著录格式示例。

[1] 张筑生.微分半动力系统的不变集[D].北京:北京大学数学系数学研究所,1983.

[2] 张志祥.间断动力系统的随机扰动及其在守恒律方程中的应用[D].北京:北京大学数学学院,1998.

[3] Clams R B. Infrared spectroscopic studies on solid oxygen[D]. Berkeley: Univ. of California, 1965.

【例6-139】 标准著录格式示例。

[1] 全国文献工作标准化技术委员会第七分委员会.GB/T 5795-1986 中国标准书号[S].北

京:中国标准出版社,1986.

[2] 全国信息与文献标准化技术委员会第六分委员会. GB/T 7714-2005 文后参考文献著录规则[S]. 北京:中国标准出版社,2005.

2. 专著中的析出文献

1) 著录项目

著录项目包括:

a) 析出文献主要责任者;

b) 析出文献题名项;
 (a) 析出文献题名;
 (b) 文献类型标志(电子文献必备,其他文献任选)。

c) 析出文献其他责任者(任选);

d) 出处项;
 (a) 专著主要责任者;
 (b) 专著题名;
 (c) 其他题名信息。

e) 版本项;

f) 出版项;
 (a) 出版地;
 (b) 出版者;
 (c) 出版年;
 (d) 析出文献的页码;
 (e) 引用日期(联机文献必备,其他电子文献任选)。

g) 获取和访问路径(联机文献必备)。

2) 著录格式

[序号]析出文献主要责任者. 析出文献题名[文献类型标志]. 析出文献其他责任者//专著主要责任者. 专著题名:其他题名信息. 版本项. 出版地:出版者,出版年:析出文献起始页码-终止页码[引用日期]. 获取和访问路径.

【例 6-140】

[1] 程根伟. 1998年长江洪水的成因与减灾对策[M]//许厚泽,赵其国. 长江流域洪涝灾害与科技对策. 北京:科学出版社,1999:32-36.

[2] 陈晋镶,张惠民,朱士兴,等. 蓟县震旦亚界研究[M]//中国地质科学院天津地质矿产研究所. 中国震旦亚界. 天津:天津科学技术出版社,1980:56-114.

[3] 钟文发. 非线性规划在可燃毒物配置中的应用[C]//赵玮. 运筹学的理论与应用:中国运筹学会第五届大会论文集. 西安:西安电子科技大学出版社,1996:468-471.

[4] 韩吉人. 论职工教育的特点[G]//中国职工教育研究会. 职工教育研究论文集. 北京:人民教育出版社,1985:90-99.

[5] Martin G. Control of electronic resources in Australia[M]//PattleLW,Cox B J. Electronic resources:selection and bibliographic control. New York:The Haworth Press,1996:85-96.

[6] Fourney M E. Advances in holographic photoelasticity[C]//American Society of Mechanical Engineers. Applied Mechanics Division. Symposium on Applications of Holography in Mechan-

ics,August23-25,1971,University of Southern California,Los Angeles,California. New York:ASME,1971:17-38.

3. 连续出版物

1) 著录项目

著录项目包括：

a) 主要责任者；

b) 题名项；

   (a) 题名；

   (b) 其他题名信息；

   (c) 文献类型标志(电子文献必备,其他文献任选)。

c) 卷、期、年、月或其他标志(任选)；

d) 出版项；

   (a) 出版地；

   (b) 出版者；

   (c) 出版年；

   (d) 引用日期(联机文献必备,其他电子文献任选)。

e) 获取和访问路径(联机文献必备)。

2) 著录格式

[序号]主要责任者,题名:其他题名信息[文献类型标志]. 年,卷(期)-年,卷(期),出版地:出版者,出版年[引用日期]. 获取和访问路径.

【例 6-141】

[1] 中国地质学会. 地质论评[J]. 1936,1(1)-. 北京:地质出版社,1936-.

[2] 中国图书馆学会. 图书馆学通讯[J]. 1957,(1)-1990,(4). 北京:北京图书馆,1957-1990.

[3] American Association for the Advancement of Science. Science [J]. 1883, 1 (1) -. Washington, D. C. :American Association for the Advancement of Science,1883-.

4. 连续出版物中的析出文献

1) 著录项目

著录项目包括：

a) 析出文献主要责任者；

b) 析出文献题名项；

   (a) 析出文献题名；

   (b) 文献类型标志(电子文献必备,其他文献任选)。

c) 出处项；

   (a) 连续出版物题名；

   (b) 其他题名信息；

   (c) 年卷期与页码；

   (d)引用日期(联机文献必备,其他电子文献任选)。

d) 获取和访问路径(联机文献必备)。

2) 著录格式

[序号]析出文献主要责任者.析出文献题名[J].连续出版物题名:其他题名信息,年,卷(期):起始页码-终止页码[引用日期].获取和访问路径.

【例6-142】

[1] 李晓东,张庆红,叶瑾琳.气候学研究的若干理论问题[J].北京大学学报:自然科学版,1999,35(1):101-106.

[2] 李炳穆.理想的图书馆员和信息专家的素质与形象[J].图书情报工作,2000(2):5-8.

[3] 陶仁骥.密码学与数学[J].自然杂志,1984,7(7):527.

[4] 莫少强.数字式中文全文文献格式的设计与研究[J/OL].情报学报,1999,18(4):1-6[2001-07-08].http://periodical.wanfangdata.com.cn/periodical/qbxb/qbxb99/qbxb9904/990407.htm.

[5] Hewitt J A. Technical services in 1983[J]. Library Resource Services,1984,28(3):205-218.

5. 报纸中的析出文献

1) 著录项目

著录项目包括:

a) 析出文献主要责任者;

b) 析出文献题名项;

 (a) 析出文献题名;

 (b) 文献类型标志(电子文献必备,其他文献任选)。

c) 出处项;

 (a) 连续出版物题名;

 (b) 其他题名信息;

 (c) 出版日期;

 (d) 引用日期(联机文献必备,其他电子文献任选)。

d) 获取和访问路径(联机文献必备)。

2) 著录格式

[序号]析出文献主要责任者.析出文献题名[N].连续出版物题名:其他题名信息,年-月-日(版次)[引用日期].获取和访问路径.

【例6-143】

[1] 丁文祥.数字革命与竞争国际化[N].中国青年报,2000-11-20(15).

[2] 张田勤.罪犯DNA库与生命伦理学计划[N].大众科技报,2000-11-12(7).

[3] 傅刚,赵承,李佳路.大风沙过后的思考[N/OL].北京青年报,2000-04-12(14)[2005-07-12].http://www.bjyouth.com.cn/Bqb/20000412/GB/4216%5ED0412B1401.html.

6. 专利文献

1) 著录项目

著录项目包括:

a) 专利申请者或所有者;

b) 题名项;

 (a) 专利题名;

 (b) 专利国别;

(c) 专利号;

(d) 文献类型标志(电子文献必备,其他文献任选)。

c) 出版项;

(a) 公告日期或公开日期;

(b) 引用日期(联机文献必备,其他电子文献任选)。

d) 获取和访问路径(联机文献必备)。

2) 著录格式

[序号]专利申请者或所有者.专利题名:专利国别,专利号[P].公告日期或公开日期[引用日期].获取和访问路径.

【例6-144】

[1] 姜锡洲.一种温热外敷药制备方案:中国,88105607,3[P].1989-07-26.

[2] 刘加林.多功能一次性压舌板:中国,92214985.2[P].1993-04-14.

[3] 河北绿洲生态环境科技有限公司.一种荒漠化地区生态植被综合培育种植方法:中国,01129210.5[P/OL].2001-10-24[2002-05-28].http://211.152.9.47/sipoasp/zlijs/hyjs-yx-new.Asp?recid=01129210.5&leixin.

[4] Tachibana R,Shimizu S,Kobayshi S,etal. Electronic watermarking method and system:US,6,915,001[P].2002-04-25.

7. 电子文献

凡属电子图书、电子图书中的析出文献以及电子报刊中的析出文献的著录项目与著录格式分别按上述的有关规则处理。除此以外的电子文献根据本规则处理。

1) 著录项目

著录项目包括:

a) 主要责任者;

b) 题名项;

(a) 题名;

(b) 其他题名信息;

(c) 文献类型标志(含文献载体标志)。

c) 出版项;

(a) 出版地;

(b) 出版者;

(c) 出版年;

(d) 更新或修改日期;

(e) 引用日期。

d) 获取和访问路径。

2) 著录格式

[序号]主要责任者.题名:其他题名信息[文献类型标志/文献载体标志].出版地:出版者,出版年(更新或修改日期)[引用日期].获取和访问路径.

【例6-145】

[1] 萧钮.出版业信息化迈入快车道[EB/OL].(2001-12-19)[2002-04-15].http://www.creader.com/news/20011219/200112190019.html.

[2] Online Computer Library Center, Inc. History of OCLC[EB/OL].[2000-02-08]. http://www.oclc.org/about/history/default.htm.

[3] HOPKINSON A. UNIMARC and metadata: Dublin Core[EB/OL].[1999-12-08]. http://www.ifla.org/IV/ifla64/138-161e.htm.

6.9.5 参考文献的著录细则

1. 主要责任者或其他责任者

责任者不超过3个时,全部著录。责任者超过3个时,只著录前3个责任者,且中文后加",等.",外文后加"et al.",或加与之相应的词。同时,不同作者姓名之间用逗号","分隔。

【例6-146】

① 马克思,恩格斯.

② Yelland R L,Jones S C,Easton K S,et al.

无责任者或者责任者情况不明的文献,"主要责任者"项应注明"佚名"或与之相应的词。凡采用顺序编码制排列的参考文献可省略此项,直接著录题名。

凡是对文献负责的机关团体名称通常根据著录信息源著录。用拉丁文书写的机关团体名称应由上至下分级著录。

标准的主要责任者是指标准的提出者。

【例6-147】

① 中国科学院物理研究所.

② 贵州省土壤普查办公室.

③ American Chemical Society.

④ Stanford University. Department of Civil Engineering.

2. 题名

题名包括书名、刊名、报纸名、专利题名、科技报告名、标准文献名、学位论文名、析出的文献名等。题名按著录信息源所载的内容著录。

【例6-148】

① 化学动力学和反应器原理.

② Gases in sea ice 1975-1979.

③ J Math & Phys.

④ 袖珍神学,或,简明基督教辞典.

同一责任者的多个合订题名,著录前3个合订题名。对于不同责任者的多个合订题名,可以只著录第一个或处于显要位置的合订题名。在参考文献中不著录并列题名。

【例6-149】

① 自己的园地;雨天的书.(原题:自己的园地　雨天的书　周作人著)

② 美国十二名人传略.(原题:美国十二名人传略 Twelve Famous Americans)

文献类型标志依据《文献类型与文献载体代码》(GB/T 3469—1983)著录;对于电子文献不仅要著录文献类型标志,而且要著录文献载体标志。

其他题名信息可根据文献外部特征的揭示情况决定取舍,包括副题名,说明题名文字,多卷书的分卷书名、卷次、册次等。

【例 6-150】
① 地壳运动假说:从大陆漂移到板块构造.
② 世界出版业:美国卷.
③ 北京大学学报:哲学社会科学版.
④ 中国科学:D 辑　地球科学.

3. 版本

第 1 版不需著录,其他版本需著录。版本用阿拉伯数字、序数缩写形式或其他标志表示。古籍的版本可著录"写本"、"抄本"、"刻本"、"活字本"等。

【例 6-151】
① 3 版.(原题:第三版)
② 新 1 版.(原题:新 1 版)
③ 5th ed.(原题:Fifth edition)
④ Rev. ed.(原题:Revised edition)
⑤ 1978 ed.(原题:1978 edition)

4. 出版项

出版项按出版地、出版者、出版年顺序著录。

【例 6-152】
① 北京:科学出版社,1985.
② New York:Academic Press,1978.

1) 出版地

出版地著录出版者所在地的城市名称。对同名异地或不为人们熟悉的城市名,应在城市名后附加省名、州名或国名等限定语。

【例 6-153】
① Cambridge,Eng.
② Cambridge,Mass.

文献中载有多个出版地,只著录第一个或处于显要位置的出版地。

【例 6-154】
① 北京:科学出版社,2000.（原题:科学出版社北京上海 2000）
② London:Butterworths,1978.（原题:Butterworths London Boston Sydney Wellington Durban Toronto 1978）

无出版地的,中文文献著录"出版地不详",外文文献著录"S. l.",并置于方括号内。如果通过计算机网络获取的联机电子文献无出版地,可以省略此项。

【例 6-155】
① [出版地不详]:三户图书刊行社,1990.
② [S. l.]:MacMillan,1975.

2) 出版者

出版者可以按著录信息源所载的形式著录,也可以按国际公认的简化形式或缩写形式著录。

【例 6-156】
① 科学出版社,(原题:科学出版社)

② Elsevier Science Publishers,（原题：Elsevier Science Publishers）
③ IRRI,（原题：International Rice Research Institute）
④ Wiley,（原题：John Wiley and Sons Ltd.）

著录信息源载有多个出版者，只著录第一个或处于显要位置的出版者。

【例 6-157】

Chicago：ALA,1978.（原题：American Library Association/Chicago Canadian Library Association/Ottawa 1978）

无出版者的，中文文献著录"出版者不详"，外文文献著录"s. n."，并置于方括号内。如果通过计算机网络获取的联机电子文献无出版者，可以省略此项。

【例 6-158】

Salt Lake City：[s. n.],1964.

3）出版日期

出版年采用公元纪年，并用阿拉伯数字著录。如有其他纪年形式时，将原有的纪年形式置于"（ ）"内。

【例 6-159】

① 1947（民国三十六年）；
② 1705（康熙四十四年）。

报纸和专利文献需详细著录出版日期，其形式为"YYYY-MM-DD"。

【例 6-160】

2000-02-15。

出版年无法确定时，可依次选用版权年、印刷年、估计的出版年。估计的出版年需置于方括号内。

【例 6-161】

① c1988.
② 1995 印刷.
③ [1936].

5. 页码

专著或期刊中析出文献的页码或引文页码，要求用阿拉伯数字著录。

6. 析出文献

从专著中析出的有独立著者、独立篇名的文献按前述的有关规定著录，其析出文献与源文献的关系用"//"表示。

【例 6-162】

林穗芳.美国出版业概况[M]//陆本瑞.世界出版概观.北京：中国书籍出版社,1991：1-23.

凡是从报刊中析出的具有独立著者、独立篇名的文献按前述的有关规定著录，其析出文献与源文献的关系用"."表示。

【例 6-163】

张传喜.论面向知识经济时代科技期刊编辑的知识积累[J]. 中国科技期刊研究,1999,10(2)：89-90.

凡是从期刊中析出的文献，应在刊名之后注明其年份、卷、期、部分号、页码。若无卷号，则无需著录此项，且年份后的逗号省略。对从合期中析出的文献，在圆括号内注明合期号。

【例 6-164】
① 2001,1(1):5-6.
② 2000(1):23-26.
③ 1999(9/10):36-39.

凡是在同一刊物上连载的文献,其后续部分不必另行著录,可在原参考文献后直接注明后续部分的年份、卷、期、部分号、页码等,其间用分号。

【例 6-165】
1981(1):37-44;1981(2):47-5.

凡是从报纸中析出的文献,应在报纸名后著录其出版日期与版次。

【例 6-166】
2000-03-14(1).

第 7 章 开题报告写作指南

无论是硕/博研究生做学位论文、本科生做毕业设计,还是科研人员从事科学研究,撰写开题报告都是其中必不可少的、不能跨越的首要的和必要的环节,否则是不允许进入到下一阶段的学位论文撰写或科研课题研究的。可见,对于学位论文或科学研究而言,开题报告的写作至关重要。

7.1 开题报告的含义

开题报告是研究者在确认课题研究方向和文献研究之后,在课题研究工作开始实施之前,经前期研究、预判、谋划撰写而成的关于课题研究价值及其未来研究的一种论述性、文字说明报告。开题报告主要详细论述和系统回答为什么要研究本课题、前人研究到什么程度、自己要研究什么和怎么研究等问题。

7.2 开题报告的意义

开题报告既是课题文献研究的聚焦点,又是课题研究工作全面展开的出发点,对课题研究工作起到定位作用。撰写好开题报告,具有以下几个方面的意义。

开题报告可以促使研究者做好研究准备。要求按时间节点撰写与完成课题的开题报告,可以促使研究者及早进行调查研究,检索相关文献资料,做好开题前的准备工作,从而掌握国内外在该领域的研究成果及所存在的问题,本课题重点要研究什么、有何价值等,了解现有理论及实验研究条件等,做到从容不迫,有条不紊。

开题报告可以帮助研究者把握选题质量。通过开题报告的文献综述,研究者可以较准确把握自己的选题是否是前人未研究或未解决的问题,是否是值得研究的问题,是否是通过自己的研究可以取得突破的问题,尤其经开题报告会同行专家等的咨询,修正和调整自己选题的研究重点,有利于提高选题的质量,如选题的必要性、科学性、先进性等,从而为下一步的课题研究奠定良好的基础。

开题报告可以推动研究者厘清研究思路。在开题报告会上,与会者可以就研究者所提出的研究方案充分发表意见和建议,对于正确的予以肯定,对于不恰当的予以纠正,同时也指出应当注意的方面,使研究者受到启迪和借鉴,进一步明确和厘清自己的研究思路,以尽量避免少走弯路或产生反复。

开题报告可以培养研究者学会学术交流。撰写开题报告和召开开题报告会,可以提升研究者的学术演讲水平。通过回答与会者的质疑及与同行的交流讨论,可以辨明学术观点,可以学到更多的新思想、新方法,进而提高自己的学术交流意识和能力。

总的来说,通过开题报告可以使研究者把对课题的认识和想法加以整理、概括、提炼,并通过开题报告会的答辩,厘清研究思路,明确研究方向,把握研究重点,明晰解决途径,掌握研究方法,纠正偏差谬误,以使具体的研究目标更加明确,解决的方案更加切实可行。

7.3 开题报告的结构组成

尽管目前对开题报告的内容没有统一的表述,但其结构组成应主要包括:课题题名;立论依据;文献综述;研究内容;研究方向;参考文献。

7.4 开题报告的写作

7.4.1 课题题名

要撰写开题报告,首先是确定课题选题,其次是拟定课题题名。

1. 选题的原则

选题就是决定论文写什么和怎么写。选题是撰写科技论文的关键,选题选好了就等于论文成功了一半。毕业论文或科研课题的选题一般应满足以下原则。

1) 科学性

科学性原则是指课题的选择要以科学思想为指导,以事实为依据。以科学思想为指导,使所选课题具有理论基础。所选课题不能和已经经过实践检验的科学原理相违背,只有这样,才能保证其科学性。以一定的事实为依据,使所选课题具有实践基础。巴甫洛夫曾说过,事实是"科学家的空气",没有事实的理论是虚构的。科学研究就是要研究事实,研究客观实际存在的现象。具体来讲,对于理论性研究课题,科学性原则体现在是否有充足的事实和实验观测结果作为依据。对于应用技术研究课题,必须有科学理论为根据。

在这里,需要注意的一个问题是如何看待违背传统观念与常识的新问题。传统和常识并不一定是科学的,其背后很可能隐藏着人们还未发现的科学规律,需要随着科学的发展而更新。因此,研究者要敢于怀疑和批判,敢于运用已证明的科学原理对这些问题提出质疑,这同样也是尊重科学性的表现。

2) 创新性

创新性原则就是指选题要有新颖性、先进性。如果说科学性是论文选题的生命,那么创新性便是论文选题的灵魂。

一般来讲,创新性具体表现在探索前沿,填补空白;纠正通说,正本清源;补充前说,有所前进。在确立选题时,应选择前人未曾涉及或虽已涉及但尚未完全解决的、有待进一步研究的问题;应选择学术界有分歧的、没有统一定论的、有必要深入探讨的问题;选题要有新的理论、新的观点、新的实践等。

3) 需要性

需要是科学研究的最根本、最内在、最持久的推动力。需要性原则,也称为价值性原则。

需要性原则是指选题要面向实际,着眼于社会的需要,讲求社会效益,这是选题策划的重要依据和出发点。所谓需要包括两个方面:一是社会实践的需要,尤其是生产实际的需要,这是它的社会意义;二是科学本身发展的需要,这是它的学术意义;或者二者兼而有之。也就是说,科学研究不是为研究而研究,应当是有现实需要的,这才是研究的根本目的。它体现了科学研究的目的性,即一切科学研究是为了提高人类的物质文明和精神文明建设的需要。所谓价值,主要表现在研究课题的实际应用价值与科学理论价值两个方面。实际应用价值是指课题研究可能带来的经济效益和社会效益,科学理论价值是指具有一定的理论高度和普遍意义。

4) 可行性

可行性原则是指在选题时要考虑现实可能性。可行性原则体现了科学研究的"条件原则"。一个课题的选择,必须从研究者的主、客观实际条件出发。从主观上讲,要考虑自己的专业特长和优势,自己要有浓厚的兴趣,要考虑自己的能力和水平,选择大小难易适中的论题,选择有利于展开的论题。从客观上讲,要考虑诸如文献信息资料、时间、使用设备与器材、研究经费等条件。如果一个课题不具备必要的条件,无论社会如何需要、如何科学、如何先进,选题没有实现的可能,那将是徒劳的。同时,还要考虑选题研究内容的难易程度和工作量大小,充分考虑到在一定时间内获得成果的可能性。

上述对选题应遵循的各项原则说明,毕业论文或科研课题题目不是给定的,而是研究出来的,只有在对所研究领域的过去、现在的研究资料等信息进行全面把握、深入分析的基础上,才能确立出满足以上四个原则要求的选题,从而为完成高质量的毕业论文或科研课题奠定坚实的基础。硕士、博士的毕业论文选题一般可以结合导师已有的科研课题进行选题,也可以自选课题;本科生的毕业论文或毕业设计一般是由导师给出题目清单,然后学生从中选择;科研课题一般是根据上级主管部门给出的课题指南进行选题。不管是哪一种情形,选题之前的"信息积累"与"发现问题"均是研究者所必须经历的过程。

2. 拟定课题题名

在选题确立之后,就要拟定一个准确、规范、简洁的课题题名。关于拟定课题题名的有关规则请参阅本书第5.2节。在此,再给出一个拟定课题题名的经典格式,即"关键词1+关键词2:某某(理论)视角下对某某(对象)的某某(方法)研究",其中理论和方法二选其一。

7.4.2 立论依据

立论依据包括课题来源、研究背景、研究目的和研究意义。

1. 课题来源

一般认为,课题来源可以归纳为四个来源两个方面。选题的四个来源是社会需要解决的问题、理论与实践之间发生的矛盾、理论内部的矛盾、实践内部的矛盾。选题的两个方面来源是引领和总结,引领说的是解决社会实践的紧迫需要,这是一种直接性来源;总结讲的是经查阅文献资料从掌握的本研究领域的最新成果、学科发展的趋势与前沿中挖掘课题,这是一种间接性来源。

就科技论文来讲,绝不是凭空产生的,它主要来源于科研课题。科研课题是指科技工作者根据个人的专长,围绕本学科、本专业领域内存在的尚未解决或亟待解决的问题,从理论或实践上对其进行的探讨或解答,它是科技工作者从事科学研究的主攻方向和目标。一个科研人员,若课题选得好,就会产出更多的科研成果,产出更高质量的论文;若课题选择不当,不仅难出科研成果,也很难撰写出价值大、质量高的科技论文。可见,科研课题是撰写科技论文的前提,选好课题是写好科技论文的关键。一般来讲,学生的研究课题通常来源于导师的科研子课题。

2. 研究背景

研究背景主要是指对这个课题进行研究的原因,即为什么要研究该课题,或根据什么、受什么启发而提出这项研究,也可以简单地归纳为问题的提出。这个背景既可以是社会背景,也可以是一般的自然背景,这个背景应包括历史背景和现实背景。

3. 研究目的和研究意义

研究目的和研究意义就是要解决什么问题、研究它有什么价值。研究目的,即要解决什么样的理论问题或实践问题,达到什么目的,取得什么成果。研究意义,即课题研究其内在的理论价值、学术价值和应用价值,以及其外在的对本领域发展的推动作用、现实意义、长远意义。

一般来讲,可以先从现实需要方面去论述,指出现实当中存在这个问题,需要去研究、去解决,本课题研究有什么实际作用,然后再阐述本课题研究的理论和学术价值,等等。这些都要写得具体一点,针对性强一点,不能漫无边际地空喊口号。

7.4.3 文献综述

文献综述是一切研究工作的基础,是科技论文中的一个重要组成部分,在科技论文写作中占据着重要位置。文献综述的好坏直接关系到科技论文的成功与否,文献综述的好坏与研究者的研究能力有关,同样,也与研究者对文献综述作用和功能的认识紧密相关。

1. 文献综述的含义

文献综述(survey、overview、review)是对某一学科、专业或专题在全面收集、大量阅读文献资料的基础上,就国内外在该学科、专业或专题方面的主要研究成果、最新进展、研究动态、前沿问题等进行整理筛选、分析研究、综合提炼而写成的,能比较全面地反映相关学科、专业或专题的历史背景、前人工作、争论焦点、研究现状和发展前景等内容,是高度浓缩的文献产品。

或者,按照劳伦斯·马奇(Lawrence A. Machi)等人的界定:"文献综述是一种书面论证。它根据对研究课题已有知识的全面理解,建立一个合理的逻辑论证;通过论证,得出一个令人信服的论点,回答研究问题"。具体而言,就是当研究者开始进行一项新的研究工作时,通常总是需要对前人已经完成的与之相关的研究工作成果进行收集、阅读、整理和分析,在此基础上,对前人的相关研究成果进行归纳、总结和评估,并据此确定新的研究问题和研究路径。

文献综述反映当前某一领域中某分支学科或专题的历史现状、最新进展、学术见解和建议,它往往能反映出有关问题的新动态、新趋势、新水平、新原理和新技术,等等。文献综述是针对某一研究领域分析和描述前人已经做了哪些工作,进展到何程度,要求对国内外相关研究的动态、前沿性问题做出较详细的综述,并提供参考文献。

文献综述一是在"综",二是在"述"。"综"是要求对与其论文相关的主要文献资料进行归纳整理、综合分析、高度概括,使材料更精炼明确、更有逻辑层次,力求客观评价、简洁明了。"述"就是要求对综合整理后的文献进行专门的、全面的、深入的、系统的评述。文献综述不能局限于介绍研究成果、传递学术信息,还要对各种成果进行恰当而中肯的评价,并表明作者自己的观点和主张。"综"强调文献综述的"量"的方面;"述"强调文献综述的"质"的方面。

一般认为,科技论文没有文献综述是不可思议的。但需要将"文献综述"(Literature Review)与"背景描述"(Backupground Description)区分开来。背景描述关注的是现实层面的问题,而文献综述是对学术观点和理论方法的整理,是评论性的(Review 就是"评论"的意思)。因此,要带着批判的眼光(critical thinking)来归纳和评论文献,而不仅仅是相关领域学术研究成果的"堆砌"。

2. 文献综述的特点

1）综合性

综述要"纵横交错"，既要以某一专题或课题的发展为纵线，反映当前课题的进展；又要从本单位、省内、国内到国外，进行横向比较。只有如此，文章才会占有大量素材，经过综合分析、归纳整理、消化鉴别，使材料更精炼、更明确、更有层次和更有逻辑，进而把握本专题发展规律和预测发展趋势。

2）评述性

评述性是指比较专门地、全面地、深入地、系统地论述某一方面的问题，对所综述的内容进行综合、分析、评价，反映作者的观点和见解，并与综述的内容构成有机整体。一般来说，综述应有作者的观点，否则就不成为综述，而是手册或讲座了。

3）先进性

综述不是写学科发展的历史，而是要搜集最新资料，获取最新内容，将最新的信息和科研动向及时传递给读者。

4）概括性

综述不应是材料的罗列，而是对亲自阅读和收集的材料加以归纳、总结，做出评论和估价，并由提供的文献资料引出重要结论。一篇好的综述，应当是既有观点，又有事实，有骨又有肉的好文章。由于综述是三次文献，不同于原始论文（一次文献），所以在引用材料方面，也可包括作者自己的实验结果、未发表或待发表的新成果。

5）批判性

文献综述要实事求是地、客观地评价前人的研究成果，比如，别的学者是如何看待你所提出的问题的？他们的方法和理论是否有什么缺陷？他们的研究还存在什么问题？等等。

3. 文献综述的类型

根据涉及内容和范围的不同，文献综述可分为综合性综述和专题性综述两种。

1）综合性综述

综合性综述是较为宏观的，涉及的范围为整个领域、专业或某一大的研究方向。

2）专题性综述

专题性综述则是较为微观的，可以涉及相当小的研究方向甚至某个算法，谈的问题更为具体与深入。

综合性综述立意高，范围广，故也不易深入，比较好读好懂。这对初入道者、欲对全局有所了解的读者而言很有参考价值。然而，越是深入课题的研究，越是希望能有专题性综述为自己鸣锣开道，这会节约很多的时间与精力，但往往不能遂人意，于是只好旁征博引，由自己来完成该课题的综述。当撰写研究生学位论文和本科生毕业论文（设计）时，我们要写的也就是这类结合自己研究课题而写就的专题性综述。

4. 文献综述的意义

通过搜集文献资料过程，可以进一步熟悉文献的查找方法和资料的积累方法，同时在查找文献的过程中也扩大了知识面。查找文献资料、撰写文献综述是科研选题和进行科研的第一步，因此学习文献综述的撰写也是为今后从事科研活动打基础的过程。通过文献综述的写作过程，能够提高自己的归纳、分析、综合能力，有利于提高自己的独立工作能力和科研工作能力。

5. 文献综述的作用

文献综述表明了作者当前研究的可信度和可靠性。一篇好的文献综述可以使读者了解到作者熟知某一研究领域的知识体系并知道哪些是主要的研究议题，可以使读者增加对作者的研究能力、专业能力、研究背景的信任，从而促使读者有信心阅读该科技论文。

文献综述呈现了前人研究的路线以及当前的研究与前人的研究之间的关系。一篇好的文献综述通常会为读者勾勒出某一问题研究的发展历程，将研究的起源、发展和现状展现在读者面前，将当前研究置于一个相关的大的研究背景之中。

文献综述是对某一研究问题的研究成果进行整合并概括该领域已知的事物。一篇好的文献综述要有机地整合相关领域的不同的研究成果，指出这些研究成果的异同及是否具有代表性，指出前人研究中赞同或反对什么以及还有哪些遗留问题没有得到有效解决，指出未来研究发展的方向。

通过撰写文献综述，研究者可以向他人学习并激发新的思想和研究灵感。一篇好的文献综述很好地总结和整合了他人的研究成果，往往会指出前人研究中存在的问题、不足或误区，提出重新研究的建议和假设，或提出新的研究方向，指出值得仿效的程序、技术等，读者会从中受益，得到启发，由此可能会为自己的研究找到突破口。

好的文献综述，不但可以为研究者确定研究工作的起点、明确研究工作的方向和路径、获得研究工作所需的基本工具和手段，还可以为下一步的科技论文写作奠定一个坚实的理论基础和提供某种延伸的契机，而且能够表明撰写该综述的作者对既有研究文献的归纳分析和梳理整合的综合能力，从而有助于提高对科技论文水平的总体评价。

6. 文献综述的主要内容

一般而言，文献综述的主要内容应包括：
a) 该研究领域，或专题，或课题的研究背景和历史发展脉络；
b) 该研究领域，或专题，或课题研究的广度、深度和已取得的成果；
c) 目前该研究领域尚存在的不足和有待解决的问题；
d) 分析指出发展趋势及进一步可能的研究问题；
e) 总结概括并提出自己的见解。

7. 文献综述的写作特点

文献综述的写作是概括、回顾过去的事实；按第三人称陈述，以作者的语言，客观地讲述他人的观点，作者可以有自己的学术观点和倾向，但要寓意其中，贯穿于内，含而不宣；文章范围是限定的，专题性极强，不能庞杂；文献综述的格式与一般研究性论文的格式有所不同，研究性的论文注重研究的方法和结果，特别是显性结果，而文献综述要求向读者介绍与主题有关的学术观点、研究结论、动态以及对以上方面的评述等，关于有关实验方法及具体过程应当省略或只提及实验名称和性质即可。掌握这些特点，才能在写作时从头到尾保持"综述"的性质、格式和语言风格。

8. 文献综述的写作原则

一篇好的文献综述需要周密构思、精心组织。文献综述要有综合性，研究者应具备敏锐的眼光，采用批判的态度，广泛阅读相关文献，对原始文献中大量数据、资料、不同观点加以梳理，有机地组织和整合前期的研究成果，而不是简单地罗列堆砌所有的研究结果。文献综述要有评价性，在综述中作者要指出前期研究中的优点，尤其是要指出研究中存在的问题和不足。

在文献综述写作过程中应遵循以下原则：

a) 要结构合理、层次分明,段落之间要环环相扣,衔接自如;
b) 要紧扣主题,清晰、有效、准确无误地表达观点;
c) 采用批判的态度,不能盲目接受他人的观点,对来自权威的观点要敢于质疑、敢于批判;
d) 在质疑、评价所阅读的文献时要始终记得:并非印成铅字发表出来的东西都是完美无缺的;
e) 要仔细阅读论文的引言和标题部分,看它们是否与论文其他部分的内容保持一致;
f) 在阅读文献时应找出每篇论文的逻辑关系,从而把握论文的论点、论据和结论;
g) 有些研究者通常不能有效地解释他们所使用的方法和得出的结论,因此,仔细阅读方法和结论部分,会找出该研究的瑕疵所在,以便完善后续的研究;
h) 阅读文献时,要注意看结论与前面的数据是否一致。

9. 文献综述的写作方法

文献综述的撰写方法主要有纵式、横式和纵横结合式三种写法。

1) 纵式写法

"纵"是"历史发展纵观"。它主要是围绕某一学科或专业或课题,按时间先后顺序或课题本身发展层次,对其历史演变、目前状况、趋势预测作纵向描述,从而勾画出某一课题的来龙去脉和发展轨迹。纵式写法要把握脉络分明,即对某一专题或课题在各个阶段的发展动态作扼要描述,已经解决了哪些问题,取得了什么成果,还存在哪些问题,今后发展趋势如何,对这些内容要把发展层次交代清楚,文字描述要紧密衔接。撰写文献综述不要孤立地按时间顺序罗列事实,把它写成了"大事记"或"编年体"。纵式写法还要突出一个"创"字。有些专题或课题时间跨度大、科研成果多,在描述时就要抓住具有创造性、突破性的成果作详细介绍,而对一般性、重复性的资料应从简从略。这样既突出了重点,又做到了详略得当。纵式写法具有描述专题或课题的发展动向明显、层次清楚等优势。

2) 横式写法

"横"是"国际国内横揽"。它主要是对某一学科或专业或课题,就国际和国内研究的各个方面,如各派观点、各家之言、各种方法、各自成就等加以描述和比较。通过横向对比,既可以分辨出各种观点、见解、方法、成果的优劣利弊,又可以看出国际水平、国内水平和本单位水平,从而找到差距。横式写法有利于综述某个方面或某个课题的新成就,如新理论、新观点、新发明、新方法、新技术、新进展等等。因为是"新",所以时间跨度短,易于引起国际、国内同行的关注。

3) 纵横结合式写法

纵横结合式写法就是在同一篇文献综述中,同时采用纵式与横式两种写法。例如,综述历史背景可采用纵式写法,综述目前研究现状可采用横式写法。通过"纵"、"横"描述,才能广泛地综合文献资料,全面系统地认识某一专题或课题及其发展方向,给出比较可靠的发展趋势预测,为新的研究工作提供突破口选择或参考依据。

10. 文献综述的写作程序

一般而言,文献综述的写作包括确定选题、收集阅读整理文献、拟定提纲和撰写成文四个过程。

1) 确定选题

选题往往是研究者根据自身的兴趣或研究的需要而定,也可根据所占有的文献资料的质和量而定,可选择自己所从事的专业需要研究的问题,或者与其密切相关的课题。选题既不能太大,也不能太小。选题过大,可能会由于研究者自身知识结构、时间、精力等因素所限而难于驾驭;选题太小,难于发现各事物之间的有机联系。选题要反映学科专业或研究方向的新成果、新动向。

2) 收集、阅读、整理文献

题目确定之后,就要围绕该题目着手收集和阅读与题目相关的文献。要写好文献综述,收集文献是基础,阅读文献是关键。

收集和积累足够量的文献以掌握丰富的资料,这是关键的一步。收集文献可以是手工检索,即将自己阅读专业期刊上相关文献做成读书笔记卡片,也可以用计算机检索的方法,通过各种检索工具,如文献索引、论文期刊检索获得,还可以从综述性文章、著作等的参考文献中查到有关的文献目录。收集文献时,要采取由近及远的方法,找最前沿的研究成果,因为这些成果常常包括前期成果的概述和参考资料,可以使人很快了解到某一研究问题的现状。

对收集到的文献,一是应阅读摘要或小结,以了解该文献的主要内容,衡量其对所写综述的价值;二是根据文献的重要性对原文进行精读摘录;三是阅读文献时要吃透原文的精神,掌握要义。

阅读文献时,还应围绕主题组织整理材料。整理文献应包括:作者、题名、刊名、年、卷、期、页码及内容(如核心内容、主要资料、数据和观点),以便写作文献综述时引用。

所写文献综述质量的高低,主要由文献阅读的质量来决定。写好"读书笔记"和"文献摘录卡片",用自己的语言写下阅读时得到的启示、体会和想法,将文献中精髓摘录下来,不仅为撰写综述提供材料,而且对提高自己的思想表达能力、培养创造性的阅读能力也有帮助。

3) 拟定提纲

在精读大量文献、结合自己研究工作的基础上,必须列出较详细的文献综述撰写提纲。首先,提纲应写出大小标题,做到有纲有目。然后,将主要资料、结果及主要观点分门别类地列于其下。这就是"搭架子"。应尽量做到标题与内容一致,注意逻辑性,使撰写文献综述的框架结构层次分明,条理清楚,紧扣主题。

4) 撰写成文

拟好提纲后,明确构思,材料齐全,就可以进一步组织材料、写成文章。

11. 提高写作质量的前提

1) 收集文献的数量

一篇好的文献综述的首要前提是尽可能充分占有相关文献。虽然不可能有统一和明确的规定,要求一篇科技论文所使用的文献应当不低于多少种,但从理论上讲,应当尽可能充分和广泛地占有与研究问题直接相关的文献。这种"占有"不是为了在文后开列一个庞大的参考文献,而是经作者深入阅读、为研究工作提供必不可少的知识、理论和方法的支撑,从而使研究者能在一个全新的高度或角度审视研究的主题。一篇科技论文是否"厚重",并不取决于其篇幅,而首先取决于作者所真正占有的前人的相关研究成果。

2) 收集文献的质量

与文献数量直接相关的是文献的"质量",主要涉及三个方面。

文献的相关性。在占有的文献中,应包含尽可能多的、与研究问题直接相关的重要文献。一定不能遗漏那些被公认为在相关问题研究中确立了经典地位的文献。否则,势必大大影响正在开展的研究工作所能达到的水平。

文献的权威性。在占有的文献中,应当审慎地考察文献(也包括事实、数据等)的来源是否可靠,是否具有权威性。在实践中,常能看到的现象是,为了弥补文献(事实、数据等)的不足,有些作者可能会不加选择地使用一些缺乏权威性或公信度的网站、报刊所提供的信息。这些文献中可能包含了许多未经证实的信息和非经科学方法获得的数据。如果使用这些信息作为论据,不仅不能提高论文的质量,还会导致读者对论文科学性的质疑。

文献的类型。大多数研究方法类的著作都有篇幅不等的关于文献来源的说明。例如,乔伊斯·P·高尔(Joyce P Gall)等人的《教育研究方法实用指南》,根据文献来源的不同,将文献分为二次文献、一次文献、零次文献。杰克·R·弗林克尔(Jack R Franenkel)、诺曼·瓦伦(Norman E Wallen)的《美国教育研究的设计与评估》则将文献划分为普通文献(即索引或摘要)、主要资料(即研究者报告自己研究结果的出版物)、次要资料(在作品中描写其他人研究工作的出版物,例如教材)。

12. 文献综述写作中的常见问题

无论是本科生、研究生,还是一些科技工作者,由于对文献综述的意义认识不足、训练不够充分,由此产生了学位论文或科研报告中文献综述规范性水平不够高等诸多问题。在很大程度上,这是直接制约科技论文质量的一个关键因素。

1) 为综述而综述

文献综述往往流于形式,存在着为综述而综述的倾向,或者是有文献无综述,或者是有"综"无"述",或者是有"述"无"综"。在一定程度上,文献综述成了文献和作者人名的罗列。究其原因,是作者对文献综述的目的和意义缺乏清晰的认识。因此,文献综述与论文所研究的问题之间的联系或者很牵强,或者很模糊,文献综述难以真正发挥其应有的作用。在这种情况下,文献综述就成为论文中的一个"孤岛",自然也就成为一种形式。

2) 文献数量不够充分

不少论文尽管在参考文献部分开列了为数众多的中外文文献,但文献综述部分引用的文献数量却明显不足,二者之间存在着很大的反差。参考文献数量不足不仅直接影响了文献综述本身的质量,也制约着论文的学术水准。据一项有关统计表明,大部分博士学位论文的文献综述篇幅占全文的比例在1/10以下,超过一半博士学位论文的文献综述部分所引用的文献数量占全部参考文献数量的比例在1/5以下。

3) 文献结构不大合理

论文所涉及的问题往往具有很大的综合性,这就要求所参考的文献不仅要充分,而且要有合理的结构。一是不少论文所参考的文献大多或来自某一个二级学科或某一个研究领域,参考文献来源的单一造成文献结构的不合理;二是一些论文常强调运用跨学科的研究方法或理论,但在文献综述部分很少涉及所要借鉴的相关学科的研究成果。

4) 综述质量有待提高

由于缺乏对所收集到文献的深度阅读,难以对相关主题的已有研究状况进行深入分析和总结,因而不能清晰地说明自己的研究与前人已有研究之间的不同和联系。这不仅使得文献综述本身失去了意义,而且直接影响了论文的质量。更为重要的是,论文所表现的研究工作难以在前人已有研究的基础上推进,难以形成具有创新性的成果。另一方面,不少论文在引用相关文献时,对文献本身的质量或来源缺乏精心选择,甚至"漫不经心"。例如,间接引用与正在进行的研究工作关系密切或重要的文献,或贪图便利使用那些并不重要的文献,却遗漏了反映同类研究最高水平的经典文献,等等。

5) 综述写作不够规范

不少论文的文献综述写作不够规范,尤其突出地表现在主体部分和总结部分。例如,在主体部分,有的论文不是以主题的方式而是以国别(国内的研究和国外的研究)的方式分析相关问题的研究进展。在结论部分,一些论文所提出的评论或者过于简单,或者与之前的分析明显脱节。

6) 评述不够客观

在综述过程中,一是把某一部分的特点归结为整体的特点,没有科学的依据,是一种以偏概全的主观判断;二是只综述对自己研究有利的方面而舍弃不利的方面,没有实事求是的态度,是一种以点带面的片面行为。这些都有失公允,难以让读者信服。

7) 评述缺乏批判

只是一味地陈述某人在某方面做了哪些研究,有什么研究成果,而未对这些研究的不足作任何批判,只是简略引述。这样的简单陈述就不能衬托出作进一步研究的必要性和理论价值。

13. 文献综述写作的注意事项

1) 文献齐全,引用原著

撰写文献综述忌讳随便收集一些文献就动手写作。应全面地、系统地搜集与本课题相关的文献并详细阅读。通常,将同类性质问题的文献归到一组,每一段落的内容应选出有代表性的文献。文献综述所引用到的材料来源尽量采用原始的单篇文献,即一次文献。

2) 内容新颖,由浅入深

应全面地、系统地查阅与自己的研究方向直接相关的国内外文献。尽量选择学术期刊或学术会议文献,所引用的文献通常应以近5年以内的为主。要适当选择设计严密、方法可靠、数据可信、科学性强、有新发现、新见解、有实用价值的文献。因此,主要文献应直接来自于学术期刊而不是教科书,不要在别人综述的基础上再作相同范围、相同课题的综述。撰写时内容要尽量由浅入深,便于理解。

3) 忠于原著,论之有据

文献综述的基本准则是忠于原著,切忌文献堆砌,简单的资料堆砌是写不出高质量的文献综述的。应该吃透原著内容,经过充分消化吸取精华,达到融会贯通,再用准确语言清晰表达出来。它要求把来自不同作者的研究成果及其理性认识熔于一炉,还要加以分析评论,让事实来说话。不要把不成熟的(未被证实的或推测性的)观点和成熟的观点相混淆,也不要把原始文献的观点与综述作者自己的观点相混淆。

4) 文理通顺,行文精练

文献综述中所引用的大量原始文献,出自各家手笔,风格可能完全不同;还有外语的翻译理解水平不一,要把这些素材有机地组合在一起,必然要付出艰苦的、再思考再创造的劳动。文献综述作者本身要有相当的实践和理论水平,还要将收集的全部材料认真消化,吸取精华,提炼要点,反复细心推敲,避免重复,逻辑严谨,润色文字,审核定稿,才能成为合格的文献综述。

7.4.4 研究内容

研究内容包括研究内容、拟解决的关键问题、研究目标。

1. 研究内容

研究内容是研究问题的具体化,通过问题的提出环节,研究者所提出的往往是一个有一定综合性的问题,如果不能将其分解,就难以使问题得到明确,就难以生成论文的提纲。论文提纲是基本内容最具体的表现,但它也是问题是否明确的重要标志。论文提纲一般以层级式的标题来显示,但是其内在的逻辑乃是问题的层级结构。只有明确了问题的层级结构,才能确定论文的纲目。因此,研究者最好能以疑问句的形态来表现其研究构思。在开题报告会上,如何表达要研究的问题、怎样解释这些问题、怎样去解决这些问题并以某种便于理解的口头语言表达出来,才是研究者要重点思考的。

  论文提纲的写法有三种。一种是标题法,即用标题的形式把某一部分的内容概括出来。标题法的优点是:简明扼要、一目了然;缺点是:只能作者自己理解,别人看不明白,而且时间一长,自己也会模糊。第二种是句子法,即用一个能表达完整意思的句子的形式把某一部分的内容概括出来。句子法的优点是:具体、明确,无论放置多久都不会忘记,别人也能看明白;缺点是:文字多,不醒目,写作时不能一目了然,不便于提纲挈领。第三种是混合法,即将前面两种方法混合使用,取长补短。

【例 7-1】

D. P. Field 等撰写的 The role of annealing twins during recrystallization of Cu 一文(Acta Materialia,2007,Vol. 55),其标题式写作提纲如下:

1. Introduction
2. Experimental procedures
3. Results and analysis
  3.1 The deformed microstructure
  3.2 Annealing microstructure and recrystallization kinetics
  3.3 Observation of annealing twin boundary development
4. Discussion
5. Summary

【例 7-2】

刘相华等撰写的《400-500MPa 级碳素钢先进工业化制造技术》一文(中国有色金属学报,14 卷(增刊)),其句子式写作提纲如下:

1 引言

  介绍超级钢出现的背景和开发超级钢的基本思路,突出在不添加合金元素的前提下,把普碳钢屈服强度从 200MPa 级提高到 400~500MPa 级。介绍围绕超级钢开发出现的国际竞争。

2 超级钢的开发研究

  利用 Hall-Petch 公式给出屈服强度与晶粒尺寸间的定量关系,指出晶粒细化有利作用的同时,晶粒过于细化带来的致命问题——产品塑性差和在目前的钢铁生产流程难以实现。从而引出晶粒尺寸适度细化的概念,把目标晶粒尺寸定位在 $3\sim 5\mu m$,实验和生产数据表明,这种钢材强度翻番,塑性良好。

3 超级钢生产

  给出生产超级钢的 4 项工艺指导原则,通过数据、图表和金相照片,介绍课题组与宝钢合作生产超级钢的状况,给出产品组织特点和达到的性能指标。

4 超级钢应用

  介绍超级钢在汽车制造和建筑行业中的应用,尤其是用超级钢替代微合金钢每吨可以节省 200~300 元。同时说明超级钢应用中人们关心的几个技术问题,如细晶钢的焊接问题、组织与性能均匀性问题、屈强比控制问题等。

5　结论

全文得到3条结论：

（1）普碳钢品种的升级换代已经提到日程,以洁净钢细晶化为主要特征的超级钢将成为今后替代普通碳素钢和部分微合金钢的主导品种。

（2）在理论与实验研究基础上提出了生产超级钢的工艺原则,依据这些原则用Q235成分生产出的400~500MPa级超级钢,应用于汽车等行业取得良好效果。

（3）厚规格板带钢和大尺寸棒材超级钢的生产以及超级钢的焊接和屈强比控制等问题,还需要进一步深入研究。

给出12篇中英文参考文献。

不管是文科论文,还是理工科论文,写作提纲都没有必须遵循的固定模式,一切应视研究内容的需要而定。

2. 拟解决的关键问题

拟解决的关键问题其实已在问题的提出中或多或少地提及,这不仅是说问题的提出要以一个问题作为其结果,而且它是研究内容的依据,具有提纲挈领的作用。只是因为这个问题过于粗糙而易于与其他问题相混淆,需要对其加以具体化,在具体化的过程中产生了研究内容,研究内容所显现的是论文的问题域。关键问题是问题域中的那些能够把其他问题联系起来的"关节",抓住了这样的问题往往能够实现问题域的突破。可见,关键问题是由问题域的内在逻辑决定的,而非人为选择的结果,也不是研究者主观上认定的难以解决的问题或重点问题。关键问题是非常具体的,从关键问题的选择中很容易考察研究者对问题的洞察力和研究的创新性。如果关键问题与研究所涉及的论题基本一致,完全可以用关键问题作为整个研究的问题,这样就能避免"大题目、小文章"的偏向。

3. 研究目标

一般来讲,一篇论文不可能解决问题域里的所有问题,甚至不可能彻底解决一个问题,而只能在一定的范围、程度和水平上获得解决,这正是确定研究目标时所要考虑的。研究目标就是针对论文所涉及的问题范围,解决该范围内的每个问题所要达到的程度和水平的一种设想和界定。换句话讲,每个问题都应有相应的研究目标与之对应,用一两句话就能将目标交代清楚是不大可能的。

确定研究目标时,一是要考虑课题本身的要求,二是要考虑实际的工作条件和工作水平,三是要紧扣课题的研究内容,尤其是关键问题,用词要准确、精炼、明了。

7.4.5　研究方案

研究方案包括研究方法、可行性分析、工作计划等。

1. 研究方法

研究方法是指分析论证课题时的思维方法,它属于认识论范畴。没有正确的研究方法,就不能深入认识事物的本质,揭示其客观规律。没有正确的研究方法,就不能有所发现、有所发明、有所前进、有所创新,自然也就不会有什么成果。因此,有的专家学者认为,选择了好的研究方法,也就等于论文完成了一半。

通俗地讲,研究方法就是针对所提出的问题采用什么设计方案、什么技术途径、什么具体办法去解决。通常情况下,研究方法与研究的问题是直接对应的,如果没有对问题的认真分析,研究方法就无从谈起。一般而言,大部分研究方法都具有广泛的适用性,但是问题不同,解决问题的思路、角度、路线、方式就有所不同,研究方法不仅与课题所要解决的中心问题相互对应,更重要的是要与研究内容中的每个具体问题基本对应,当然不一定是一个问题对应一种方法,也不一定是一种方法对应一个问题。因此,首先应对研究内容所涉及的问题加以归类,然后针对各类问题规划与设计出适合的研究方法。如果无法做到如此细分的话,至少应该对拟解决的关键问题所需要的研究方法一一做出解答与阐述。

在给出研究方法时,切忌笼统,诸如"运用辩证唯物主义和历史唯物主义的方法"、"运用定量与定性相结合的方法"、"理论分析与实际运用相结合的方法"等,而要具体化,诸如"运用博弈论的方法"、"案例分析的方法"、"头脑风暴法"、"惩罚函数法"等。

2. 可行性分析

由于研究方法与研究的问题有着不可分割的关系,对研究方法的构思与运用就不能不涉及研究的可行性、研究实施方案、研究工作计划等项目。

研究的可行性分析首先要对问题的难易程度做出判断,只有那些难以解决的问题才有谈及可行性的需要。我们之所以会感觉到解决某些问题的困难,其原因在于还没有把问题彻底搞清楚,还未找到解决问题的有效途径,还缺乏解决问题所需要的、成熟的主客观条件。这样一来,研究的可行性分析应该从研究者对问题的理解力、解决问题的突破口选择、解决问题的视角和路径选择、解决问题所需要的条件等方面去展开论述。

3. 工作计划

工作计划就是在时间和顺序上安排各项研究内容。工作计划的安排要充分考虑到研究内容之间的相互关系和难易程度。在考虑研究内容逻辑关系的前提下,首先将研究内容里的问题按照由易到难的顺序排列,然后再分配相应的研究时间。一般来说,容易的问题需要花的时间比较少,应该先解决,然后再集中更多的时间用于解决难度比较大的问题。

一般情况下,工作计划的制定是将研究工作划分成若干个阶段,每个阶段又包含若干项具体的研究内容,并赋予相应的起止时间。

7.4.6 参考文献

开题报告的参考文献著录格式参见本书 5.13 节。

第8章 文献信息检索导航

当今信息化时代,文献资料的数量浩如烟海,并以前所未有的速度和数量覆盖全球。面对如潮水般涌来的文献流,我们每个人正面临着三种挑战:无限的文献资料对有限的阅读时间的挑战;急涌而至的文献对人们接受能力的挑战;大量新知识的出现对人们理解能力的挑战。要想赢得这些挑战,就要学会文献信息检索和利用的方法,即学会花费较少的时间、较少的精力而能快速、及时、准确地获取自己所需要的最新的、最有效的文献信息,学会对检索到的文献信息进行过滤、筛选、整理、浓缩,从而达到有效利用文献的目的。

8.1 文献概述

8.1.1 文献的含义

国际标准化组织《文献情报术语国际标准(ISO/DIS5217)》的解释是:"在存储、检索、利用或传递记录信息的过程中,可作为一个单元处理的,在载体内、载体上或依附载体而存储有信息或数据的载体。"我国国家标准《文献著录 第1部分:总则(GB/T 3792.1—2009)》中对文献一词的定义是:"记录有知识的一切载体"。也就是说,文献是通过一定的方法和手段、运用一定的意义表达和记录体系记录在一定载体的有历史价值和研究价值的知识。人们通常所理解的文献是指图书、期刊、典章所记录知识的总和。

8.1.2 文献的属性

从上述对文献的定义可以看出,文献具有三个基本属性。

1. 知识性

这是文献的本质属性。任何文献都记录或传递一定的信息知识。如果离开知识信息,文献便不复存在。传递信息、记录知识是文献的基本功能,人类的知识财富正是依靠文献才得以保存和传播的。

2. 记录性

文献所蕴藏知识信息是通过人们用各种方式将其记录在载体上的,而不是天然荷载于物质实体上的。

3. 物质性

文献所表达的知识信息内容必须借助一定的信息符号,依附于一定的物质载体,才能长期保存和传递。

8.1.3 文献的类型

1. 根据物质载体和记录形式分类

根据文献的物质载体和记录形式,文献可以分为手写型、印刷型、缩微型、声像型和机读型。

1) 手写型

手写型主要是指古旧文献和未经付印的手稿及技术档案之类的资料,其中可供开发利用者颇多。

2) 印刷型

印刷型是文献的最基本方式,它是以纸张为载体,以印刷(如铅印、石印、油印、胶印等)方式为记录形式的文献,如图书、期刊、报纸以及各种印刷资料。这是一种有着悠久历史的传统文献形式,至今仍广为应用。它的主要优点是便于阅读和流传,保存时间相对较长。但其缺点是出版速度慢、体积重量大、信息密度低、收藏空间大、不易保管。

3) 缩微型

缩微型,即缩微复制品,是以感光材料为载体,以印刷型文献为母本,采用光学摄影技术,将手写型或印刷型文献的影像固化在感光材料上的一种文献。常见的缩微型文献有缩微胶卷、缩微平片、缩微胶套和幻灯片等。这种文献的优点是文献体积小、信息密度高、存储容量大、价格较便宜,便于保存和远距离传递。但阅读时必须借助阅读机或缩微复印机才能阅读。

4) 声像型

声像型,又称直感型或视听型,它是以感光材料或磁性材料为载体,以光学感光或电磁转换为记录手段而形成的一种非文字形式的文献。常见的有音像磁带、唱片、幻灯片、电影、激光视盘等。这种文献的优点是直观、形象、逼真,宜于记载难以用文字表达和描绘的形象资料和声频资料。通过唱机、录音机、录像机、放影机和投影机等予以重现,可以达到闻其声、观其形的真实效果,给人以直感的感觉。

5) 机读型

机读型,也称电子文献,是近年来由于计算机的广泛应用而产生的一种最新形式的文献,它是利用电子计算机和光电磁技术,通过编码和程序设计,把文献信息转换成计算机可读的语言,输入计算机,存储在磁带或磁盘上。阅读时,由计算机按指令和存入的标识将存入的信息转换成文字或图像输出,如电子图书、电子期刊、数据库等。它信息量大,查找迅速,易于存取、更新、传递,共享性非常好。

近年出现的多媒体(multi-medium)是一种崭新的文献载体。它将声音、图像、文字、数据等存入光盘,通过计算机实现重放或检索。因此,具有前几种文献载体的优点,发展特别迅速。

2. 根据文献内容、性质和加工情况分类

根据文献的内容、性质和加工情况,文献可以分为零次文献、一次文献、二次文献和三次文献。

1) 零次文献

零次文献是一种特殊形式的信息资源。主要包括两方面内容:一是形成一次文献以前的知识信息,即未经记录、未形成文字材料,是人们的"出你之口,入我之耳"的口头交谈,是直接作用于人的感觉器官的非文献型的信息;二是未公开于社会,即未经公开出版发行的原始文献,如书信、手稿、原始记录、笔记等。

2) 一次文献

一次文献是以生产、科研、社会活动等的第一手成果为基本素材而创作的文献,如图书、期刊、学位论文、科技报告等。一次文献在整个文献中是数量最大、种类最多、所包括的新鲜内容最多、使用最广、影响最大的文献,这些文献具有创造性、原始性和多样性等明显特征,是科技查新工作中进行文献对比分析的主要依据。

3) 二次文献

二次文献是人们对一次文献进行加工、提炼、分析、归纳、重组之后得到的产物,是人们为了便于管理利用一次文献而编辑、出版和累积起来的工具性文献,如目录、题录、文摘、索引等。二次文献具有明显的汇集性、系统性和可检索性,它汇集的不是一次文献本身,而是某个特定范围的一次文献线索。它的重要性在于使查找一次文献所花费的时间大大减少。

4) 三次文献

三次文献是对有关领域的一次文献和二次文献进行广泛深入的分析综合后得到的产物,如各种综述、述评、进展、学科总结、百科全书、年鉴、手册、文献指南等。在查新工作中,可以充分利用反映某一领域研究动态的综述类文献,在短时间内了解其研究历史、发展动态、水平等,以便能更准确地掌握所要研究领域的全面情况。

零次文献由于没有进入出版、发行和流通这些渠道,收集利用十分困难,一般不能作为我们利用的文献类型。而一次、二次、三次文献是一个从分散的原始文献到系统化、密集化的过程。一般来说,一次文献是基础,是文献检索的对象;二次文献是检索一次文献的文献检索工具,故又称之为检索工具;三次文献是一次文献内容的高度浓缩,是文献检索的工具和对象。

3. 根据出版形式和内容分类

根据文献的出版形式和内容,文献可以分为图书、期刊、学位论文、会议论文、科技报告、专利文献、技术标准、政府出版物、产品资料、技术档案等。

1) 图书

一般来讲,图书是指内容比较成熟、资料比较系统、有完整定型的装帧形式的出版物。图书又可分为三类:第一类是教科书、科普读物和一般生产技术图书,属阅读性的图书;第二类是辞典、手册和百科全书等,属工具性的图书;第三类是含有独创性内容的专著,它属原始文献。图书往往是著者在收集大量第一手资料基础上,经分析归纳后编写而成的。其特点是内容比较系统、全面、成熟、可靠,但出版周期较长,报道速度相对较慢。图书主要用于需对大范围的问题获得一般性的知识或对陌生的问题需要初步了解的场合。要想较全面、系统地获取某一专题的知识,参阅图书是行之有效的方法。

2) 期刊

期刊,也称杂志,一般是指名称固定、开本一致的定期或不定期出版、汇集了多位作者论文的连续出版物。期刊论文内容新颖,报道速度快,信息含量大,是传递科技信息、交流学术思想最基本的文献形式。期刊在信息来源方面占有重要位置,据估计约占整个信息源的70%。它与专利文献、科技图书三者被视为科技文献的三大支柱,也是文献查新工作利用率最高的文献源。对某一问题需要深入了解时,较普遍的办法是查阅期刊论文。

3) 学位论文

学位论文是高等院校和科研院所的本科生、研究生为获得相应的学位而撰写的学术性较强的研究论文,是在学习和研究中参考大量文献、进行科学研究的基础上而完成的。学位论文具有理论性、系统性较强、内容专一、阐述详细等特点,且具有一定的创新性,是一种重要的文献信息源。

4) 会议论文

会议论文是指在国际或国内重要的学术或专业性会议上发表的论文、报告稿、讲演稿等与会议主题有关的文献。目前,全世界每年出版的会议论文集已超过4000多种,论文数量达到数十万篇。会议论文的特点是传播信息及时、论题集中、内容新颖、专业性强、质量较高,往往代表着某一学科或专业领域的最新研究成果,反映了该学科或专业当前的学术水平、研究动态和发展趋势,是获得最新信息的一个重要来源。

5) 科技报告

科技报告,又称为研究报告、技术报告,是科技工作者围绕某个科研课题所取得的成果的正式报告,或对某个研究课题研究过程中各阶段进展情况的研究总结。科技报告的发展速度非常之快,已成为继期刊之后的第二大报道科技最新成果的文献源。科技报告的特点是单独成册,统一编号,一般必须经过主管部门组织有关单位审查鉴定,其内容专深、可靠、详尽。科技报告可分为技术报告(Technical reports)、技术备忘录(Technical memorandums)、札记(Notes)、通报(Bulletins)和其他(如译文、专利等)几种类型。有些报告因涉及尖端技术或国防问题等,所以又分绝密、机密、秘密、内部限制发行和公开发行几个等级。

6) 专利文献

专利文献是指发明人申请专利时向专利局提交的有关发明目的、构成和效果的技术文件。经专利局审查后,公开出版对外发行。专利文献的特点是数量庞大、学科领域广泛,具有较强的新颖性、创造性和实用性。其科技情报价值越来越大,实施率或转化率越来越高。

7) 标准文献

标准文献是技术标准、技术规格和技术规则等文献的总称,是以文件形式出现的、经公认的权威机构批准的标准化工作成果。其特点是制定、审批有一定程序,适用范围明确专一,编排格式、叙述方法严谨,技术上有较充分的可靠性和现实性,对有关方面具有约束性,在一定范围内具有法律效力,有一定的时效性等。一个国家的标准文献反映着该国的生产工艺水平和技术经济政策,而国际现行标准则代表了当前世界水平。国际标准和工业先进国家的标准常是科研生产活动的重要依据和信息来源。国际上最重要的两个标准化组织是国际标准化组织(ISO)和国际电工委员会(IEC)。

8) 政府出版物

政府出版物是指各国政府部门及其设立的专门机构颁布和出版的文件。政府出版物的内容十分广泛,既有科学技术方面的,也有社会经济方面的。就文献的性质而言,政府出版物可分为行政性文件(如国会记录、政府法令、方针政策、规章制度以及调查统计资料等)和科学技术文献两部分。我国政府发表的《科学技术白皮书》就是一种科技类政府出版物。

9) 技术档案

技术档案是指某机构或部门在科学研究和生产活动中形成的、有一定工程对象的技术文件、图样、照片、原始记录等的总称,包括各种任务书、协议书、技术指标、审批文件、研究计划、方案大纲、调查材料、设计资料、试验、工艺记录等入档保存的技术资料。技术档案内容真实、准确、可靠,一般为内部使用,不公开出版发行,有些有密级限制,因此在参考文献和检索工具中极少引用。

8.2 文献信息检索概述

8.2.1 文献信息检索的概念

文献信息检索(Information Retrieval)是指将文献信息按一定的方式组织和存储起来,并根据用户的需要找到并取出所需特定文献信息的整个过程,这是广义的文献信息检索。狭义的文献信息检索则仅指该过程的后半段,即从文献信息集合中找出所需要的文献信息的过程,相当于人们通常所说的文献信息查询。

8.2.2 文献信息检索的原理

为了文献信息的充分交流和有效利用,为了文献信息用户能在文献信息的海洋中快速、准确、全面地获取特定的文献信息,通过对大量的、分散无序的文献信息进行收集、加工、组织、存储,建成各种各样的文献信息检索系统,将用户表达检索课题的标识与检索系统中表达文献信息内容和形式特征的标识进行相符性比较,凡是双方标识一致的,就将具有这些标识的文献信息按要求从检索系统中输出。检索系统所输出的文献信息可能是用户需要的最终信息,也可能是用户需要的中介信息,用户可以根据中介信息的指引,进一步获取最终所需要的文献信息。

从一定意义上说,文献信息检索成败的关键是能否用规定的检索标识系统来正确标引检索提问,而正确标引检索提问的关键是能否从检索工具的词表中选出最能确切表达检索提问所需要的标识。

为了保证文献信息不仅能存储进去又能取得出来,就必须使文献信息存储所依据的规则与文献信息检索所依据的规则尽量做到一致。也就是说,文献信息标引人员在存储文献信息工作中与文献信息检索人员在检索文献信息中必须遵守同一规则。只有这样,不论由谁来检索,都可以检索到相同的结果。

8.2.3 文献信息检索的分类

文献信息检索的目的是为了解决特定的文献信息需求和满足文献信息用户的需要。根据检索(查找)对象的不同,文献信息检索可以分为文献检索、数据检索和事实检索。

1. 文献检索

文献检索(Document Retrieval)是以文献为检索对象,从已存储的文献库中查找出特定文献的过程。凡是查找某一主题、时代、地区、著者、文种的有关文献,以及回答这些文献的出处和收藏处所等,都属于文献检索的范畴,其特点是相关性检索。例如,关于自动控制系统有些什么参考文献? 这就需要我们根据课题要求,按照一定的检索标识(如主题词、分类号等),从所收藏的文献库中查找出所需要的文献。

2. 数据检索

数据检索(Data Retrieval)是以数据或数值为检索对象,从已收藏的数据资料中查找出特定数据的过程。数据可以是某一数值、公式、图表,也可以是某一物质的化学分子式,等等。数据检索分为数值型和非数值型两种,其特点是确定性检索。例如,查喜马拉雅山有多高,杭州六和塔建于何年等。

3. 事实检索

事实检索(Fact Retrieval)是以某一客观事实为检索对象,从已存储的文献中查询出某一事物发生的时间、地点及基本事实的过程。它的检索结果主要是客观事实或为说明事实而提供的相关资料,其特点是确定性检索。例如,哪一个品牌的 4k 智能电视销量大。

数据检索和事实检索是要检索出包含在文献中的具体信息,文献检索则是要检索出包含所需要信息的文献。文献检索的结果是与某一课题有关的若干篇论文,书刊的来源出处以及收藏地点等。文献检索是最典型的、最重要的、最常利用的文献信息检索。掌握了文献检索的方法就能以最快的速度、在最短的时间内,以最少的精力了解前人和别人取得的经验和成果。

8.2.4 文献信息检索的意义

文献信息检索是在信息用户与信息源之间充当媒介的作用,它是联系信息生产者与信息需求者的中间环节,是信息交流与传递的重要过程,是提高文献利用率和科研效率的重要手段。文献信息检索的意义主要体现在以下几个方面。

1. 文献信息检索可以极大节省科研工作者的时间

在当今的信息化时代,文献信息的产出数量急剧增长,同时文献信息的分布范围更加广泛。如何在巨量的文献信息流中快速锁定并找到所需要的文献信息,是摆在科研工作者面前的一道课题。而文献信息检索的方法可以帮助人们快速、准确、全面地获取所需要的文献信息,最大限度地节省查找时间,起到事半功倍的效果。毫无疑问,成功的文献信息检索会节省研究人员的大量时间,使其能用更多的时间和精力进行科学研究。

2. 文献信息检索是科研工作不可或缺的组成部分

科技工作者在科学研究中,从选题、立项、试验、撰写研究报告、研究成果鉴定到申报科技成果奖,每一个环节都离不开文献信息检索。据统计,科研人员在整个研究过程中,查阅文献信息的时间要占到全部科研时间的40%左右。只有大量搜集、整理、分析与利用信息,才能弄清楚前人都进行过哪些研究、运用什么理论、采用何种方法、取得什么成果、达到何种水平,等等。只有掌握了这些信息,才能了解国内外科技发展水平,才能将研究工作建立在一个更高的起点上,才能启迪研究思路、激发创造力向更新更高层次的研究领域迈进。

3. 文献信息检索能够避免重复研究或走弯路

科学技术的发展具有连续性和继承性,闭门造车只会重复别人的劳动或者走弯路。比如,我国某研究所用了约十年时间研制成功"以镁代银"新工艺,满怀信心地去申请专利,可是美国某公司早在20世纪20年代末就已经获得了这项工艺的专利,而该专利的说明书就收藏在当地的科技信息所。研究人员在选题开始就必须进行文献信息检索,了解别人在该方向上已经做了哪些工作,进展情况如何等。这样,用户就可以在他人研究的基础上进行再创造,从而避免重复研究,少走或不走弯路。

8.3 文献信息检索系统

8.3.1 文献信息检索系统概念

文献信息检索系统是根据特定需要利用一定的检索设备,从整理加工并存储在某种载体上的文献集合中检索出所需文献信息的系统。它根据检索设备和载体的不同,可以分为手工检索系统和机器检索系统。一套完整的检索工具也可以看成为一个文献信息检索系统。从广义上讲,文献信息检索系统不仅需要包括检索设备、文献库、检索语言等系统,而且还意味着整个系统的不断补充和更新。

8.3.2 文献信息检索系统分类

手工检索系统由手工检索设备(如书本式目录、文摘、索引、卡片柜等)、检索语言、文献库等构成。它具有使用方便、成本低廉等特点，但检索效率和响应时间均较差。

机器检索系统可以分为机械检索系统和计算机检索系统。机械检索系统主要由穿孔卡片、选卡机、机械探针、编码规则、文献库等构成。计算机检索系统主要由计算机检索设备（联机检索设备、光盘检索设备、微机检索设备、缩微品机检设备等）、检索语言、文献库等构成。机器检索系统具有检索效率高、响应速度快等特点，但成本和检索费用较高。在我国，这两种检索系统将在很长一段时期内并存使用，相互补充。

8.3.3 著名文献信息检索系统简介

1. 科学引文索引(SCI)

科学引文索引(Science Citation Index, SCI)是由美国科学信息研究所(Institute for Scientific Information, ISI)于1961年创办出版的引文数据库。SCI(科学引文索引)、EI(工程索引)、ISTP(科技会议录索引)是世界著名的三大科技文献检索系统，是国际公认的进行科学统计与科学评价的主要检索工具，其中以SCI最为重要。

SCI收录内容覆盖了生命科学、临床医学、物理化学、农业、生物、兽医学、工程技术等领域，其中以生命科学及医学、化学、物理所占比例最大，尤其能反映自然科学研究的学术水平。收录范围是当年国际上的重要学术期刊，尤其是它的引文索引表现出独特的科学参考价值，在学术界占有重要地位。许多国家和地区均以被SCI收录及引证的论文情况作为评价学术水平的一个重要指标。从SCI严格的选刊原则及严格的专家评审制度来看，它具有一定的客观性，较真实地反映了科技论文的水平和质量。根据SCI收录及被引证的情况，可以从一个侧面反映出学术水平的发展情况。特别是每年一次的SCI论文排名成为判断一个科研机构科研水平的一个十分重要的标准。

SCI以期刊目次(Current Content)作为数据源，目前自然科学数据库有5000多种期刊。其中，生命科学辑收录1350种；工程与计算机技术辑收录1030种；临床医学辑收990种；农业、生物环境科学辑收录950种；物理、化学和地球科学辑收录900种。出版形式包括印刷版SCI(双月刊、3500种)、联机版SciSearch(周更新、5600种)、光盘版SCICDE(月更新、3500种)、网络版SCI Expanded(周更新、5600种)。

20世纪80年代末南京大学最先将SCI引入我国科研评价体系。主要基于两个原因，一是当时处于转型期，国内学术界存在各种不正之风，缺少一个客观的评价标准；二是某些专业国内专家很少，国际上通行的同行评议不现实。目前，SCI已成为衡量国内大学、科研机构和科学工作者学术水平的重要标准之一。

SCI原本只是一种强大的文献检索工具。但它不同于按主题或分类途径检索文献的常规做法，而是设置了独特的"引文索引"，即将一篇文献作为检索词，通过收录其所引用的参考文献和跟踪其发表后被引用的情况来掌握该研究课题的来龙去脉，从而迅速发现与其相关的研究文献。SCI是一个客观的评价工具，但它只能作为评价工作中的一个角度，不能代表被评价对象的全部。

2. 科技会议录索引(ISTP)

科技会议录索引(Index to Scientific & Technical Proceedings, ISTP)创刊于1978年，由美国科学信息研究所编辑出版。ISTP主要收录生命科学、物理与化学科学、农业、生物和环境科学、工程技术和应用科学等学科的会议文献，包括一般性会议、座谈会、研究会、讨论会、发表会等。其中，工程技术与应用科学类文献约占35%，所涉及的其他学科基本与SCI相同。

ISTP 收录论文的多少与科技人员参加的重要国际学术会议多少或提交、发表论文的多少有关。我国科技人员在国外举办的国际会议上发表的论文约占被收录论文总数的 64.44%。

3. 工程索引(EI)

工程索引(The Engineering Index,EI)创刊于 1884 年,是由美国工程信息公司(Engineering informationInc.)出版的著名工程技术类综合性检索工具。EI 收录世界上工程技术类几十个国家和地区 15 个语种的 3500 余种期刊和 1000 余种会议录、科技报告、标准、图书等出版物。收录文献几乎涉及工程技术各个领域,例如动力、电工、电子、自动控制、矿冶、金属工艺、机械制造、土建、水利等。它具有综合性强、资料来源广、地理覆盖面广、报道量大、报道质量高、权威性强等特点。

EI 每月出版 1 期,文摘 13000~14000 条,年报道文献量 160000 多条。每期附有主题索引与作者索引,每年还另外出版年卷本和年度索引,年度索引还增加了作者单位索引。出版形式有印刷版(期刊形式)、电子版(磁带)及缩微胶片。

EI 把它收录的论文分为两个档次。一是标引文摘 EI Compendex(也称核心数据),它收录论文的题录、摘要,并以主题词、分类号进行标引深加工。有没有主题词和分类号是判断论文是否被 EI 正式收录的唯一标志。二是题录 EI Page One(也称非核心数据),主要以题录形式报道,有的也带有摘要,但未进行深加工,没有主题词和分类号。所以,EI Page One 带有摘要也不一定算做被 EI 正式收录。

在 ISTP、EI、SCI 这三大检索系统中,SCI 最能反映基础学科研究水平和论文质量,该检索系统收录的科技期刊比较全面,可以说它是集中各个学科高质优秀论文的精粹,该检索系统历来成为世界科技界密切注视的中心和焦点。ISTP、EI 这两个检索系统评定科技论文和科技期刊的质量标准方面相比之下较为宽松。

4. 社会科学引文索引(SSCI)

社会科学引文索引(Social Science Citation Index,SSCI),为 SCI 的姊妹篇,是美国科学信息研究所建立的综合性社会科学文献数据库,是目前世界上可以用来对不同国家和地区的社会科学论文数量进行统计分析的大型检索工具。SSCI 收录内容覆盖人类学、经济、法律、历史、地理、心理学、管理、区域研究、社会学、信息科学等 55 个领域,收录文献类型包括研究论文、书评、专题讨论、社论、人物自传、书信等。

5. 科技文摘数据库(INSPEC)

科技文摘数据库(Information Service in Physics, Electro-Technology, Computer and Control, INSPEC)由英国电气工程师学会(IEE)编辑出版,是物理学、电子工程、电子学、计算机科学及信息技术领域的权威性文摘索引数据库。INSPEC 专业面覆盖物理、电子与电气工程、计算机与控制工程、信息技术、生产和制造工程等领域,还收录材料科学,海洋学、核工程、天文地理、生物医学工程、生物物理学等领域的内容。

INSPEC 收录的每一条记录均包含英文文献标题与摘要以及完整的题录信息,包括期刊名或会议名、作者姓名与作者机构、原文的语种等,每一条记录也包含 INSPEC 提供的控制词表,叙词和主题词等。

与 INSPEC 相对应的印刷版检索刊物是 SA(Science Abstracts),包括 A:Physical Abstracts、B:Electrical and Electronics Abstracts、C:Computer and Control Abstracts 三个分辑。

6. 科学引文索引扩展版(SCIE)

科学引文索引扩展版(Science Citation Index Expanded, SCIE)是汤姆森公司(Thomson

Reuters)在原有 SCI 收录源的基础上精选了另外的部分杂志所形成的网络版。

SCI 和 SCIE 的区别:SCI 和 SCIE 分别是科学引文索引及科学引文索引扩展版(即网络版),主要收录自然科学、工程技术领域权威性科学与技术期刊。前者收录期刊 3700 多种,后者收录期刊 8600 多种,学科覆盖 150 多个领域。

SCI 相当于 EI 核心,而 SCIE 相当于 EI 非核心。或许你偶尔会发现 SCIE 的影响因子可能比 SCI 还高,但就其影响价值仍不如 SCI。ISI 通过其严格的选刊标准和评估程序挑选收录源,而且每年略有增减,从而做到其收录的文献能全面覆盖全世界最重要、最具影响力的研究成果。

7. 电气和电子工程师协会(IEEE)

美国电气和电子工程师协会(Institute of Electrical and Electronics Engineers,IEEE)是一个国际性的电子技术与信息科学工程师的协会。1963 年 1 月 1 日,由美国无线电工程师协会(IRE)和美国电气工程师协会(AIEE)合并而成,是世界上最大的专业技术组织之一,拥有来自 175 个国家的 400000 多名会员。IEEE 在 150 多个国家中拥有 300 多个地方分会,专业上它有 37 个专业分会和 3 个联合会。通过多元化的会员,该组织在太空、计算机、电信、生物医学、电力及消费性电子产品等领域中都是主要的权威。

IEEE 的主要活动是召开会议、出版期刊杂志、制定标准、继续教育、颁发奖项、认证(Accreditation)等。IEEE 编辑出版 70 多种期刊杂志,且每个专业分会还都有自己的刊物;每年要举办 300 多次国际学术会议;设有专门的标准工作委员会,每年制定和修订 800 多个技术标准。IEEE 的许多学术会议在世界上具有很大影响力,有的规模很大,达到 4~5 万人。

8. 中国科学引文数据库(CSCD)

中国科学引文数据库(Chinese Science Citation Database,CSCD)由中国科学院文献情报中心创建。它是分析国内科学技术活动的整体状况,帮助科教决策部门科学地评价我国科学活动的宏观水平和微观绩效,帮助科学家个人客观地了解自身的学术影响力的得力工具。

2013-2014 年度中国科学引文数据库收录来源期刊 1141 种,其中中国出版的英文期刊 125 种,中文期刊 1016 种。中国科学引文数据库来源期刊分为核心库和扩展库两部分,其中核心库 780 种(表中备注栏中以 C 为标记)。

中国科学引文数据库来源期刊每两年遴选一次。每次遴选均采用定量与定性相结合的方法,定量数据来自于中国科学引文数据库,定性评价则通过聘请国内各学科领域的专家对期刊进行评审。定量与定性综合评估结果来确定中国科学引文数据库的来源期刊。

9. 中文社会科学引文索引(CSSCI)

中文社会科学引文索引(Chinese Social Sciences Citation Index,CSSCI)是由南京大学中国社会科学研究评价中心开发研制的数据库,用来检索中文社会科学领域的论文收录和文献被引用情况。

CSSCI 遵循文献计量学规律,采取定量与定性评价相结合的方法,从全国 2700 余种中文人文社会科学学术性期刊中精选出学术性强、编辑规范的期刊作为来源期刊。目前收录包括法学、管理学、经济学、历史学、政治学等在内的 25 大类的 500 多种学术期刊,来源文献近 100 余万篇,引文文献 600 余万篇。

目前,教育部已将 CSSCI 数据作为全国高校机构与基地评估、成果评奖、项目立项、人才培养等方面的重要考核指标。CSSCI 数据库已被北京大学、清华大学、中国人民大学、武汉大学、吉林大学、山东大学、南京大学等 100 多个单位购买使用,并将 CSSCI 作为地区、机构、学术、学科、职称、项目、成果评价与评审的重要依据。

作为我国社会科学主要文献信息统计查询与评价的重要工具,CSSCI可以为社会科学研究者提供国内社会科学研究前沿信息和学科发展的历史轨迹;为社会科学管理者提供地区、机构、学科、学者等多种类型的统计分析数据,从而为制定科学研究发展规划、科研政策提供科学合理的决策参考。目前,南京大学CSSCI数据库已向社会开展服务,服务项目有网上包库(包库机构在限定的IP地址范围内的任何一台计算机上、任意时间段使用CSSCI数据库)、网上查询(非包库用户通过网络查询CSSCI数据库)、委托查询(用户委托南京大学代为查询CSSCI数据库,出具查询报告)、手机查询(中国移动手机用户通过发送手机短信形式查询CSSCI数据库)。

8.3.4 常用文献信息检索系统简介

1. 图书类

1) 超星数字图书馆

超星数字图书馆成立于1993年,是由北京世纪超星技术发展有限公司开发的在线数字图书馆,2000年被列入国家"863计划"中国数字图书馆示范工程。目前拥有数字图书200多万册,按照"中图法"分为文学、历史、法律、军事、经济、科学、医药、工程、建筑、交通、计算机、环保等22个学科门类,是国内资源最丰富的数字图书馆。

其检索方式分为分类检索、简单检索和高级检索三种。

(1)分类检索:根据"中图法"进行归类,层层单击目录,由大类到小类,便可查到与类目相关的所有图书。在每一级类目下都设有查询文本框,也可以在查询文本框内输入书名或书名中的关键词,来查找相关图书。

(2)简单检索:简单检索也称为快速检索。用户选择好书名字段、作者字段或者全部字段后,在查询文本框内输入检索词来查找相关图书。

(3)高级检索:用户在高级检索界面可以选择并输入多个检索条件,如分类、书名、作者、索书号、出版日期等进行组合检索,各字段之间可以用逻辑"与"和逻辑"或"来组配,单击"检索"按钮可以查到图书。

2) 方正电子图书数据库

方正电子图书资源库是方正Apabi数字资源的核心部分,涵盖社科、人文、经管、文学、科技等类别。其中的方正Apabi高校教参全文数据库更是针对高校需求而建立的专业数据库,旨在整理、搜集覆盖"文、理、工、医、农、林、管"等重点学科专业的经典教材、高校指定教参等数字资源。

方正电子图书数据库检索功能与超星数字图书馆相似,提供学科分类导航浏览、基本检索和高级检索的功能。如查找有关"英语听力"方面的图书,在主页面的搜索框选择检索条件为"书名",在搜索框内输入检索的内容"英语听力",点击"检索"按钮即可查找相关图书。

3) 书生之家电子图书

书生之家是建立在中国信息资源平台基础之上的综合性数字图书馆,由北京书生公司开发制作。集成了图书、期刊、报纸、论文等各种出版物的(在版)书(篇)目信息、内容提要、精彩章节、全文等内容。目前书生之家电子图书100多万种,主要包括文学艺术、经济金融、工商管理、计算机技术、社会科学、历史地理、科普知识、知识信息传媒、自然科学和电子、电信与自动化等31个大类。

4) Netlibaray 电子图书

Netlibrary 是世界上电子图书(eBook)的主要提供商之一,它整合了来自 350 多家出版机构的 5 万多册电子图书。90%的电子图书是 1990 年以后出版的。Netlibrary 注重电子图书的更新,每月均增加 2000 多种。

Netlibrary80%的电子图书面向大学读者,涉及自然科学和人文科学各个领域。其中不仅包含学术性强的专业著作,也收录最新出版的各类人文、社科图书。它覆盖了以下主要学科:科学、技术、医学、生命科学、计算机科学、经济、工商、文学、历史、艺术、社会与行为科学、哲学、教育学等。

2. 刊物类

1) CNKI 中国学术期刊网络出版总库

《CNKI 中国学术期刊网络出版总库》是中国知网知识发现网络平台的重要组成部分,收录期刊以学术、技术、政策指导、高等科普及教育类为主,也收录部分基础教育、大众科普、大众文化和文艺作品类刊物,内容覆盖自然科学、工程、技术、农业、哲学、医学、人文社会科学等各个领域。核心期刊的收录率达 96%,收录独家授权期刊 2300 余种。该数据库按照学科划分为基础科学、工程科技Ⅰ辑、工程科技Ⅱ辑、农业科技、医药卫生科技、哲学与人文科学、社会科学Ⅰ辑、社会科学Ⅱ辑、信息科技、经济与管理科学等 10 个专辑。

数据库提供期刊导航、初级检索、高级检索、专业检索、分类检索等检索方式。

(1) 期刊导航:期刊导航是对整刊进行检索,以某期刊名称为检索词,查找该刊物所有的论文。可以按照已知刊名的音序方式(A~Z)或在检索提问栏中直接输入刊名进行查找,也可通过期刊导航界面的左侧栏的"专辑导航、优先出版期刊导航、独家授权期刊导航、世纪期刊导航、核心期刊导航、数据库刊源导航、期刊荣誉榜导航、中国高校精品科技期刊、刊期导航、出版地导航、主办单位导航、发行系统导航"等十多种表示期刊特征及特性的导航系统来查找。

(2) 初级检索:初级检索是进入数据库后系统默认的检索方式。一般的检索程序是:首先在界面左侧"文献分类目录"下选择适当的专辑限定检索的学科范围,然后在"检索项"中根据已知线索选择检索入口(主题、篇名、关键词、作者、机构),在检索框中输入检索词,再对检索结果的精确度("精确匹配"或"模糊匹配")、时间范围、来源期刊范围做出选择,最后点击"检索"按钮,即可查看检索结果。例如,检索三年内有关外商企业利用关联交易避税现象及其防范措施研究方面的论文。首先在"文献分类目录"中全选 10 类专辑,其次在"检索"标签中确定检索词如外商企业、关联公司、避税及其逻辑组配关系,确定时间范围为 2011-2014 年,点击"检索"按钮,即可得到检索结果。

(3) 高级检索:高级检索与初级检索的区别,主要是它同时可进行多个检索项或一个检索项的两个检索词的组合检索,可以快速、准确地获得多个主题、多种条件限定的课题检索结果。多个检索项或两个检索词之间主要是"并且、或含、不含"的逻辑运算关系。

(4) 专业检索:专业检索要求检索者自行构造检索提问式来准确表达其多主题、多条件的检索要求。

(5) 分类检索:通过首页的"文献全部分类"来检索某类目下的所有文献,多用于对某类文献进行文献统计。

2) 维普资讯网——维普期刊资源整合服务平台

维普期刊资源整合服务平台由重庆维普资讯有限公司出版,收录中文期刊 8000 余种、中文报纸 1000 余种、外文期刊 4000 余种,分为社会科学、自然科学、工程技术、农业科学、医药卫生、经济管理、教育科学和图书情报 8 个专辑。

页面左上方的"专业版"进入维普期刊资源整合服务平台的"期刊文献检索"功能模块。该模块提供基本检索、传统检索、高级检索、期刊导航等检索方式。具体检索方法与 CNKI 中国学术期刊网络出版总库相似,不再细述。除期刊文献检索,该平台还提供文献引证追踪、科学指标分析、高被引析出文献、搜索引擎服务 5 个功能模块的服务。

3) 万方数据知识服务平台的中国学术期刊数据库

中国学术期刊数据库是万方数据知识服务平台的重要组成部分,数据范围覆盖自然科学、工程技术、农林、医学、人文社科等领域,是了解国内学术动态必不可少的帮手。该数据库可以按照分类、期刊出版所在地区及期刊首字母导航浏览,也可以输入刊名、篇名、著者、关键词进行组合检索。检索结果内容包括论文标题、论文作者、来源刊名、论文的年卷期、分类号、关键字、所属基金项目、数据库名、摘要等信息,并提供全文下载。

4) 全国报刊索引综合数据库

全国报刊索引综合数据库由上海图书馆《全国报刊索引》编辑部负责研制,从 1993 年开始发行,2000 年分成哲学社会科学版和自然科学技术版两个版本发行。收录了全国包括港、台地区的中文报刊资源,涉及所有哲学、社会科学、自然科学以及工程技术领域,包括我国各省市自治区党政军、人大、政协等重大活动、领导讲话、法规法令、方针政策、社会热点问题、各行各业的工作研究、学术研究、文学创作、评论综述以及国际、国内的重大科研成果等。

5) 人大复印报刊资料全文数据库

人大复印报刊资料全文数据库是由中国人民大学书报资料中心选编 3000 余种公开发行的优秀中文报刊制作而成的数据库。内容涵盖了教育、文史、经济、政治四大领域。该数据库分人大全文、索引总汇、专题目录索引、中外人文社科文献集萃四个子库。

检索功能主要有三种:

(1) 简单检索(系统默认),检索字段包括标题、著者、出处等。

(2) 二次检索,可以缩小检索文献的范围,提高检准率。

(3) 高级检索,只限于一个数据库内,不能进行跨库检索。检索词之间可以进行"与"、"或"、"非"逻辑组配运算,支持截词检索。

6) John Wiley 全文电子期刊数据库

John Wiley 全文电子期刊数据库由美国约翰·威廉父子出版公司(John Wiley & Sons Inc.)创立于 1807 年,所出版的期刊主要集中在生命科学和医学、化学和化学工程、统计学和数学、电子工程、通信以及商业类等领域。出版公司下属的"John Wiley 全文电子期刊数据库"收录的期刊学术质量很高,多数是相关学科的核心资料,是科研学术活动的重要信息来源。

John Wiley 提供三种检索方式:快速检索(Search)、高级检索(Advanced Search)和浏览检索(Browse)。

7) Springer 电子期刊全文数据库

德国斯普林格(Springer-Verlag)是世界著名的科技出版社,通过 Springer link 系统发行电子图书并提供学术期刊检索服务。目前该社共出版 530 余种期刊,其中大部分期刊被 SCI、SSCI 和 EI 收录。还与 SCI、EI 建立了全文浏览的链接。期刊所涉内容是科研人员的重要信息源。

8) WorldSciNet 电子期刊全文数据库

WorldSciNet 出版公司出版的书刊以高学术水准著称,出版的 78 种专业刊物涉及物理、化学、数学、环境科学、材料科学、计算机科学、经济与管理科学、医学与生命科学、工程及混沌与非线性科学等学科。WorldSci Net 电子期刊全文数据库提供主题和字母顺序两种检索途径浏览所收录期刊。

9) Elsevier Science Direct 电子期刊全文数据库

爱思唯尔(Elsevier)总部在荷兰的阿姆斯特丹,出版的 1100 多种期刊是世界上公认的高品位学术期刊。Elsevier Science 电子期刊全文数据库涉及计算机科学、工程技术、能源科学、环境科学、材料科学、数学、物理、化学、天文学、医学、生命科学、商业、经济管理及社会科学等学科。论文大多来自核心期刊,并且被世界上许多著名的二次文献数据库所收录。

Elsevier 电子期刊全文数据库可以按刊名字顺序(Browse by Title)或者按分类(Browse by Subject)浏览期刊,也可以使用系统提供的高级检索(Advanced Search)、专家检索(Expert Search)两种检索方式进行检索,输入检索词、选择检索字段及资源类型进行检索。

10) EBSCO 数据库

EBSCO 数据库是 EBSCO 公司提供的学术信息、商业信息网络版数据库。目前中国用户通过该系统可以访问 10 余个全文数据库,其中最主要的是学术期刊数据库和商业资源数据库。

(1) 学术期刊数据库:收录 8000 余种学术期刊的文摘和索引。其中全文刊近 4700 种,同行评审刊 3600 多种,涉及生物科学、工商经济、咨询科技、通信传播、工程、教育、艺术、医药学等领域。

(2) 商业资源数据库:收录 2300 多种期刊的全文。其中同行评审刊 1100 多种,涉及经济学、经济管理、金融、会计、劳动人事、银行以及国际商务等领域,对所有商业学科进行了全文收录(包括市场营销、管理、MIS、POM、会计、金融和经济)。著名的期刊如《每周商务》、《福布斯》、《哈佛商业评论》、《经济学家预测报告》等。

11) Kluwer 全文电子期刊

Kluwer Acdemic Publisher 是荷兰具有国际性声誉的学术出版商。它出版的图书、期刊品质较高,备受专家和学者的信赖和赞誉。Kluwer Online 是所出 780 余种期刊的网络版,提供 Kluwer 全文电子期刊的查询、阅览服务。涉及学科有生物科学、医药、物理、天文、地球科学、数学、计算机和信息科学、工程技术、电子工程、材料科学、环境科学、化学、法律、心理学、哲学、教育、语言、社会科学、工商管理、行政管理、考古、人类学。

8.3.5 文献信息检索系统网站推荐

1. 著名文献信息检索系统网址

著名文献信息检索系统的网址见表 8-1。

表 8-1 著名文献信息检索系统网址表

序号	文献检索系统名称	网址
1	科学引文索引(SCI)	http://www.isinet.com/cgi-bin/jrnlst/jloptions.cgi? PC=K
2	科学引文索引(SCI)的 Web of Science	http://isi3.isiknowledge.com
3	科学引文索引扩展版(SCIE)	http://www.isinet.com/cgi-bin/jrnlst/jloptions.cgi? PC=D
4	工程索引(EI)的 Engineering Village 2	http://www.engineeringvillage2.org.cn
5	科技会议录索引(ISTP)的 ISI proceedings	http://isi3.isiknowledge.com/portal.cgi

(续)

序号	文献检索系统名称	网址
6	中国科学引文数据库(CSCD)	http://sciencechina.cn/
7	中国社会科学引文数据库(CSSCI)	http://cssci.nju.edu.cn/
8	中国科技论文与引文数据库(CSTPCD)	http://www.periodicals.net.cn/

2. 常用文献信息检索系统网址

在网络上比较常用、好用的文献信息检索系统的推荐网址见表8-2。

表8-2 常用的文献信息检索系统网址表

序号	文献检索系统名称	网址
1	百度文档搜索	http://file.baidu.com/
2	百度学术搜索	http://xueshu.baidu.com/
3	Google Scholar	http://scholar.google.com/
4	ResearchIndex	http://citeseer.ist.psu.edu/index
5	中国国家图书馆	http://sso1.nlc.gov.cn/Reader/login_before.action?ticket=&rand=0.43657416926475034
6	DeepDyve	http://www.deepdyve.com/
7	中国知网(CNKI)	http://www.cnki.net/
8	万方数据知识服务平台	http://www.wanfangdata.com.cn/

3. 分类文献信息检索系统网址

学位论文检索系统的推荐网址、学术会议论文检索系统的推荐网址、专利文献检索系统的推荐网址、标准文献检索系统的推荐网址、科技报告检索系统的推荐网址分别见表8-3、表8-4、表8-5、表8-6和表8-7。

表8-3 学位论文检索系统网址表

序号	文献检索系统名称	网址
1	CASTD 中国科学院学位论文数据库	http://sciencechina.cn/paper/search_pap.jsp
2	国家科技图书文献中心的中文学位论文	http://www.nstl.gov.cn/
3	CALIS 学位论文中心服务系统	http://etd.calis.edu.cn/
4	中国知网的中国优秀博硕士学位论文全文数据库	http://epub.cnki.net/kns/brief/result.aspx?dbPrefix=CDMD
5	万方数据知识服务平台的中国学位论文全文数据库	http://c.wanfangdata.com.cn/Thesis.aspx
6	北京中科进出口有限责任公司的ProQuest学位论文全文检索平台	http://pqdt.calis.edu.cn/
7	国家科技图书文献中心的外文学位论文	http://www.nstl.gov.cn/

第 8 章 文献信息检索导航

表 8-4 学术会议论文检索系统网址表

序号	文献检索系统名称	网址
1	国家科技图书文献中心的中文会议	http://www.nstl.gov.cn/
2	CALIS 学术会议论文库	http://opac.calis.edu.cn/opac/meeting
3	科技会议录索引(ISTP)的 ISI proceedings	http://isi3.isiknowledge.com/portal.cgi
4	IEL(IEEE/IEE Electronic Library)全文库	http://ieeexplore.ieee.org
5	生物学文摘数据库(BIOSIS Previews)	http://202.127.20.67/cgi-bin/ovidweb/ovidweb.cgi

表 8-5 专利文献检索系统网址表

序号	文献检索系统名称	网址
1	中国专利信息网	http://www.patent.com.cn/
2	国家知识产权局	http://www.sipo.gov.cn/sipo/zljs/default.htm
3	德温特世界专利索引	http://isi4.isiknowledge.com/portal.cgi
4	欧洲专利局专利数据库	http://www.epo.org/
5	美国专利商标局专利数据库	http://www.uspto.gov/
6	英国知识产权局	https://www.gov.uk/topic/intellectual-property/patents
7	WTO 知识产权组织	http://www.wipo.gov/

表 8-6 标准文献检索系统网址表

序号	文献检索系统名称	网址
1	中国标准服务网	http://www.cssn.net.cn/
2	IEEE/IEE Digital Library	http://ieeexplore.ieee.org/xpl/standards.jsp
3	ISO International Standards	http://www.iso.org/iso/home/standards.htm

表 8-7 科技报告文献检索系统网址表

序号	文献检索系统名称	网址
1	美国国家技术情报局(NTIS)	http://www.ntis.gov/
2	NASA 技术报告服务(NTRS)	http://ntrs.nasa.gov/
3	美国国防部科技报告服务	http://www.dtic.mil/stinet/str/index.html
4	DOE Information Bridge	http://www.osti.gov/bridge/
5	国家科技图书文献中心	http://www.nstl.gov.cn/NSTL/facade/search/preRetrieve.do?act=toCommonRetrieve

4. 港澳台文献信息检索系统网址

港澳台文献检索系统的推荐网址见表 8-8。

表 8-8　港澳台文献检索系统网址表

序号	文献检索系统名称	网　址
1	香港学术期刊网	http://hkjo.lib.hku.hk/exhibits/show/hkjo/home
2	香港中文期刊论文索引	http://hkinchippub.lib.cuhk.edu.hk/search.jsp
3	澳门大学中文期刊论文索引	http://library.umac.mo/
4	国立台湾大学图书馆电子期刊系统	http://ejdb.lib.ntu.edu.tw/cgi-bin/er/browse.cgi
5	台湾平原大学博硕士论文全文系统	http://thesis.lib.cycu.edu.tw/relation.html
6	台湾国立联合大学博硕士论文系统	http://ndltdcc.ncl.edu.tw/nuum/
7	台湾师范校院联合博硕士论文系统	http://140.122.127.247/

8.4　检 索 语 言

8.4.1　检索语言的含义

检索语言是专门用来描述文献的内容特征、外表特征和表达检索提问的一种人工语言,用于各种检索系统的文献存储和检索,并为检索系统提供一种统一的、作为基准的、用于信息交流的符号化或语词化的专用语言。也就是说,检索语言是检索系统存储与检索所使用的共同语言。

检索语言与自然语言一样,具有表达客观事物的能力,但二者又有本质的区别。检索语言是经过规范化了的语言,消除了自然语言中存在的多义、同义等影响检索效果的因素,在事物概念的表达上具有唯一性,从而保证了文献标引和检索的准确性。

在文献标引与文献检索过程中,检索语言起着规范和转换作用,使标引者和检索者达到共同理解,实现存取统一。这样,就保证了不同标引者表达文献的一致性,保证了检索提问与文献标引的一致性,保证了检索结果与检索要求的一致性。

由于使用目的或使用场合的不同,检索语言也有不同的叫法。在存储文献的过程中,用它来标引文献称为标引语言,用它来索引文献称为索引语言;在检索文献的过程中,用它来检索文献,称为检索语言。

目前,世界上的检索语言有几千种。如《中国图书馆附录法》、《杜威十进分类法》、《NASA 叙词表》,等等。此外,还有计算机检索所使用的指令等。

8.4.2　检索语言的基本要素

检索语言通常应具备3个基本要素。

1. 有一套专用字符

字符是检索语词的具体表现形式,它可以是自然语词中的规范化名词或名词性词组,也可以是具有特定含义的一套数码、字母或代码。

2. 有一套基本词汇

基本词汇是指构成一部分类表或词表中的全部检索语词标识的总汇,如分类号码的集合就是分类语词的词汇,一个标识(分类号、检索词、代码)就是一个语词。分类表、词表等可以说成是检索语词的词典,是把自然语词转换成检索语词的工具。

3. 有一套专用语法规则

标识是对文献特征所做的最简洁的表述。标识系统是对全部标识按其一定的逻辑关系编排组合成的有序的整体。语法是指如何创造和运用那些标识来正确表达文献内容和文献需要，以有效地实现文献检索的一整套规则。

8.4.3 检索语言的类型

虽然检索语言的基本原理是一致的，但为表达概括文献内容和检索课题的概念及其相互关系时所采用的具体方法及适应性各有特色，因而形成了不同的类型。

1. 按规范化程度分类

按规范化程度的不同，检索语言可以分为非控制语言（自然语言）和控制语言（人工语言）两大类。其分类见表8-9。

表8-9 按规范化程度分类的检索语言种类

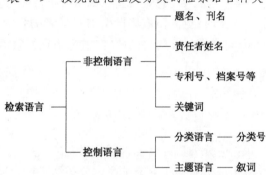

控制语言依赖于词表，受到控制，使用规范词。控制语言的规范处理主要体现在两个方面，一是使一个概念只用一个词汇来表达，这样就避免了多词一义的情况；二是使一个标引词只能表达一个概念，这样就排除了一词多义的情况。这种情况下，需要加上必要的限定和注释。例如，"飞机"这一概念，用英语检索时，可用 Plane、Airplane、Aeroplane、Aircraft 等同义词，所谓规范就是选定其中最适合的一个词来标引这一概念，如果选定 Aircraft 作为规范词，则其余词均为非规范词。在使用 Aircraft 这一规范词检索时，其结果将包含所有有关飞机这一概念的文献，而不管这些文献中是否确切出现过 Aircraft 这个词。

控制语言采用特定的词汇来网罗、指示宽度适当的概念，供检索选择。在检索时，检索者可以省略对某一概念的全部同义词或近义词的考虑，也避免了在输入时的麻烦和出错，提供了一种比较高效的、避免漏检的查找。凡是有规范词表的检索工具，在检索时首选规范词进行检索。

非控制语言是取其自然形态，不受控制，使用非规范词或称自由词。自然语言极其丰富、复杂多样，存在着一词多义、多词一义及词义交叉的情况。自由词具有较大的灵活性，使用随意，专指性强，能够及时反映出最新出现的词汇，能够反映出规范词难于表达的特定概念。但由于不规范，缺乏对词汇的控制力，也无法指示概念之间的关系，会影响检索的效率。

2. 按描述内容分类

按描述内容的不同，检索语言可以分为描述文献外表特征语言和描述文献内容特征语言两大类。其分类见表8-10。

表 8-10　按描述内容分类的检索语言种类

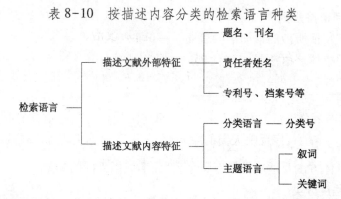

文献外表特征语言是以文献上标明的、显而易见的特征（如题名、作者姓名、文献序号等）作为文献的标识和检索的依据，供人们进行标引和检索，它们具有客观性和内容上的唯一性。

文献内容特征语言与外表特征语言相比较，它在揭示文献特征与表达信息提问方面，具有更大的深度。在用来标引与检索时，更需要依赖标引与检索者的智力判断，更带有主观性，远比外表特征语言复杂。因而，对内容特征语言的研究，成为信息检索语言研究的重点。

8.4.4　部分检索语言简介

1. 分类语言

1) 分类语言

分类语言是用分类号和相应分类款目来表达各种概念的，它以学科体系为基础将各种概念按学科性质和逻辑层次结构进行分类和系统排序。分类语言能反映事物的从属派生关系，便于按学科门类进行族性检索。

分类语言的基本结构是按知识门类的逻辑次序，从总体到局部层层展开，构成一种等级体系，由类目或相对应的类号来表达各种概念，成为一个完整的分类类目表。分类语言通过分类表来体现。一部完整的分类表大体可由以下几部分构成：

a) 编制说明：它主要说明该分类的编制过程，所依据的编制原则、类目设置和编制的理由，对各类分类问题的技术处理和使用、标引方法等；

b) 类目表：它是分类表的主体部分，主要包括：大纲——基本大类的一览表，简表——基本类目表，详表——即主表，详细列出大小类目、类号和注释，辅助表——一组标准目次表，用以对主表中列举的类目进行细分；

c) 索引：它是该分类的类目名称索引，按字顺排列，以供查询；

d) 附录：它收录按类检索时经常要查阅的一些参考资料。

2) 体系分类语言

分类语言中最常见的是体系分类语言，它按照学科体系从综合到一般、从复杂到简单、从高级到低级的逻辑次序逐级展开。世界著名的分类法有：《国际十进分类法》（UDC）、《杜威十进分类法》（DDC）、《国际专利分类表》（IPC）、《美国国会图书馆图书分类法》（LC）、《中国图书馆图书分类法》（中图法）和《中国科学院图书馆图书分类法》（科图法）。

(1) 中国图书馆图书分类法。

《中国图书馆图书分类法》由 5 个大部类、22 个大类、6 个总论复分表、30 多个专类复分表、4 万余条类目组成了一个完善的分类体系。5 个大部类包括马克思主义、列宁主义、毛泽东思想;哲学;社会科学;自然科学;综合性图书。22个大类包括A马克思主义、列宁主义、毛泽东思想、邓小平理论;B哲学、宗教;C社会科学总论;D政治、法律;E军事;F经济;G文化科学、教育、体育;H语言、文字;I文学;J艺术;K历史、地理;N自然科学总论;O数理科学和化学;P天文学、地球科学;Q生物科学;R医药、卫生;S农业科学;T工业技术;U交通运输;V航空、航天;X环境科学、安全科学;Z综合性图书。

《中国图书馆图书分类法》采用汉语拼音字母与阿拉伯数字相结合的混合号码,用一个字母代表一个大类,以字母顺序反映大类的序列,在字母后用数字表示大部类下的类目的划分,数字的设置尽可能代表类的级位,并基本上遵循层累制的原则。

(2) 国际十进分类法。

《国际十进分类法》由主表、辅助表及辅助符号3部分组成。它把知识分为十大门类,大类划分沿用了《杜威十进分类法》的基本大类结构。详表有近20万个类目,是世界上现有各种分类法中类目设置最多的一个。它的基本大类设置包括0总表;1哲学;2宗教、科学;3社会科学、经济、法律、行政;4语言;5应用数学、医学、工业、农业;6艺术;7语言学、文学;8地理、传记、历史。

2. 主题语言

用主题词存取文献是最通用,也是最重要的方法,这种方法称为主题法。主题词是指表示文献内容主题旨意的、经过规范化的词语(包括单词、词组和短语)。主题词不一定出现在论文的题目中,而是指能概括文献内容的基本词语。用来描述主题概念的词语称为主题词,将主题词按照一种便于检索的方式编排起来,就是主题词表。一部主题词表通常包括字顺表、范畴表、词族表等部分。检索时,像查字典一样,按字顺就可以找到主题词。

主题语言分为标题词语言、关键词语言、叙词语言。

1) 标题词语言

标题词语言是采用规范化了的自然语言,即采用经过标准化处理的名词术语作为标识来表达文献所论述或涉及的事物——主题,并将全部标识按字顺排列。标题词语言归属于主题语言。例如,一篇关于"计算机设计"和另一篇关于"计算机维修"的文章,都可以直接用"计算机"作为标题词。它们在标题词系统中都是按"计"字排列集中在一起的。

但是,如果一篇文章用"微型计算机"这个术语来叙述它的研究对象,另一篇文章用"微型电脑"这个术语来叙述它的研究对象,第三篇文章用"微机"这个术语来叙述它的研究对象,虽然它们都表示同一个概念,但就不能直接用"微型电脑"或"微机"作为标题词,这三篇文章都必须用"微型计算机"作为标题词(根据词表决定)。因为这三个术语是等同概念,如果同时用三个术语来标引,便会导致文献被分散。当然,检索者若用"微型电脑"或"微机"检索时,都可以在标题词表中看到"见:微型计算机"的参照指示。

标题词语言的构成原理可归纳为:

a) 按主题集中文献;

b) 用经过规范化的语词(标题词)直接标引文献主题;

c) 用参照系统间接显示主题之间的相关关系;

d) 用字顺序列直接提供主题检索途径。

任何一个标题词,都是一个完整的标识,可以独立地标引一个文献主题。

标题词表是标题词的汇编,是一部标题词典。一部标题词表可由以下3部分组成:

a) 编制说明:给出表的编制经过、收录标题词的学科范围、选词形式、标题形式、参照系统、各种符号的意义、标引及排列规则等；

b）主表：为标题词表的正文，包括全部标题词和非标题词，按字顺排列，并有参照体系和注释；

c）副表：也称标题细分表，像分类表中的复分表那样，副表有通用和专用等。

2）关键词语言

关键词语言是直接选用文献中的自然语言作基本词汇，并将那些能够揭示文献题名或主要意旨的关键性自然语词作为关键词进行标引的一种检索语言。关键词是指那些从文献的题名、摘要或正文中选出的、能表征文献主题内容的具有实质意义的语词，亦即对揭示和描述文献主题内容来说是重要的、带关键性的（可作为检索"入口"的）那些词语。关键词语言是为适应目录索引编制的自动化的需要而产生的，也归属于主题语言。关键词语言是自然语言，不需进行规范化处理。关键词索引就是将文献拆分成若干个关键词，然后按照每个关键词的字顺排列起来，以便从关键词入手进行检索。

例如，"汽车排气中铅的消除"可以分解为消除、铅、汽车、排气等关键词。同时，考虑到汽车排气主要与空气污染有关，还可以加上空气和污染两个关键词。也就是说，从这六个关键词的任何一个入手，都可以查到这篇文献，大大提高了文献的检索概率。当前普遍使用的Internet网上检索就是使用关键词进行检索，只要随意输入一个关键词，就可以在整个网上搜索。

目前，关键词语言已得到了广泛应用，出现了多种关键词索引形式，包括：

a）题内关键词索引（也称上下文关键词索引）：这种索引将文献标题中的关键词和非关键词都保留，并保持标题原文的词序，使每一个关键词都有一次机会轮流排到作为检索词的固定位置，将处于固定检索位置的关键词按字顺排列起来，每条款目附有文献地址，这样构成的关键词索引便成为一种检索工具；

b）题外关键词索引：这种索引是将文献标题中的关键词和非关键词都保留，并保持标题原文的词序，同时轮流地将每个关键词"抽出"（实际上在标题原文位置仍保留或用"＊"号代替），置于标题左方（或左上方）的检索词位置，并将处于检索词位置的关键词按字顺排列；

c）单纯关键词索引：这种索引是将表征主题内容的关键词抽出组成索引款目，然后将索引款目中的关键词轮流移到左端（或左上方）作为检索词，并按字顺排列，每条款目后附文献地址；

d）简单关键词索引：这种索引的索引款目只有一个关键词，后面附全部相关文摘号，非常简单。

3）叙词语言

叙词语言是在标题词语言和分类语言的基础上发展起来的一种新型检索语言，它适用于手工检索，但更适用于计算机检索。叙词是指从文献内容中抽出来的、能表达文献内容基本概念的、经过规范化的名词和术语，特点是具有组配性，通过概念组配来表达主题。叙词语言是以叙词作为文献检索标识和查找依据的一种检索语言。

叙词语言可以用复合词来表达主题概念，在检索时可由多个叙词组成任意合乎逻辑的组配，形成多种检索方式。概念组配在计算机检索中常用"布尔逻辑提问式"来表达，即通过逻辑关系符号将有关叙词组配成逻辑"与（and）"、逻辑或"（or）"、逻辑非"（not）"等提问式，以表达检索的主题内容。

利用叙词语言编写的词表称为叙词表,通常叙词表由主表和辅表组成。主表是叙词表的主体,可独立存在。主表又称为叙词字顺表,它收录全部叙词与非叙词,按词的字顺排列,并标注显示词间关系的参照系统。辅表是为了便于使用主表而编制的各种辅助索引。辅表一般由叙词分类索引和叙词等级索引组成。叙词分类索引也称为分类表或范畴索引,叙词等级索引也称为族系索引或词族索引。常用的叙词表有《INSPE 词表》(INSPE Thesaurus)、《NASA 词表》(NASA Thesaurus)、《EI 词表》(Ei Thesaurus)及我国编辑出版的《汉语主题词表》等。

叙词语言吸取了多种情报检索语言的原理和方法,包括:

a) 保留了单元词法组配的基本原理;
b) 采用了组配分类法的概念组配及适当采用标题词语言的预先组配方法;
c) 采用了标题词语言对语词进行严格规范化的方法以保证词与概念的一一对应;
d) 采用并进一步完善了标题词语言的参照系统,采用了体系分类法的基本原理编制叙词范畴索引和词族索引,采用叙词轮排索引从多方面显示叙词的相关关系。

叙词作为标引者与检索者之间的共同语言,是通过叙词表来实现的。叙词表的结构比较复杂,一般可以包括以下几部分:

a) 叙词字顺表:一般是叙词的主表,它是将叙词和叙词完全按字顺排列,并有标注事项和参照系统;
b) 叙词分类索引(也称分类表或范畴索引):是一种重要的辅助索引,这种索引便于从学科或专业的角度来选用叙词;
c) 叙词等级索引(也称族系表或词族索引):利用概念等级关系将叙词汇集在一起成为一个族,构成一个从泛指叙词到专指叙词的等级系统;
d) 叙词轮排表索引(也称轮排表):它是利用字母成族的原理,将有相同单词的词组叙词汇集在一起,排列在该单词之下,从而可以从该单词出发,查出某一个或全部含有该单词的词组叙词;
e) 叙词双语种对照索引:如英汉对照索引等;
f) 专有叙词索引:如地区索引、人物索引、机构索引等。

8.5　文献信息检索的途径

文献具有两种特征,即外部特征和内容特征。文献的外部特征主要是指文献载体上标明的、易见的项目,如文献题名、责任者、序号、出版者、出版地、出版年等;文献的内容特征是指文献所属学科、所属主题等。因此,根据文献的外部特征和内容特征,将文献的检索途径分为两大类。

8.5.1　内容特征途径

1. 分类途径

分类途径是指根据文献内容的学科分类体系查找文献的途径。分类检索途径在我国具有悠久的历史,许多目录大多以分类方法进行编排,分类目录和分类索引是普遍使用的检索工具。利用这一途径检索文献,首先要明确课题的学科属性、分类等级,获得相应的分类号,然后逐类查找。按分类途径检索文献便于从学科体系的角度获得较系统的文献线索,即具有族性检索功能。它要求检索者对所用的分类体系有一定的了解，熟悉学科分类的方法，注意多学科课题的分类特征。

2. 主题途径

主题是文献所表达的中心思想、所讨论的基本问题和研究对象。主题途径是指根据文献的主题特征，利用各类主题目录和索引进行检索的途径。主题途径在我国的使用没有像分类途径那样普及。主题目录和主题索引就是将文献按表征其内容特征的主题词组织起来的索引系统。利用主题途径检索时，检索者只要根据课题确定出检索词（主题词或关键词），便可以像查字典那样，按照主题词的字顺（字母顺序、音序或笔划顺序，等等）从索引款目中找到所查主题词，就可查得相关文献。

主题途径具有直观、专指、方便等特点，不必像使用分类途径那样，先考虑课题所属学科范围、确定分类号等。主题途径表征概念较为准确、灵活，不论主题多么专深都能直接表达和查找，并能满足多主题课题和交叉边缘学科检索的需要，具有特性检索的功能。

3. 分类主题途径

它是分类途径与主题途径的结合，能够尽量避免两者的不足，取其所长。一般来说，它比分类体系更具体一些，无明显的学术层次划分，又比主题途径概括一些，但保留了主题体系按字顺排序以便准确查验的特点。

8.5.2 外部特征途径

1. 著者途径

著者途径是指根据文献的外部特征，利用著者（个人或单位著者）目录和著者索引进行检索的途径。国外比较重视著者途径的利用，许多检索工具和著作都把著者索引作为最基本的辅助索引。它是按著者的姓名字顺，将有关文献排序而成。以著者为线索可以系统、连续地掌握他们的研究水平和研究方向，同一著者的文章往往具有一定的逻辑联系，著者途径能满足一定族性检索功能的要求。已知课题相关著者姓名，便可以依著者索引迅速准确地查到特定的资料。因此，亦具有特性检索的功能。

2. 题名途径

题名是表达、象征、隐喻文献内容及特征的词或短语，是文献的标题或名称，包括书名、刊名、篇名等。题名途径是指根据文献题名查找文献的途径。它把文献题名按照字顺排列起来编成索引，其排法简单易行，易于查验。但因题名较长，不宜作为检索标识，又因不同文字的形体结构和语法结构有自己的特色，字尾变化复杂，所以难以把同样意义的文献集中于一处，实际使用价值已不被看好，逐渐失去重视。

3. 序号途径

序号途径是根据文献的序号特征，利用其序号索引进行检索的途径。许多文献具有唯一性或一定的序号，如专利号、报告号、合同号、标准号、文摘号、国际标准书号、刊号和电子元件型号，等等。根据各种序号编制成了不同的序号索引，在已知序号的前提下，利用序号途径能查到所需文献，满足特性检索的需要。利用序号途径，需对序号的编码规则和排检方法有一定的了解；往往可以从序号判断文献的种类、出版的年份等，有助于文献检索的进行。序号途径一般作为一种辅助检索途径。

8.6 文献信息检索的方法和步骤

8.6.1 文献信息检索的方法

1. 直接法

直接法又称常用法,是指直接利用检索工具(系统)检索文献的方法,这是文献检索中最常用的一种方法。它又分为顺查法、倒查法和抽查法。

1) 顺查法

顺查法是一种从旧到新的顺时序的查验方法,一般需要了解检索课题的背景、发生和历史简况,再通过有关的参考工具核实和深入了解该课题的实质性内容和概貌,从而选择比较适宜的检索工具,从问题产生的年份着手查起,直到满意为止。开始选材时可适当放宽范围或要求放松一些,待发现这类信息源相当丰富时,可缩小范围或要求严一些,以避免漏选而返工重检。但逐年的查验,劳动量因覆盖面大而随之增大,检索效率不高,多在缺少综述性文献时采取,其优点是查全率较高。

2) 倒查法

倒查法是由近及远,从新到旧,逆着时间的顺序利用检索工具进行文献检索的方法。这种方法的重点是放在近期文献,只需查到基本满意需要时为止。使用这种方法可以最快地获得新资料,而且近期的资料总是既概括了前期的成果,又反映了最新水平和动向,优点是省时省力,检索效率较高,但查找资料不如顺查法齐全,容易出现漏检,因而对课题研究的全貌不易把握。此法可用于新课题立项前的调研。

3) 抽查法

抽查法是针对检索课题的特点,针对所属学科处于发展兴旺时期的若干年进行文献查找。用这种方法能获得相对集中、具有代表性且能反映学科发展水平的文献,往往能起到事半功倍的效果。它适合于检索某一领域研究高潮很明显的、某一学科的发展阶段很清晰的、某一事物出现频率在某一阶段很突出的课题。其优点是检索效率高,检索效果好,但要求在检索之前须掌握该学科的发展情况,熟识该项技术发展的特点,以便正确地选择抽查的时间范围。

2. 追溯法

追溯法也称为文献追踪法。这种方法是指不利用一般的检索工具,而是利用已经掌握的文献末尾所列的参考文献,进行逐一地追溯查找"引文"的一种最简单的扩大信息来源的方法,如文献附的参考文献、有关注释、辅助索引、附录等。根据已知的文献指引,查找到一批相关文献,再根据相关文献的有关指引,扩大并发现新的线索,去进一步查找。如此反复追踪扩展下去,直到检索到切题的文献。用追溯法检索文献,最好利用与研究课题相关的专著与综述,因为它们所附的参考资料既多且精。这种方法一般是在缺乏检索工具或对检索工具的使用不熟悉以及文献线索很少的情况下使用。其优点是简单方便,容易查找。缺点是漏检和误检的可能性较大。

3. 循环法

循环法又称为综合法,它是把上述两种方法加以综合运用的方法。综合法既要利用检索工具进行常规检索,又要利用文献后所附参考文献进行追溯检索,分期分段地交替使用这两种方法。即先利用检索工具(系统)检到一批文献,再以这些文献末尾的参考目录为线索进行查找,如此循环进行,直到满足为止。循环法是一种"立体型"的检索方法,其检索效果较好。

因为参考文献一般都是引用 5 年以内的重要文献,所以交替期可定位 5 年。综合法兼有常用法和追溯法的优点,可以查得较为全面而准确的文献,是实际中采用较多的方法,尤其适用于对那些过去年代内文献较少的课题。

8.6.2　选择文献信息检索方法的原则

1. 分析检索条件

检索工具缺乏而原始文件收藏丰富宜用追溯法,有成套检索工具则宜用直接法,其查全率、查准率都比追溯法高。

2. 要看检索要求

要求收集某一课题的系统资料,要求全面,不能有重大遗漏,最好用顺查法。要解决某一课题的关键性技术,不要求全面,只要能解决这个关键问题就行,要快要准,最好用倒查法,迅速查得最新资料。

3. 要找出检索学科的特点

古老学科,开始年代很早,只好用倒查法。新兴学科,开始年代不远,可用顺查法。波浪发展的学科,可选择发展高峰,用循环法。

根据文献的不同特征,就可以按照不同的途径使用上述方法进行检索。

8.6.3　文献信息检索的步骤

文献信息检索工作是一项实践性和经验性很强的工作,它要求善于思考,并通过经常性的实践,逐步掌握文献信息检索的规律,从而迅速、准确地获得所需文献。对于不同的待检课题,将采用不同的检索程序,即文献信息检索的具体步骤和方法应因题而异。但在实际检索工作中,还是可以根据文献信息检索的基本原理,归纳出文献信息检索的一般程序和步骤,以使检索工作有条不紊,取得较好的检索效果。通常,文献信息检索可按以下程序进行。

1. 确定检索范围

在检索之前,首先必须对课题进行分析研究,一是要明确课题的检索需求,如是查文献、查事实,还是查数据;二是要明确课题的内容范围,如学科领域、专业门类、研究方向等;三是明确课题的检索范围,如国家范围、时间范围、文献类型等,以便使检索工作与课题要求相一致,避免盲目性。

2. 选择检索工具

利用哪些检索工具进行查找直接与检索效率有关。根据检索目的和要求、涉及的学科范围和信息类型选择合适的数据库。在具体选择过程中,还应考虑数据库的文献摘储率的高低、著录事项的多寡、标引深度如何、所用词表的质量和标引的一致性等问题。

3. 选择检索方法

根据检索的条件、检索的要求和检索课题的特点选择合适的检索方法。是使用常用法、综合法,还是使用其他方法,这些都应在检索前确定下来。

4. 确定检索途径

检索途径的选择取决于课题的已知条件和课题的范围及检索效率的要求或检索工具所提供的检索途径。如果只提出内容的要求,就可根据课题的大小、查全或查准的偏重、检索工具的条件等决定是从主题或分类或其他内容特征途径进行检索,还是几条途径按一定的次序配合检索。如果从分类、主题、代码等途径检索,则需进一步准确、完整地选择检索语言的标识来表达检索课题。

5. 构造检索式

在计算机检索系统中,需要将检索课题的标识用布尔逻辑运算符来进行组配,并选择检索字段和检索提问的先后次序。

6. 适时调整检索策略

按照预先制定的检索策略进行检索时,如果检索结果不理想,可以灵活应用检索工具、检索途径和检索方法来适当地调整检索策略。

7. 索取文献全文

检索的结果有两种可能,一种是文献线索,另一种是全文。如果是文献线索,要对其进行整理,分析其相关程度,根据需要可以到图书馆查阅或到数据库下载原文。若是全文,直接下载。

参 考 文 献

[1] 国务院学位委员会办公室．GB/T 7713.1—2006 学位论文编写规则[S]．北京：中国标准出版社，2007．
[2] 全国信息与文献标准化技术委员会第七分委员会．CY/T 35—2001 科技文献的章节编号方法[S]．北京：中国标准出版社，2001．
[3] 全国文献工作标准化技术委员会第七分委员会．GB 11668—1989 图书和其他出版物的书脊规则[S]．北京：中国标准出版社，1990．
[4] 全国信息与文献标准化技术委员会．GB/T 3179—2009 期刊编排格式[S]．北京：中国标准出版社，2010．
[5] 刘光余．期刊论文的内容特点、形式结构与写作方法[J]．教育科学论坛，2014(1)：5-8．
[6] 全国信息与文献标准化技术委员会．GB/T 7713.3—2014 科技报告编写规则[S]．北京：中国标准出版社，2014．
[7]《西南军医》杂志编辑部．正文期刊论文 DOI 的概念、构成及其意义[J]．西南军医，2009，11(4)：806．
[8] 中国标准研究中心．GB/T 7156—2003 文献保密等级代码与标识[S]．北京：中国标准出版社，2004．
[9] 杨丽君．科技论文题名的拟定[J]．中国工程师，1996(3)：20-21．
[10] 刘芳，王龙杰．科技论文题名的英译[J]．桂林电子科技大学学报，2008，28(4)：351-354．
[11] 任胜利．科技论文英文题名的撰写[J]．中国科技期刊研究，2003，14(5)：567-570．
[12] 孙丽娟．科技论文作者署名排序与通讯作者[J]．中国科技期刊研究，2003，16(2)：242-244．
[13]《中国心血管杂志》编辑部．关于论文写作中的作者署名与志谢[J]．中国心血管杂志，2009，14(5)：363．
[14] 全国文献工作标准化技术委员会．GB 6447—1986 文摘编写规则[S]．北京：中国标准出版社，1986．
[15] 陈斐，姚树峰，徐敏．学术论文摘要写作常见问题剖析[J]．编辑之友，2015(9)：77-80．
[16] 邓建元．科技论文引言的内容与形式[J]．编辑学报，2003，15(5)：347-348．
[17] 田美娥．科技论文引言与结论的写作[J]．西安石油大学学报(自然科学版)，2008，23(3)：109-110．
[18] 王小唯，吕雪梅，杨波，等．学术论文引言的结构模型化研究[J]．编辑学报，2003，15(4)：247-248．
[19] 李兴昌．科技论文的层次标题[J]．科技与出版，2000(1)：36-38．
[20] 陶范．科技论文层次标题的拟定[J]．编辑学报，2005，17(3)：185-187．
[21] 全国信息与文献标准化技术委员会第六分委员会．GB/T 7714—2015 文后参考文献著录规则[S]．北京：中国标准出版社，2005．
[22] 全国量和单位标准化技术委员会．GB 3100—93 国际单位制及其应用[S]．北京：中国标准出版社，1994．
[23] 教育部语言文字信息管理司．GB/T 15834—2011 标点符号用法[S]．北京：中国标准出版社，2012．
[24] 教育部语言文字信息管理司．GB/T 15835—2011 出版物上数字用法[S]．北京：中国标准出版社，2011．
[25] 郭爱民．研究生科技论文写作[M]．沈阳：东北大学出版社，2008．
[26] 张天桥，李霞．科技论文检索、写作与投稿指南[M]．北京：国防工业出版社，2008．